单片机系统设计及应用

夏明娜　高玉芝　主编

中央广播电视大学出版社 · 北京

图书在版编目（CIP）数据

单片机系统设计及应用 / 夏明娜，高玉芝主编. 一北京：中央广播电视大学出版社，2017.9

ISBN 978-7-304-08900-9

Ⅰ. ①单… Ⅱ. ①夏… ②高…Ⅲ. ①单片微型计算机一系统设计 Ⅳ. ①TP368.1

中国版本图书馆 CIP 数据核字（2017）第 223619 号

单片机系统设计及应用
DANPIANJI XITONG SHEJI JI YINGYONG
夏明娜　高玉芝　主编

出版·发行：中央广播电视大学出版社
电话：营销中心 010-66490011　　总编室 010-68182524
网址：http://www.crtvup.com.cn
地址：北京市海淀区西四环中路 45 号　　邮编：100039
经销：新华书店北京发行所

策划编辑：曾繁荣　　责任印制：赵连生
责任编辑：尤丽娜

印刷：北京博图彩色印刷有限公司
版本：2017 年 9 月第 1 版　　2017 年 9 月第 1 次印刷
开本：787mm×1092mm　1/16　　印张：15　字数：326 千字

书号：ISBN 978-7-304-08900-9
定价：49.00 元

前　言

自20世纪70年代以来，计算机在逻辑处理及工业控制等方面表现出了非凡的能力，单片机以其低成本，小体积，运行可靠和控制灵活而广泛应用在智能仪表、智能家电、智能办公设备、汽车及军事电子设备等领域。

传统的单片机课程教学基本上是以完成单片机的理论教学为目的的，通常以单片机的结构为主线，按照单片机课程内容的布置展开教学，大体上可分为单片机内部结构、外部结构、指令系统、汇编基础、中断系统、串行通信等几大板块，单是理论部分也足以用上七八十个学时，而实践部分则是从单片机硬件结构的认识实验开始，然后是指令和编程方面的验证性实验，最后以一个综合实验结束本课程的教学。如此算来，没有120个学时显然是难以完成的。另外，抽象的单片机结构和枯燥的程序也会在开课之初成为学生们难以逾越的鸿沟，最后只能是教师在讲台上唱独角戏独自完成教学任务；而对学生来讲，是一种大量的学时浪费。

本书以相关岗位的能力要求和学生可持续发展为目标，按照工作过程设计教学情境，遵循人的认知规律和工作过程的内在规律设置单元教学任务，以工作任务为导向实施项目教学，以“必需、够用”为原则设置教学内容，通过本课程的学习使学生获得相关能力。

本书的编写具有如下特点：

（1）按照“资讯、计划、决策、实施、检查、评估”的过程，从简单到复杂的原则，设计每个学习情境的工作任务。以完成典型工作任务全过程为目标使学生掌握相关知识，“教”“学”“做”相结合，理论与实践一体化，激发学生的兴趣和思维，培养学生的综合职业能力。

（2）把课程内容从以教师讲授和课本知识为载体，变成以完成项目任务为载体；把学生被动听讲，变成学生主动参与操作和探索新知识；把以教师讲解为主变成由教师积极引导、创造学习的环境条件为主，使学生自己“学”会知识，真正做到“教”“学”“做”一体化。在教学过程中采用行动导向的教学方法完成教学，有效地调动学生的学习积极性、培养学生自主获得知识的能力，促使学生综合素质的提高。

（3）以学生在学习过程中体现能力为本位，逐步锻炼他们的学习能力，即让学生从被动的吸取知识到主动的探索知识，在真实的学习情境中发现问题，并且积极地分析、解决问题，让思维活跃起来。另外，在团队的学习过程中，逐步培养他们团结协作的能力、开拓创新的能力、人际沟通的能力；养成良好的职业道德和行为规范；增强环保意识、法律意识、责任意识。

（4）对教学效果的控制从教师和学生两方面进行，以课程目标作为衡量标准，实行“双向考核，双向监控”，即将传统的结果考核转化成行为过程的考核，采用过程性动态考核与静态测评相结合的方法，注重考核学生在学习过程中表现出的显性和隐性的行为和能力；以每个工作任务的完成情况和实际的操作水平为依据，将学习过程的行为表现量化成指标，构建过程考核量化表，培养学生自我学习、获取知识和技能的方法，注重学生综合素质的养成和可持续发展潜力的培养；以每个学习情境作为考核单元，具体包括学习过程考核、学习结果考核和生活行为考核三部分，三部分的比重分别占50%、30%、20%。

本书各学习情境参考学时见下表所示。

<table>
<tr><th colspan="2">学习情境</th><th>学习内容</th><th>建议学时（理实一体化）</th><th>备注</th></tr>
<tr><td>1</td><td>黄闪信号灯</td><td>单片机硬件系统</td><td>12</td><td></td></tr>
<tr><td>2</td><td>幻彩灯</td><td>单片机指令系统</td><td>24</td><td></td></tr>
<tr><td>3</td><td>计数器</td><td>单片机输入/输出设备</td><td>8</td><td></td></tr>
<tr><td>4</td><td>音乐播放器</td><td>中断系统、定时/计数器</td><td>8</td><td></td></tr>
<tr><td>5</td><td>八人表决器</td><td>串行通信</td><td>4</td><td></td></tr>
<tr><td>6</td><td>C 语言程序设计</td><td>单片机 C 语言系统</td><td>12</td><td></td></tr>
<tr><td rowspan="6">7</td><td>交通灯控制系统</td><td rowspan="6">单片机系统设计及扩展
A/D、D/A 转换
单片机外围电路</td><td rowspan="6">整周</td><td rowspan="6">学生分小组选题</td></tr>
<tr><td>温度测控系统</td></tr>
<tr><td>步进电机控制系统</td></tr>
<tr><td>数字电压表</td></tr>
<tr><td>无线遥控开关</td></tr>
<tr><td>红外遥控器</td></tr>
</table>

本书由夏明娜、高玉芝担任主编，董娜担任副主编，李庚参与了编写工作。另外，本书在编写时，顾振华教授、刘文贵教授提出了很多指导性意见和建议，同时也得到了中央广播电视大学出版社的大力支持，在此表示衷心的感谢。此外，还衷心地感谢书后所附参考文献的各位作者。

由于时间仓促加之编者水平有限，书中难免存在疏漏和不妥之处，恳请广大读者批评指正。

编　者

目　录

学习情境1　黄闪信号灯

学习情境导学

黄闪信号灯是基于单片机最小应用系统的一个典型案例，旨在用一个简单实用的生活案例将学生引入本课程之中。本学习情境通过制作黄闪信号灯（单片机最小系统）、KEIL编译程序、编程器烧录程序这基于工作过程的三大任务驱动完成，在此过程中学生会对单片机系统设计有一个直观、全面的认识。同时，本学习情境也对学生掌握单片机内部结构、最小系统及开发过程起到相当重要的辅助作用。在学习情境实施过程中逐步培养学生发现问题、分析问题及解决问题的能力，同时培养他们良好的职业道德和精益求精的工作态度。

学习目标

1. 知识目标

（1）了解单片机的外部引脚结构和封装特点。

（2）掌握单片机时序电路、复位电路、电源电路的原理。

（3）了解单片机存储器的结构特点，掌握单片机存储器的分配方式。

（4）熟悉单片机 I/O 接口的简单应用。

（5）学会各进制间的转换方法。

2. 技能目标

（1）了解 KEIL 软件的一般常识，能熟练使用 KEIL 软件进行常规操作。

（2）能调试简单程序。

（3）能辨识黄闪信号灯常用电子器件并掌握一定的焊接技巧。

（4）能使用编程器烧录程序。

3. 情感目标

（1）具有良好的思想政治素质、行为规范和职业道德。

（2）具有较强的计划、组织、协调和团队合作能力。

（3）具有较强的口头与书面表达能力、人际沟通能力。

（4）具有良好的安全意识、环保意识和责任意识。

教学设备

（1）可进行电子焊接的台面及全套焊接工具。

（2）装有 KEIL 和 Proteus 软件的计算机一台。

（3）编程器一台。

学习任务单

<table>
<tr><th>项目名称</th><th>黄闪信号灯</th><th>项目实施方式</th><th>电路板焊接</th></tr>
<tr><td colspan="4">任务 1.1：制作黄闪信号灯　　建议学时：4 学时　　难度系数：★★</td></tr>
<tr><td colspan="2">学习活动设计：
以小组为单位按照电路接线图在焊接实验台上对黄闪信号灯电路进行焊接；总结单片机最小系统的组成及各外部引脚的功能；共同探讨该电路的常见故障及维修调试方法</td><td colspan="2">技能点：
（1）辨识常用元器件
（2）电子焊接技术
（3）常用电路分析
（4）单片机最小系统搭建
（5）单片机外部引脚功能
（6）基本电路调试维修技术</td></tr>
<tr><td colspan="4">任务 1.2：KEIL 编译程序　　建议学时：1 学时　　难度系数：★</td></tr>
<tr><td colspan="2">学习活动设计：
教师示范或视频演示使用 KEIL 软件对简单指令进行编译及简单调试；学生独立使用计算机 KEIL 软件进行给定程序的编译及调试</td><td colspan="2">技能点：
（1）KEIL 软件的基本功能
（2）KEIL 软件的简单应用</td></tr>
<tr><td colspan="4">任务 1.3：编程器烧录程序　　建议学时：5 学时　　难度系数：★★★★★</td></tr>
<tr><td colspan="2">学习活动设计：
教师示范或视频演示编程器烧录程序的过程；学生独立使用烧录机将编译程序产生的 HEX 文件烧录到单片机中；将单片机安装在焊接好的电路板上观察现象；教师讲解单片机内部结构；学生以小组为单位对单片机内部结构进行归纳总结</td><td colspan="2">技能点：
（1）编程器的使用方法
（2）程序存储器构造映像
（3）数据存储器构造映像</td></tr>
<tr><td colspan="4">任务 1.4：数制与编码　　建议学时：2 学时　　难度系数：★★</td></tr>
<tr><td colspan="2">学习活动设计：
教师类比二进制、八进制、十进制及十六进制计数制及进制间的转换方法</td><td colspan="2">技能点：
灵活运用各进制间的转换方法</td></tr>
</table>

任务1.1　制作黄闪信号灯

1.1.1　认识单片机

手电筒电路如图 1－1 所示，当给灯泡两端接上电源时，灯泡就会发光；将电路断开时，灯泡就会熄灭。其电路图如图 1－2 所示。

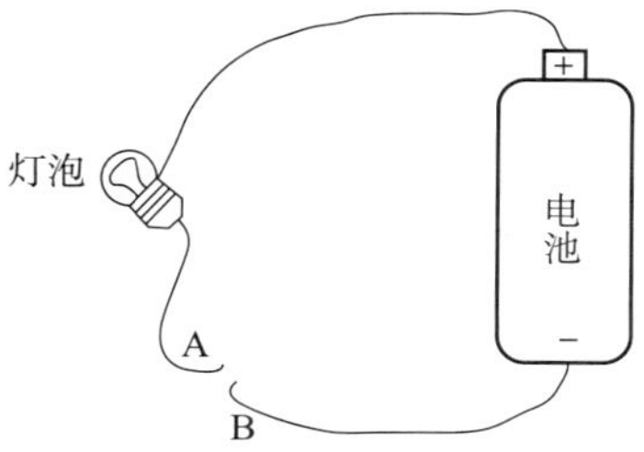

图 1－1　手电筒电路

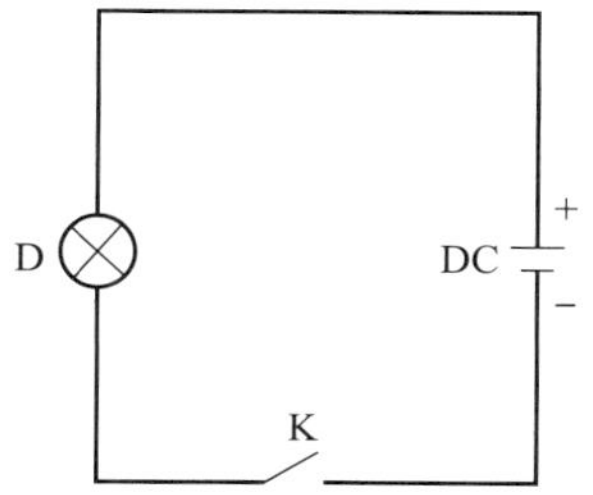

图 1－2　手电筒电路图

由电路图可以看出，开关 K 闭合，灯泡就会发光；开关 K 断开，灯泡就会熄灭。如果不断地闭合、断开开关 K，灯泡就会一闪一闪的，这种闪烁的小灯就是人们常见的警示灯或装饰灯。那么由哪个电子器件来担当这个开关的角色从而实现小灯闪烁的自动控制呢？单片机就是这种具有自动控制功能的电子器件。本书以 AT89S51 通用型单片机为例介绍单片机系统的设计及应用。

首先将图 1－2 中的电路简单改造，把灯泡接在电源正极和单片机的一个引脚（P1.0 脚）之间，如图 1－3（a）所示，只要让 P1.0 引脚输出低电平，灯泡中就会有电流通过，此时灯泡会发光；反之，灯泡熄灭。然后用发光二极管（LED）代替小灯，由于 LED 工作电压小，大约需要 0.7 V 的压降就能将其点亮，因此需要给发光二极管（LED）串接一个电阻。连接方法如图 1－3（b）所示。

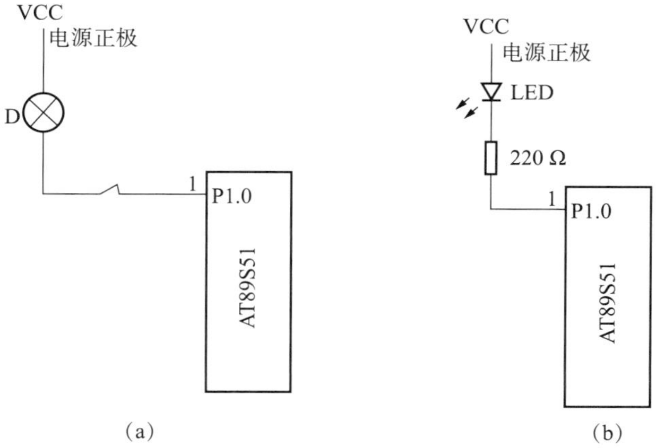

图 1－3　单片机控制发光二极管

让单片机驱动发光二极管发光，这样连接是不够的，还需要单片机工作的最小系统电路及能让发光二极管闪烁的程序。具体方法：首先在单片机内部烧录上能间断发出高低电平的程序，然后将单片机装在系统电路中，通过单片机引脚发出的间断高低电平控制发光二极管点亮和熄灭，这样单片机就按照预定的程序进行工作了。当然，单片机的功能不仅仅在于控制发光二极管，它还能控制更多的器件，如数码管、液晶屏、蜂鸣器、电动机、继电器等。这需要在以后的学习过程中慢慢挖掘单片机的无穷功能。

单片机是微型计算机中的一个分支。它使计算机从海量数值计算进入智能控制领域，并由此开创了工业控制的新局面。它是把微型计算机中的中央处理器、存储器、I/O 接口、定时/计数器、串行接口、中断系统等电路集成在一块集成电路芯片上形成的微型计算机。因而也被称为单片微型计算机，简称单片机。

1. 单片机的发展及应用

单片机的发展已经有了几十年的时间，如果将 8 位单片机的推出作为起点，单片机的发展历史大致可分为以下 4 个阶段。

（1）第一阶段（1976—1978 年）：单片机的探索阶段。以 Intel 公司的 MCS－48 为代表。MCS－48 的推出是在工控领域的探索，参与这一探索的公司还有 Motorola、Zilog 等，都取得了满意的效果。

（2）第二阶段（1978—1982 年）：单片机的完善阶段。Intel 公司在 MCS－48 的基础上推出了完善的、典型的单片机系列 MCS－51。

（3）第三阶段（1982—1990 年）：是 8 位单片机的巩固发展及 16 位单片机的推出阶段，也是单片机向微控制器发展的阶段。Intel 公司推出的 MCS－96 系列单片机，将一些用于测控系统的模/数转换器、程序运行监视器、脉宽调制器等纳入其中，体现了单片机的微控制器特征。随着 MCS－51 系列的广泛应用，许多电气厂商竞相使用 80C51 为内核，将许多测控系统中使用的电路技术、接口技术、多通道 A/D 转换部件、可靠性技术等应用到单片机中，增强了外围电路功能，强化了智能控制的特征。

（4）第四阶段（从 1990 年至今）：微控制器的全面发展阶段。随着单片机在各个领域全面深入的发展和应用，出现了高速、大寻址范围、强运算能力的 8 位/16 位/32 位通用型单片机，以及小型廉价的专用型单片机。

纵观单片机发展过程，可以预示单片机正朝高性能、低功耗、高集成度、多功能引脚、外部电路内装化及芯片专业化方向发展。

今后，专门针对特定产品开发的用途单一的单片机会越来越多。大到汽车和航空航天设备，小到智能仪表、家用电器、电动玩具、IC 卡读卡器等，处处都有单片机的身影。

未来单片机虽然正在向多元化发展，但单片机位数不一定继续增加，因为对于一般的控制系统来讲，8 位单片机已经足够。所以目前 8 位单片机仍然是当前的主流系列。

2. 单片机的特点

单片机的结构形式及其采取的半导体工艺，使得单片机具有以下特点：

（1）优异的性价比。几元到几十元的单片机即可担当起普通测控系统智能核心的角色。

（2）集成度高、体积小、可靠性高。单片机把各功能部件集成在一块芯片上，内部采用总线结构，减少了各芯片之间的连线，大大提高了单片机的可靠性与抗干扰能力。另外，由于其体积小，易于采取屏蔽措施，因此，特别适合复杂、恶劣的工作环境。目前，单片机适用的环境温度划分为3个等级，即民用级（0 ℃ ~ +70 ℃）、工业级（－40 ℃ ~ +85 ℃）、军用级（－65 ℃ ~ +125 ℃）。相对而言，通用型单片机一般工作在室温下，抗干扰能力要求较低。

（3）控制功能强。为了满足工业控制的要求，一般单片机的指令系统均有极丰富的转移指令、输入/输出（Input/Output，I/O）接口的逻辑操作及位处理功能。单片机的逻辑控制功能及运行速度均高于同一档次的微机。

（4）低功耗、低电压，便于生产便携式产品。

（5）外部总线增加集成电路总线（Inter-Integrated Circuit，I^2C）等串行总线方式，进一步缩小了其体积，简化了结构。

（6）单片机的系统扩展和系统配置较典型、规范，容易构成各种规模的应用系统。

（7）环境适应能力强。

1.1.2　搭建单片机最小系统

单片机本质上是一个集成电路，此电路具有智能控制作用，在电路中可以作为一个电子元件来使用，只有当它与某些器件或设备有机地结合在一起并配置适当的工作程序后，才能构成一个真正的单片机应用系统，完成特定的任务。那么今天的任务就是分析一下利用单片机完成一项任务所需的最少器件是哪些，也就是单片机的最小系统。

一个完整的单片机应用系统应该由硬件和软件两部分组成。因为单片机应用系统是以单片机为核心，为控制应用系统而设计的，该系统与控制对象结合在一起使用，所以不同的系统，其相应的硬件配置和软件配置也就不同。按照单片机应用系统扩展与系统配置情况，单片机应用系统可分为最小系统、最小功率系统、典型系统等。

1. 最小系统的构成

最小系统是指用最少的元件组成的单片机可以工作的系统。由于应用条件及控制要求的不同，最小系统外围电路的组成也不尽相同。由于AT89S51单片机内部已经集成有4 KB的闪存（Flash E^2PROM）及128 B的随机存取存储器（Random Access Memory，RAM），因此，只需接上电源电路、时钟电路和复位电路就可以构成单片机的最小系统，如图1－4所示。

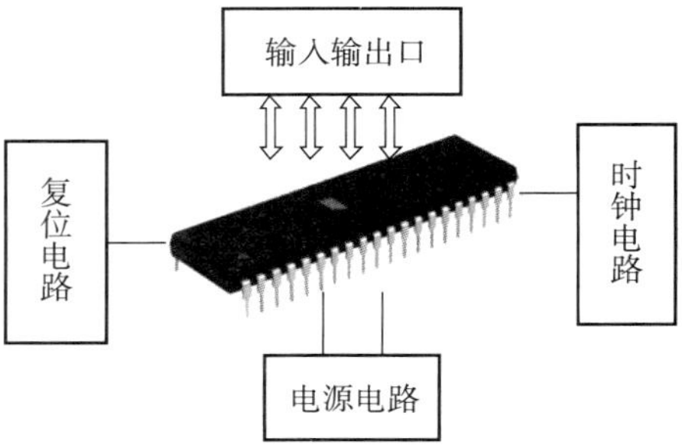

图1－4　单片机最小系统构成图

2. 单片机

在单片机应用系统中，单片机是核心部件，能够自动完成用户赋予它的任务。图1－5所示为采用双列直插式封装的AT89S51型单片机及其引脚排列图。AT89S51型单片机共40个引脚，面向单片机有字的一面，将其缺口朝上，左上角第一个为1号引脚，向下依次为 2 号、3 号、…、20 号引脚，右侧从下往上依次为 21 号、22 号、…、40 号引脚。

图 1－5　单片机外观及引脚图

3. 电源电路

从本质上讲，单片机是一个超大规模集成电路，在其内部集成有百万个晶体管或场效应管，因此，要使单片机正常运行，就必须为其提供能量，使其能正常工作在相应的状态。其电源电路如图 1－6 所示。

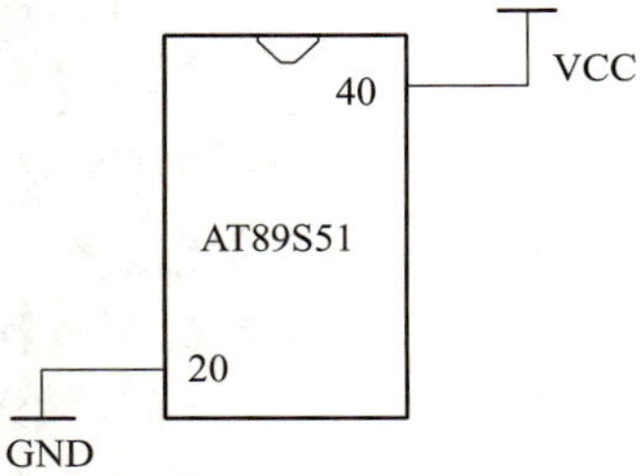

图 1－6　单片机电源电路

VCC：电源端（40 脚）。引入单片机的工作电源。

GND：接地端（20 脚）。

MCS－51 系列单片机最小应用系统一般使用 +5 V 电源。需要注意的是，目前单片机允许使用的电压范围越来越宽，一般单片机的工作电压为 3 ~ 6 V，对电池供电的单片机不再需要对电源采取稳压措施。低电压供电的单片机电源下限已由 2.7 V 降至 2.2 V 或 1.8 V。另外，0.9 V 供电的单片机已经问世。

4. 时钟电路

时钟电路对于单片机系统而言是必需的。由于单片机内部由许多数字逻辑器件构成，因此这些逻辑器件必须按照时间顺序协同工作。就像在一所学校中，所有的教职工和学生都必须按铃声的时间步调一致地协调工作和学习一样，铃声是按照一定的时间安排来工作的，人们称为时序。单片机是一种时序电路，时钟电路就是提供单片机内部各种操作的时间基准的电路。

(1) 时钟的产生方式。AT89S51 单片机的时钟信号通常有两种方式：一是内部时钟方式，二是外部时钟方式。

内部时钟方式如图 1－7 所示，在 AT89S51 单片机内部有一个振荡电路，只要在单片机的 XTAL1 (19 脚) 和 XTAL2 (18 脚) 引脚外接石英晶体 (简称晶振)，就构成了自激振荡器并在单片机内部产生时钟脉冲信号。图中电容 C_1 和 C_2 的作用是稳定频率和快速起振。内部时钟电路的石英晶体振荡器频率一般选择为 4～12 MHz，谐振电容一般采用 20～30 pF 的瓷片电容。

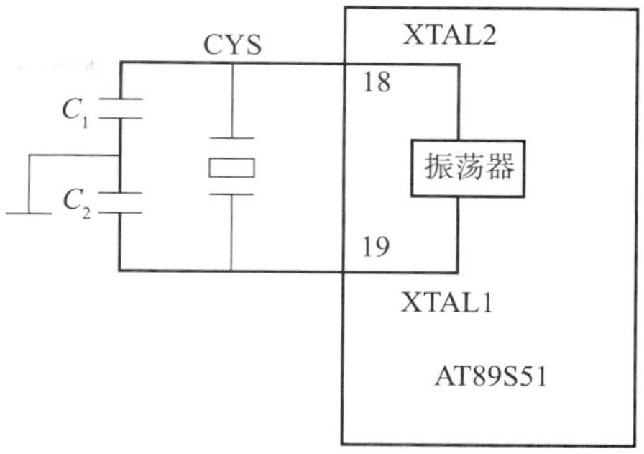

图 1－7　内部时钟方式

外部时钟方式是把外部已有的时钟信号引入单片机内，如图 1－8 所示，此方式常用于多个 AT89S51 单片机同时工作，以便各单片机的同步。一般要求外部信号高电平的持续时间大于 20 ns，且为频率低于 12 MHz 的方波。对于高性能互补金属氧化物半导体 (Complementary, High Performance Metal Oxide Semiconductor, CHMOS) 工艺的单片机，外部时钟要由 XTAL1 引脚引入，而 XTAL2 引脚却为悬空。

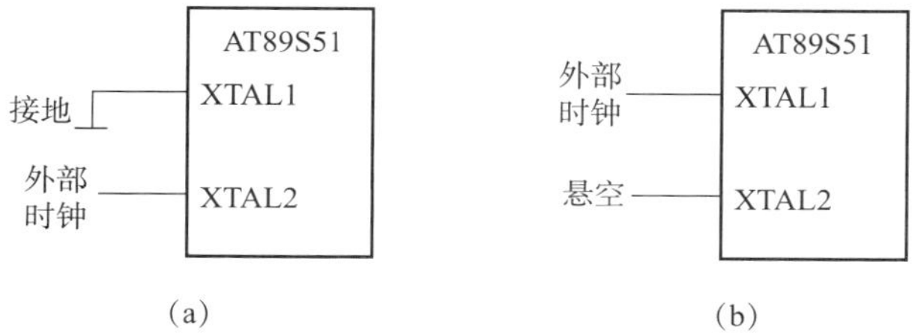

图 1－8　外部时钟方式

(2) 时钟信号。晶振周期是晶体振荡器振荡所产生的脉冲信号的周期，即晶振频率的倒数，也称为时钟周期，是单片机最小的时序单位。

晶振信号经分频器分频后形成两相错开的时钟信号 P1 和 P2，如图 1－9 所示。两个时钟信号的周期也称 S 状态，又称状态周期，它是晶振周期的两倍，即一个状态周期包含两个晶振周期。在每个状态周期的前半周期，相位1 (P1) 信号有效，在每个状态周期的后半周期，相位2 (P2) 信号有效。每个状态周期有两个节拍 (相) P1 和 P2，CPU 以 P1 和 P2 为基本节拍指挥各个部件协调地工作。

晶振信号十二分频后形成机器周期，即一个机器周期包含 12 个晶振周期或 6 个状态周期，因此，每个机器周期的 12 个振荡脉冲可以表示为 S1P1、S1P2、S2P1、S2P2、…、S6P2。

指令的执行时间称为指令周期。AT89S51 单片机的指令按执行时间可分为三类：单周期指令、双周期指令和四周期指令 (四周期指令只有乘、除两条指令)。

晶振周期、状态周期、机器周期和指令周期均是单片机时序单元。机器周期常用作计算其他时间 (如指令周期) 的基本单位。例如，晶振频率 f_{SOC} 为 12 MHz 时，机器周期为 1 μs，指令周期为 1～4 个机器周期，即 1～4 μs。

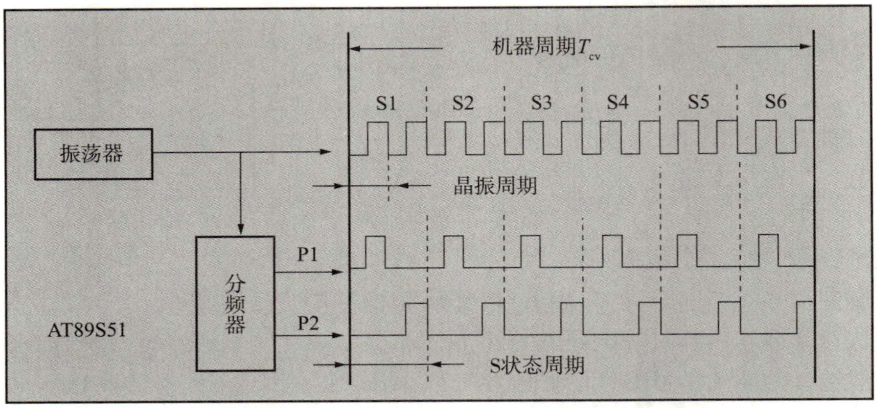

图 1-9　晶体振荡器信号

(3) 典型时序。每一条指令的执行都可以包括取指和执行两个阶段。在取指阶段，中央处理器（Central Processing Unit，CPU）从内部或外部程序只读存储器（Read Only Memory，ROM）中取出指令操作码及操作数，然后再执行这条指令的逻辑功能。对于绝大部分指令，在整个指令执行过程中，ALE 信号是周期性的信号，在整个机器周期中，ALE 信号出现两次，出现的时刻为 S1P2 和 S4P2。信号的有效宽度为一个 S 状态。每出现一次 ALE 信号，CPU 就进行一次取指操作。对于不同的指令，由于字节数和机器周期不同，因此具体取指操作有所不同。

① 单周期指令时序。单周期指令是指指令执行的时间为一个机器周期，单周期指令时序如图 1-10 所示。当指令为单字节时，在 S1P2 时开始把指令操作码读入指令寄存器且执行指令，此时程序指针 PC 自动加 1，在 S4P2 时为空操作，PC 不再加 1；当指令为双字节时，每当 ALE 信号有效时，即为 S1P2 和 S4P2 时，CPU 取一次指令，且 PC 自动加 1。单字节、双字节指令均在 S6P2 时结束操作。

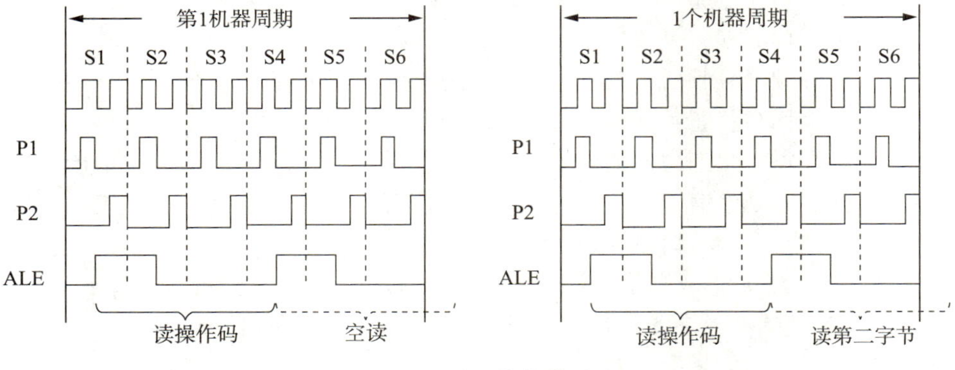

图 1-10　单周期指令时序

② 双周期指令时序。双周期指令是指指令的执行时间为两个机器周期，其指令时序如图 1-11 所示。当指令为单字节时，在两个机器周期内进行 4 次取指操作，仅第一次取指操作时，程序指针 PC 自动加 1，而后 3 次均为空操作，PC 不再加 1。

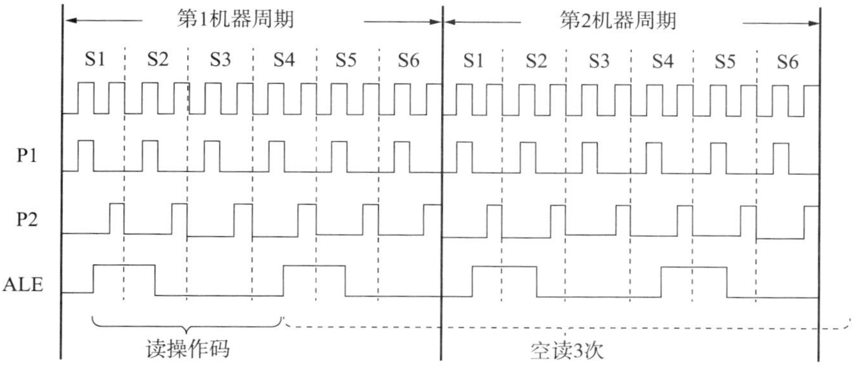

图 1－11　双周期指令时序

5. 复位电路

任何单片机在工作之前都需要进行复位操作，就像是上课之前打的预备铃。预备铃一响，大家就自动地从操场或其他地方进入教室了，在这一段时间内，没有教师的干预。对于单片机来说，复位就是在程序执行之前做的准备工作。单片机的复位信号是从 RST 引脚（9 脚）引入高电平的。

复位过程是使单片机或系统中的其他部件处于某种确定的初始状态。单片机的工作就是从复位开始的。

（1）复位方式。当在 AT89S51 单片机的 RST 引脚引入高电平并保持两个机器周期时，单片机内部就执行复位操作（若该引脚持续保持高电平，单片机就处于循环复位状态）。在实际应用中，复位操作有两种基本形式：一种是上电复位，另一种是上电与按键均有效的复位。

① 上电复位。上电复位要求接通电源后，单片机自动实现复位操作。常用的上电复位电路如图 1－12 所示。上电瞬间 RST 引脚获得高电平，随着电容 C_1 的充电，RST 引脚的高电平将逐渐下降。RST 引脚的高电平只要能保持足够的时间（两个机器周期），单片机就可以进行复位操作。该电路典型的电阻和电容参数为：晶振为 12 MHz 时，C_1 为 10 μF，R_1 为 10 kΩ。

② 上电与按键均有效的复位。上电与按键均有效的复位电路如图 1－13 所示。上电与按键均有效的复位原理与上电复位原理基本相同，不同的是在单片机运行期间，还可以利用按键完成复位操作。

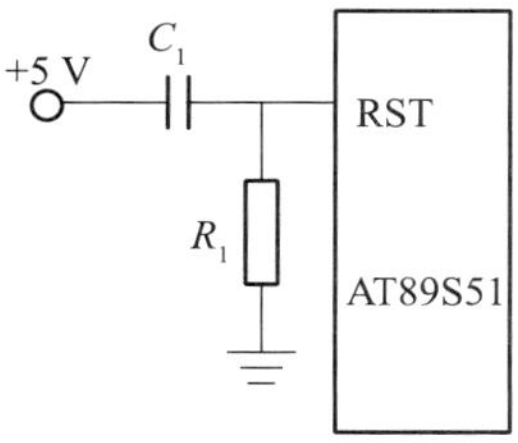

图 1－12　上电复位电路

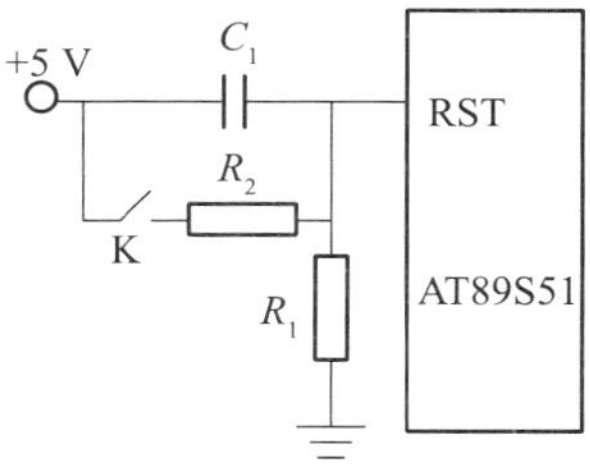

图 1－13　上电与按键均有效的复位电路

（2）单片机复位后的状态。单片机的复位操作使单片机进入初始化状态，特殊功能寄存器复位后的状态是确定的。P0～P3 为 FFH，SP 为 07H，SBUF 不定，IP、IE 和 PCON 的有效位为 0，其余特殊功能寄存器的状态均为 00H 或 0000H。其意义为：P0～P3 各口寄存器写入 1，此时既可以用于输出，也可以用于输入；堆栈指针 SP 指向片内 RAM 的 07H 单元，第一个入栈数据将写入 08H 单元；IP、IE 和 PCON 的有效位为 0，各中断源处于低优先级且被关断，串行通信的波特率不加倍；PSW 为 00H，当前工作寄存器为第 0 组。

单片机复位后各寄存器状态见表 1－1。

表 1－1　单片机复位各寄存器状态

寄存器名称	复位值	寄存器名称	复位值
PC	0000H	ACC	00H
B	00H	PSW	00H
SP	07H	DPTR	0000H
P0～P3	FFH	SBUF	不定
IP	××× 00000B	IE	0×× 00000B
TMOD	00H	TCON	00H
TH0	00H	TL0	00H
TH1	00H	TL1	00H
SCON	00H	PCON	0×× 00000B

6. I/O 接口

单片机通过 I/O 接口与外界交换信息。例如，单片机与外设的通信就是通过 I/O 接口实现的。AT89S51 单片机有 4 个 8 位的并行 I/O 接口，记为 P0、P1、P2、P3 口。在单片机最小系统中，32 个 I/O 引脚可以直接驱动外设。当 I/O 引脚的驱动能力不够时，可以通过驱动电路驱动外设。

其中 P3 口除了可以做普通的 I/O 接口使用外，其每个引脚还具备第二种功能，见表 1－2。这些功能将在以后的学习过程中具体介绍。

表 1－2　P3 口各引脚的第二种功能

P3 口各引脚	第二种功能	功能说明
P3.0	RXD	串行口数据接收端
P3.1	TXD	串行口数据发送端
P3.2	$\overline{INT0}$	外部中断 0 请求输入端，低电平有效
P3.3	$\overline{INT1}$	外部中断 1 请求输入端，低电平有效
P3.4	T0	定时/计数器 0 外部计数脉冲输入端

续表

P3 口各位	第二种功能	功能说明
P3.5	T1	定时/计数器1外部计数脉冲输入端
P3.6	$\overline{\text{WR}}$	外部数据存储器写控制信号，低电平有效
P3.7	$\overline{\text{RD}}$	外部数据存储器读控制信号，低电平有效

AT89S51 型单片机共有 40 个引脚，除了搭建最小系统必须用到的电源电路 20 脚和 40 脚、时钟电路 18 脚和 19 脚、复位电路 9 脚之外，还有内外存储器选择引脚$\overline{\text{EA}}$/VPP（31 脚）、地址锁存允许信号输出引脚/编程脉冲输入引脚 ALE/$\overline{\text{PROG}}$（30 脚）和外部程序存储器选通信号输出引脚$\overline{\text{PSEN}}$（29 脚）。它们的具体用法在日后的学习中会慢慢挖掘。

1.1.3　焊接黄闪信号灯

效能指挥信号已有 100 多年的历史，过去的信号灯是由人工控制的，现在发展到自动控制乃至智能控制，并由各个路口的独自控制调整发展到一条线或一个区域的联动控制，这样大大提高了道路的交通效率。而其中给司机和行人警示作用的黄闪信号灯是功不可没的。这里模拟黄闪信号灯制作一个基于单片机自动工作的闪烁信号灯（下文将其称为“黄闪信号灯”），如图 1－14 和图 1－15 所示。

图 1－14　黄闪信号灯

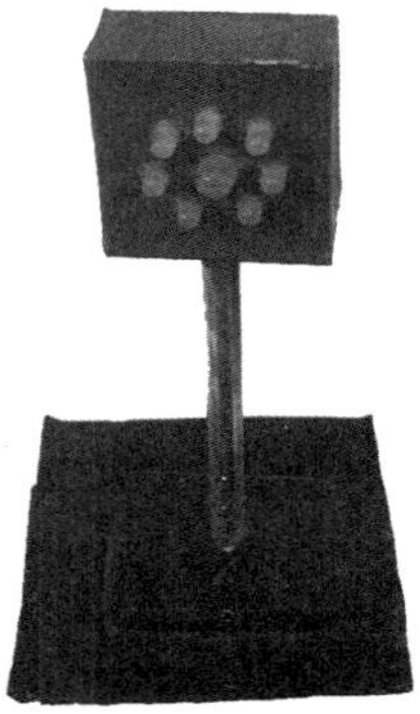

图 1－15　自制闪烁信号灯

1. 黄闪信号灯硬件系统设计

为了设计黄闪信号灯系统，这里选择 AT89S51 型单片机作为本系统的核心控制器件。首先搭建单片机最小系统工作电路，包括电源电路、晶振电路、复位电路；由于本系统程序比较简单，无须外接程序存储器，因此将内外存储器选择引脚$\overline{\text{EA}}$/VPP（31 脚）接到电源正极 VCC 上；然后搭建本系统的负载电路，选取 P1.0（1 脚）作为控制信号的输出端，由 P1.0 发送高低电平控制发光二极管的点亮或熄灭状态。黄闪信号灯系统接线图如图 1－16所示。

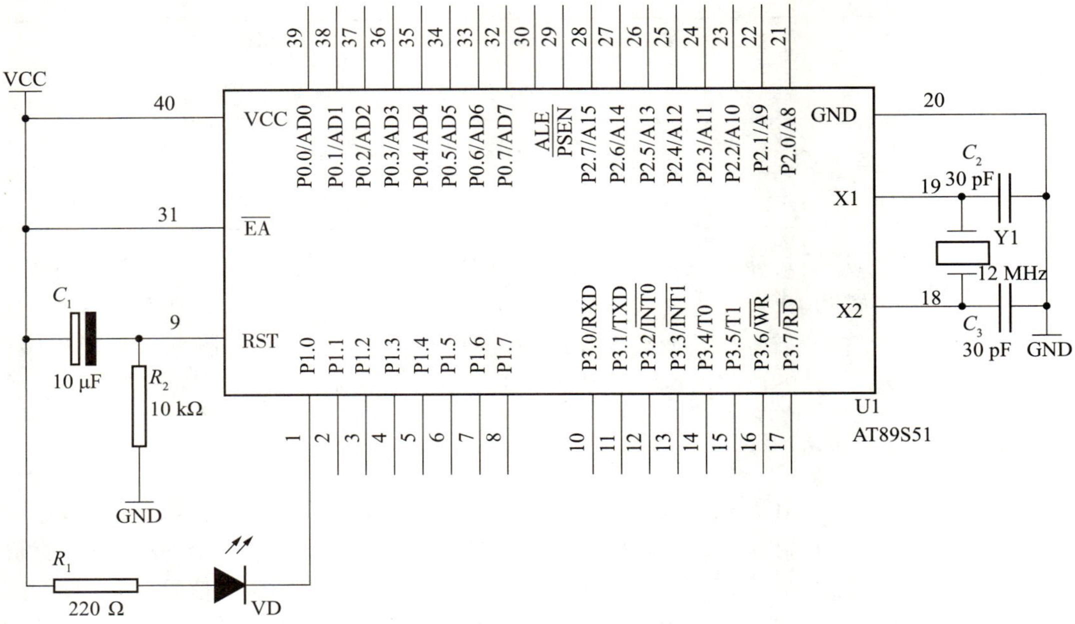

图 1 – 16　黄闪信号灯系统接线图

本系统所需元件清单见表 1 – 3。

表 1 – 3　黄闪信号灯元件清单

名称	规格	数量	名称	规格	数量
单片机	AT89S51	1	发光二极管	3 mm	1
晶振	12 MHz	1	电池盒	串联	1
瓷片电容	30 pF	2	电池	5#	3
电解电容	10 μF	1	接线端子		1
电阻	10 kΩ	1	导线		若干
电阻	220 Ω	1	万能板	7 × 9	1
脚座	40 DIP	1			

2. 焊接方法

普通电子器件的焊接常按照以下步骤进行：

(1) 参照黄闪信号灯系统接线图在万能板上合理布置元件，使系统紧凑且容易焊接、维修。

(2) 在焊接之前先将焊盘涂上助焊剂，用烙铁处理一下，以免造成焊盘镀锡不良或因氧化造成不易焊接。

(3) 按照元件布局，从较低元件开始焊起，注意电解电容、发光二极管的正负极性不能接反，二者均是长的引脚接正极，短的引脚接负极，如果接反轻则烧毁元器件，重则发生轻微爆炸；在焊接元器件的过程中，焊接时间应为 2 ~4 s。焊接时间不宜过长，否则不仅会烧毁元器件，而且易使焊点脆裂。

常用焊接工具如图 1 – 17 所示，参照手工焊接技术类资料正确使用各种工具，以保证焊接质量。

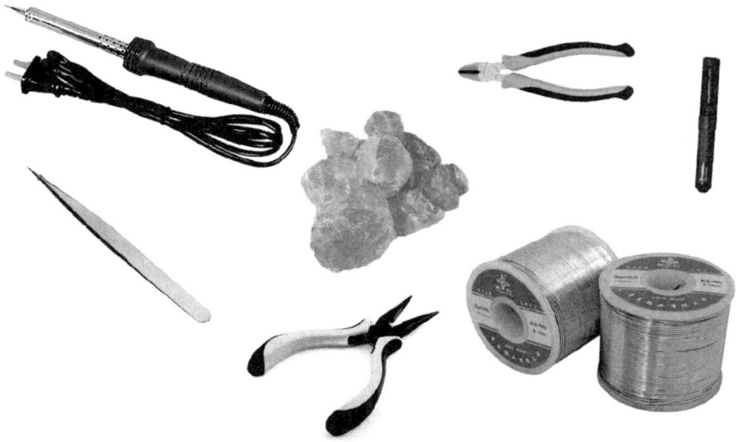

图 1 – 17　常用焊接工具

任务1.2　KEIL编译程序

单片机本质上是一个集成电路芯片，并不能识别人类的语言，以及采用助记符形式的指令编写的程序，要想让单片机按照人们的意愿执行程序，还需要一个翻译工具将指令转换为单片机能够识别的二进制形式的代码。KEIL μVision 2 是众多单片机应用开发软件中最常用的软件之一，它支持大部分不同公司的 MCS51 架构的芯片，集编辑、编译、仿真等于一体，同时还支持 PLM、汇编和 C 语言的程序设计。它的界面和常用的微软 VC ++ 的界面相似，界面友好，易学易用；在调试程序、软件仿真方面其也有很强大的功能。因此，很多开发 C51 应用的工程师或普通的单片机爱好者，都对它十分青睐。要使用 KEIL μVision 2 软件，必须先安装它。下面就以建立一个小程序项目为例来学习 KEIL μVision 2 的使用。

1. 建立一个项目

首先运行 KEILμVision 2 软件，系统弹出如图 1 – 18 所示的界面，接着按下面的步骤建立一个项目。

图 1－18　启动时的屏幕

（1）单击 Project 菜单项，在弹出的下拉菜单中选择 New Project 选项，如图 1－19 所示。系统弹出一个标准 Windows 文件对话框，如图 1－20 所示。在“文件名”文本框中输入汇编语言项目名称“黄闪信号灯”，单击“保存”按钮。该文件扩展名为“. uv2”，这是 KEIL μVision 2 项目的文件扩展名，以后直接单击此文件就可以打开先前做的项目了。

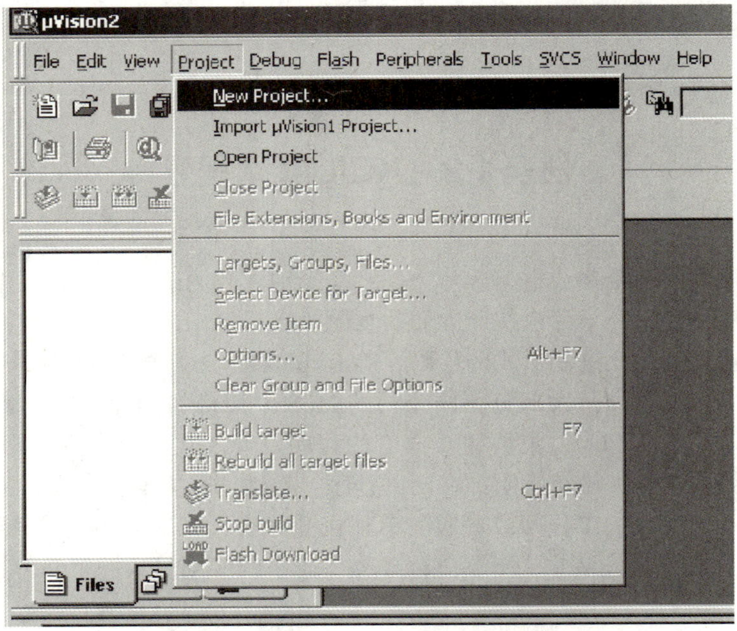

图 1－19　新建项目

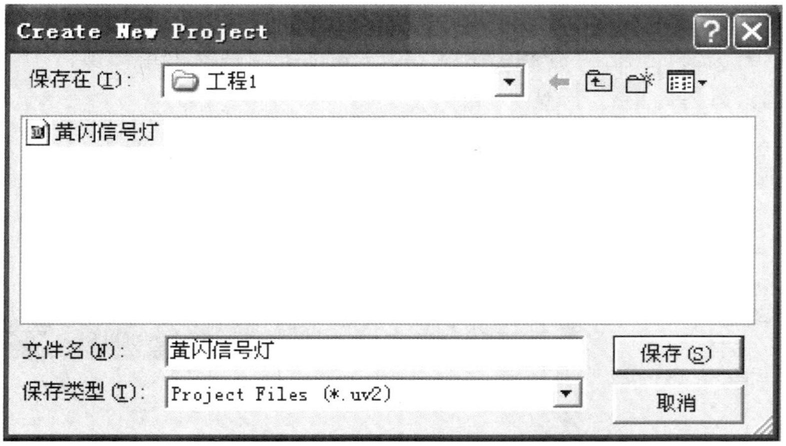

图1－20　项目名称

（2）单击“保存”按钮后，系统弹出如图1－21所示的对话框，选择需要的单片机，这里选择常用的Ateml公司的AT89S51单片机。在对话框右侧显示有关于该型号单片机的简单介绍。

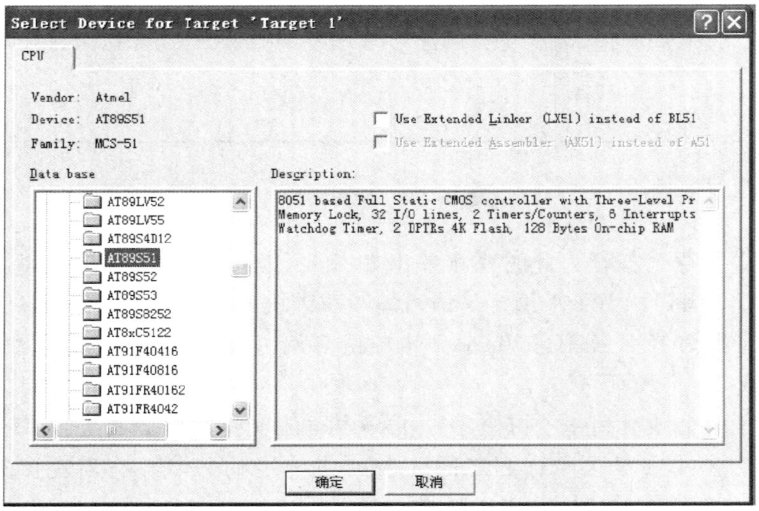

图1－21　选择单片机的型号

这样，一个项目就建好了。读者还可以在Project菜单项下选择Open Project和Close Project选项进行打开和关闭一个项目。

2. 新建一个文件

建立好项目后，需要在项目中创建新的程序文件或加入旧的程序文件。如果没有现成的程序，就要新建一个程序文件。KEIL μVision 2中有一些程序示例，这里以一个汇编程序为例介绍如何新建一个汇编程序和如何将程序加到项目中。

（1）如图1－22所示，单击New file按钮，在右侧出现一个新的文字编辑窗口（也可以通过File→New命令或Ctrl＋N组合键实现），光标出现在文本编辑窗口中，读者可以在这个窗口中编写程序。

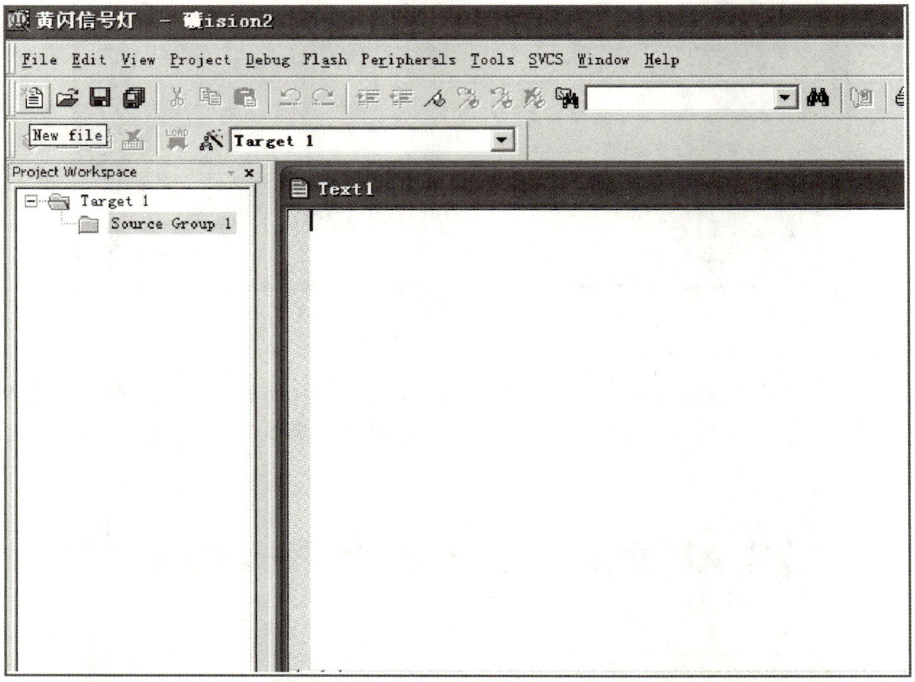

图1－22　新建文件

（2）单击“保存”按钮，此时系统弹出如图1－23所示的对话框。将新建文件命名为“黄闪信号灯.asm”，由于采用汇编语言编写黄闪信号灯的程序，因此扩展名一定要写成“.asm”的形式。当然KEIL µVision 2也支持C语言程序，所以如果采用C语言编程，扩展名就要写成“.c”的形式。

（3）建立了一个项目和一个可以编写汇编语言的文件后，读者还需要把这个文件添加到这个项目中去，只有这样它们之间才会产生一定的关联。右击左侧窗口的Source Group 1文件夹，在弹出的快捷菜单中选择Add Files to Group ‘Source Group 1’选项，如图1－24所示。打开如图1－25所示的对话框，单击Add按钮后，即可选择添加文件。这时单击Close按钮即可。如图1－26所示，“黄闪信号灯.asm”的文件就添加到Source Group 1文件夹中了。

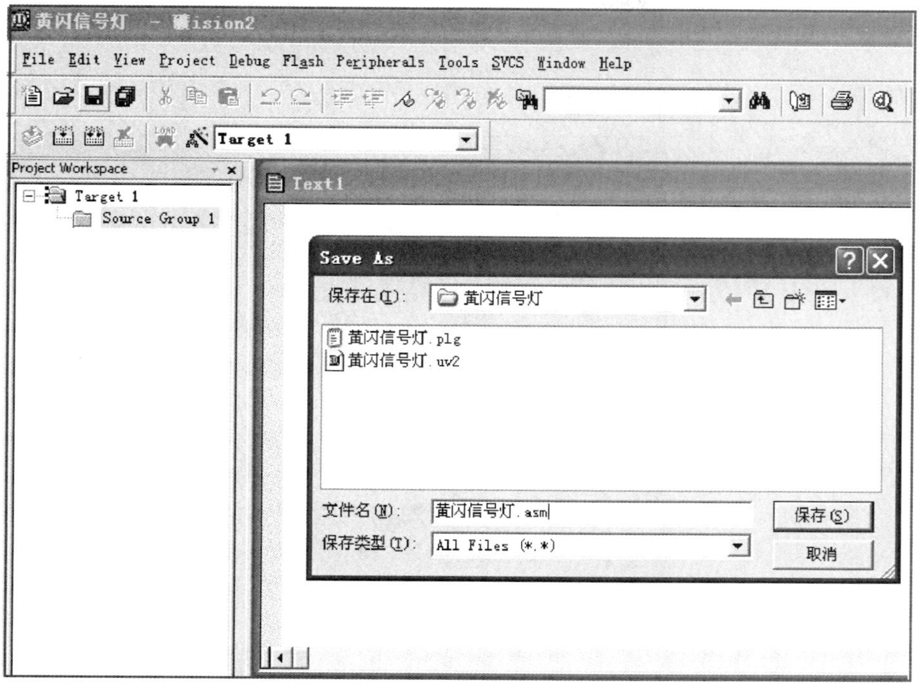

图 1－23　保存文件

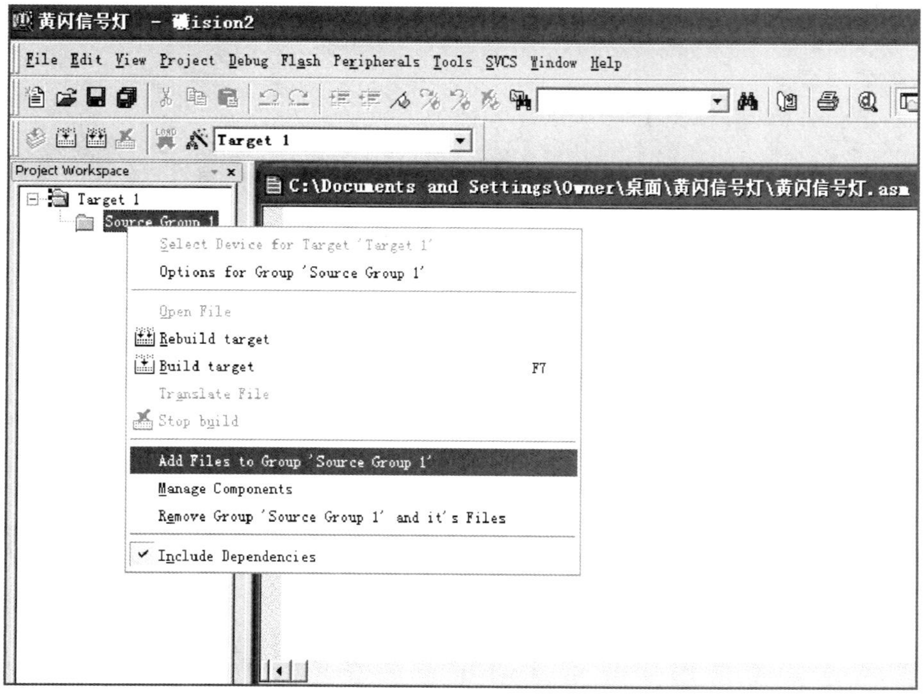

图 1－24　添加文件

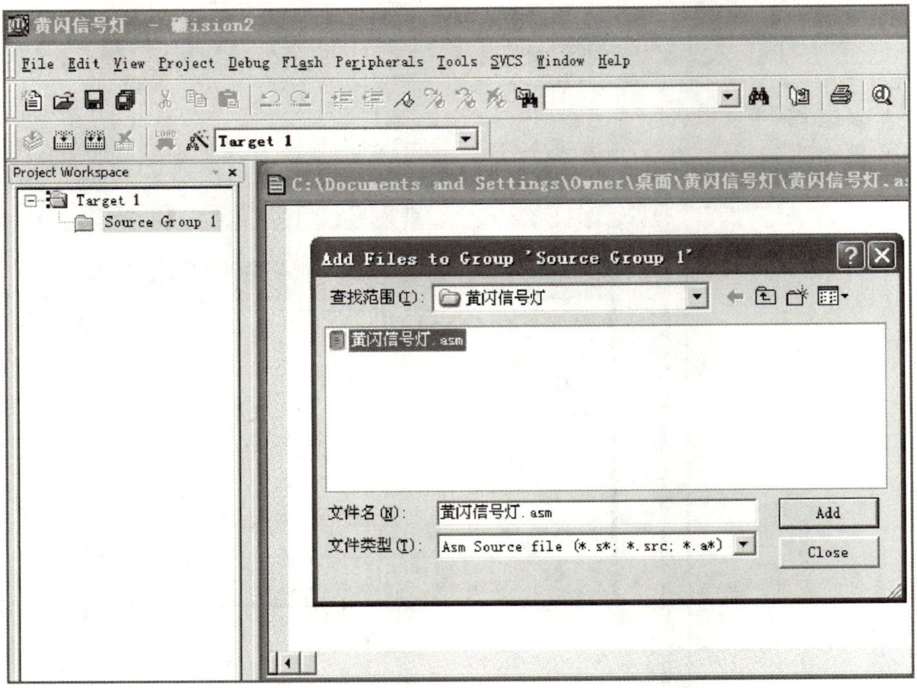

图 1-25 选择添加文件

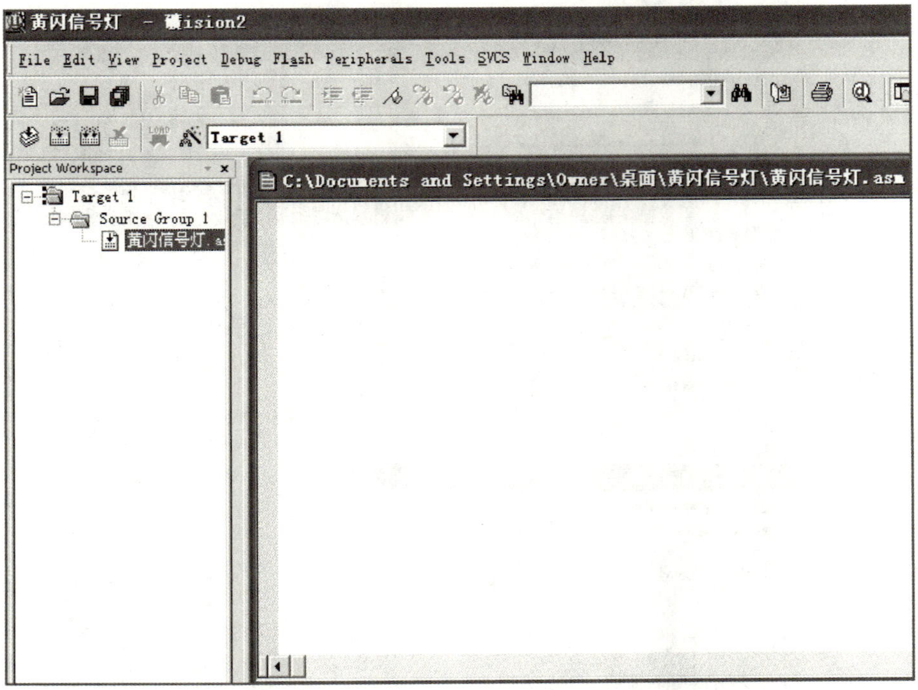

图 1-26 添加文件完成

3. 编译程序

单片机工作的过程实际上就是单片机执行程序的过程。因此当编写完程序后，还需要通过 KEIL μVision2 软件检测程序的正确性。之后通过该软件将人们认识的程序，即汇编语言转换为单片机能够识别的语言，即机器语言，这个过程称为编译。这种机器语言也就是直接用二进制代码指令表达的计算机语言。二进制代码指令是用 0 和 1 组成的一串代码，它们有一定的位数，并分成若干段，各段编码的不同含义代表了不同的指令功能。最后还需要将程序通过专用设备烧录到单片机程序存储器中供 CPU 执行（这将在任务 1.3 中介绍）。下面来看一下 KEIL μVision 2 是如何检测汇编语言的正确性及编译程序的。

（1）在前面新建的“黄闪信号灯 . asm”文件中输入黄闪信号灯的给定程序，如图 1－27 所示。

图 1－27　输入黄闪信号灯的给定程序

（2）为了让程序在编译的过程中产生能够写入单片机程序存储器的 HEX 文件，这里需要进行一下文件设置，如图 1－28 所示，单击工具栏中的 Options for Target 按钮，系统弹出如图 1－29 所示的对话框，选择 Output 选项卡，选中 Create HEX File 复选框，单击“确定”按钮。

（3）最后就是编译了，单击 Build target 按钮，KEIL μVision 2 开始编译程序，在窗口下面会出现编译报告，如果没有错误报告，就提示程序逻辑和语法上没有错误，如图 1－30 所示。

（4）下面打开前面所建立项目的目录，发现在该文件夹下，已经生成了 HEX 文件，如图 1－31 所示。

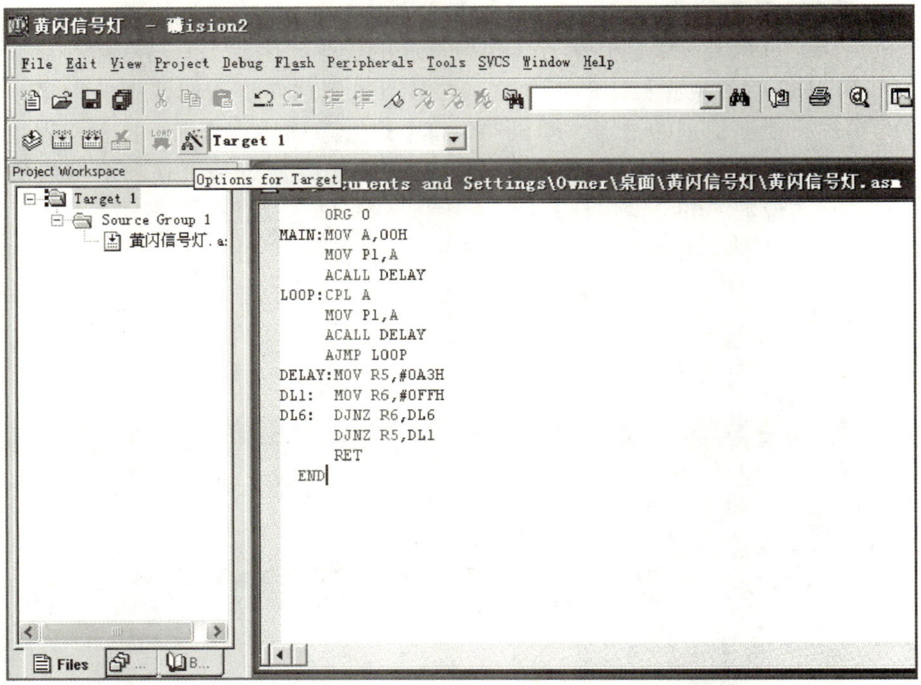

图 1－28　进行文件设置

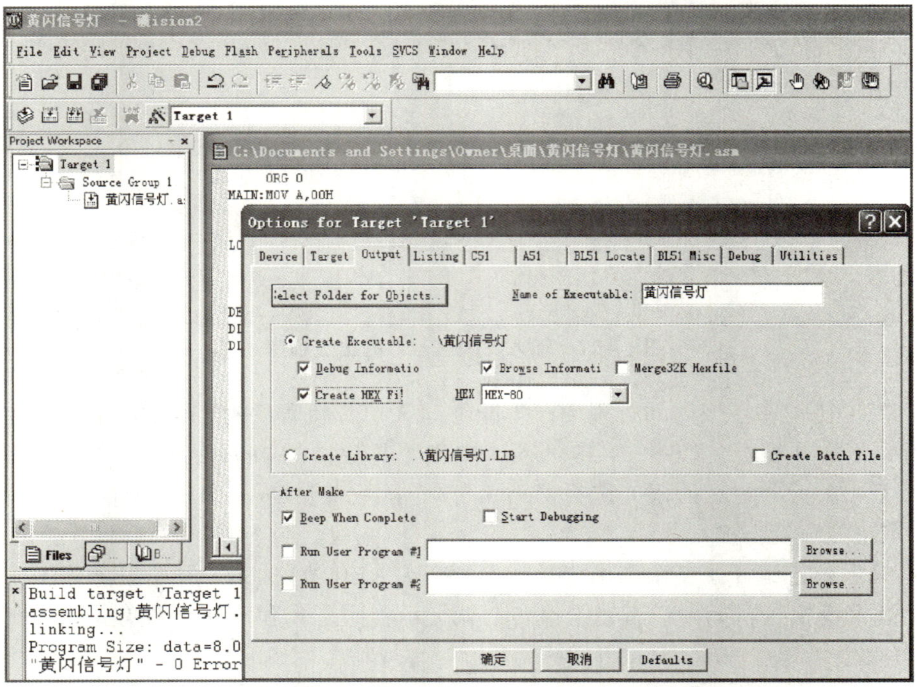

图 1－29　设置输出 HEX 文件

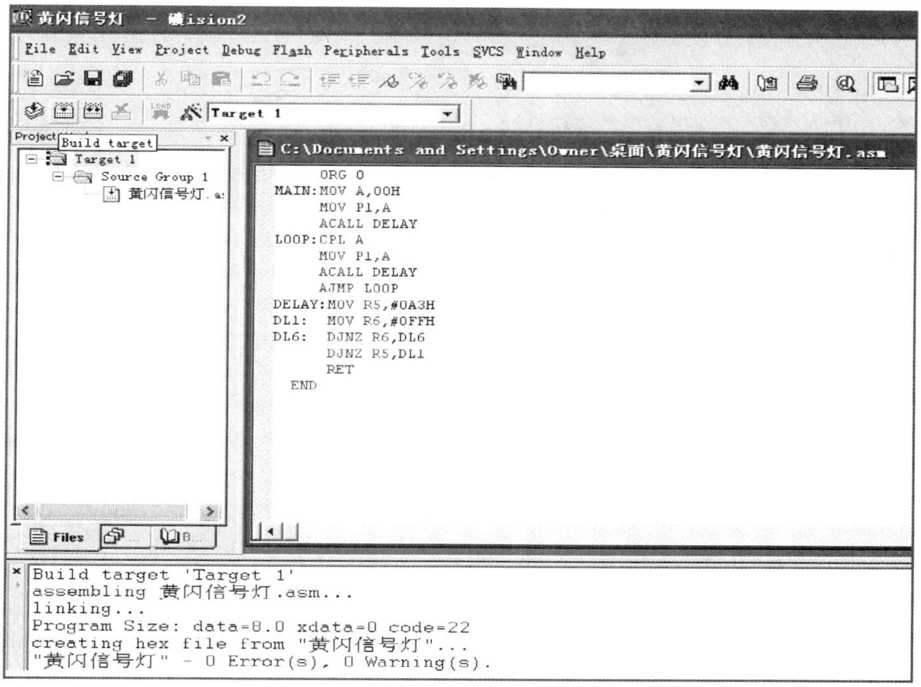

图 1－30　编译程序

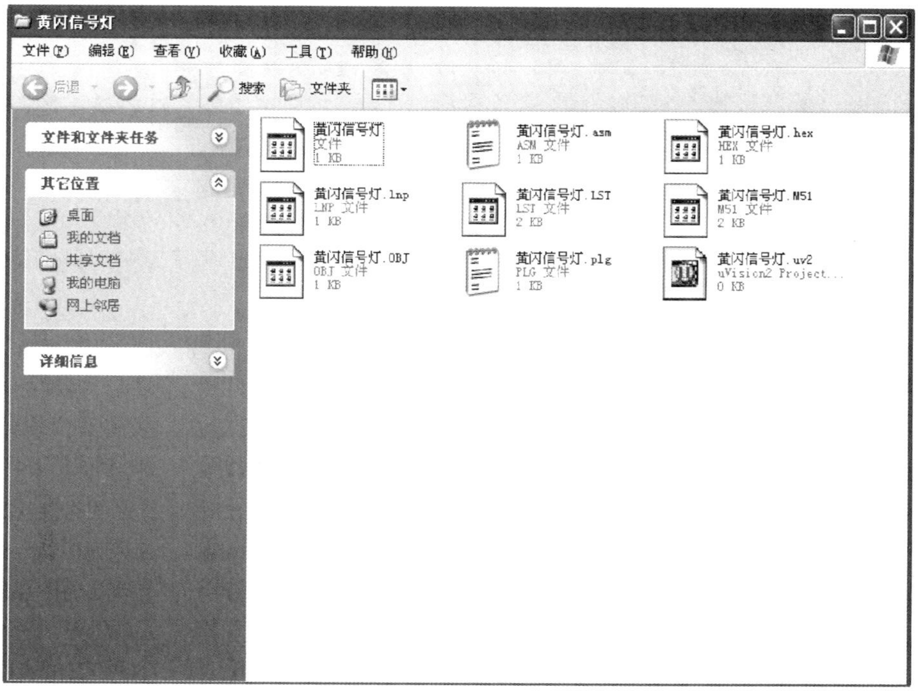

图 1－31　生成的 HEX 文件位置

任务1.3 编程器烧录程序

1.3.1 编程器烧录程序

图 1－32 启动编程器程序

从任务 1.1 中可知，要想用单片机驱动发光二极管一闪一闪地发光，除了搭建单片机工作的最小系统电路外，还需要单片机内部能够使引脚发出间断高低电平的指令，那么这些指令是如何保存在单片机内部的呢？程序要想写入单片机内部需要一个特殊的设备——编程器，也称烧录机。下面将完成把程序写入单片机的任务。

在任务 1.2 中通过 KEIL μVision 2 已经生成了能使单片机识读的文件，即“黄闪信号灯 . hex”，下面将以 EasyPRO L + 型编程器为例讲解如何将 HEX 文件烧录到单片机中。

（1）将编程器连接到电源及事先安装好编程器驱动的计算机上，双击编程器图标，如图 1－32 所示，打开编程器软件界面，如图 1－33 所示。

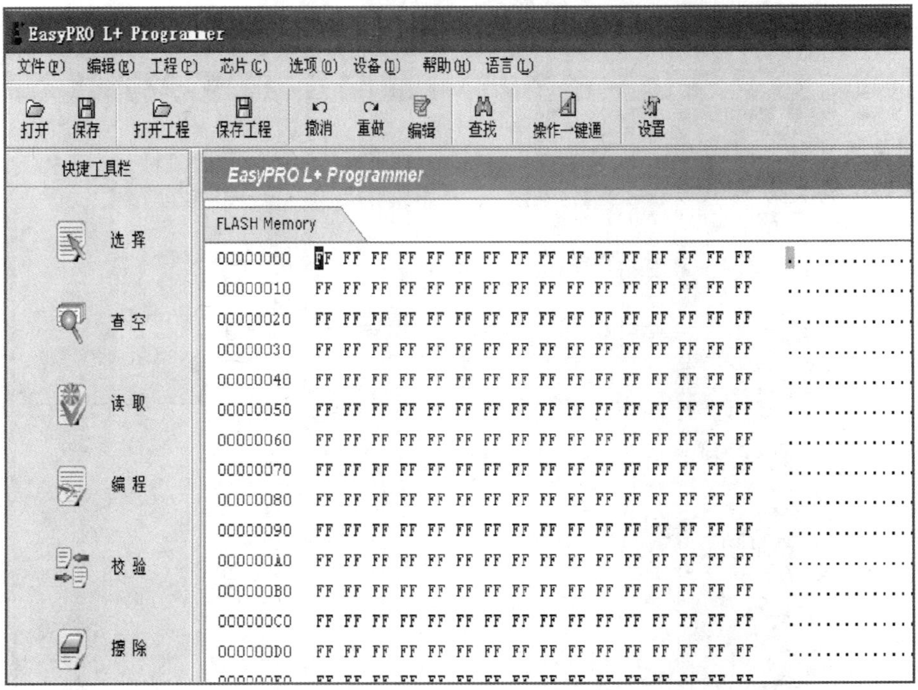

图 1－33 编程器软件界面

（2）将单片机卡在编程器的锁紧座中，如图 1－34 所示。选择单片机的芯片型号，如图 1－35 所示，这里选择 AT89S51 型单片机，如图 1－36 所示。

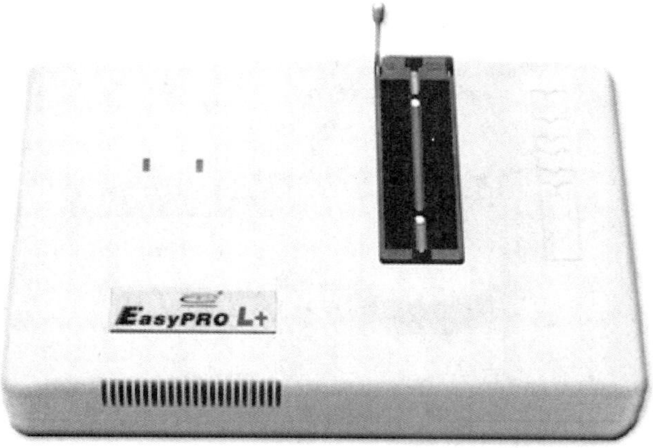

图 1－34　EasyPRO L＋编程器

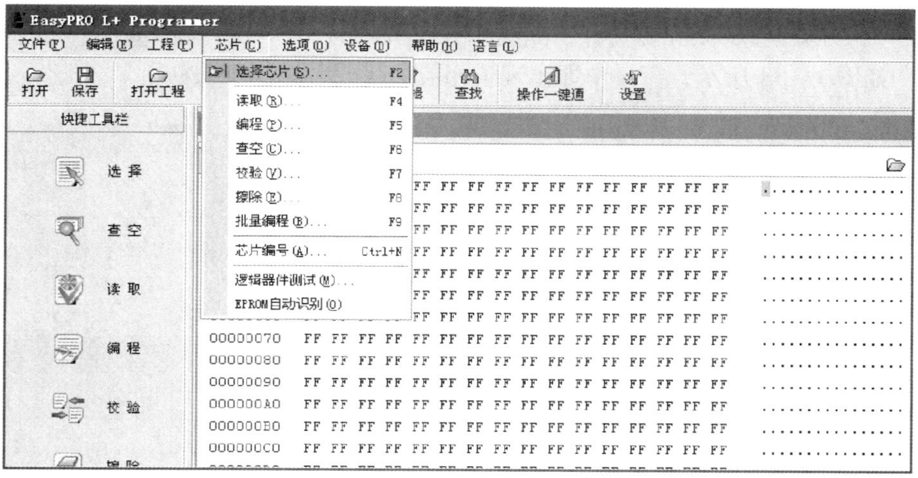

图 1－35　选择单片机的芯片型号

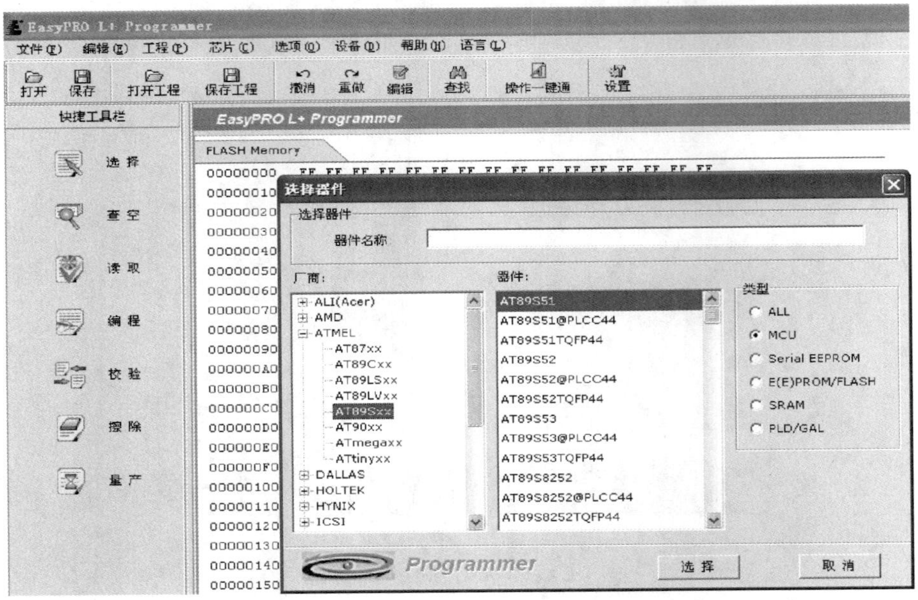

图 1－36　选择 AT89S51 型单片机

（3）打开要烧录的 HEX 文件，如图 1－37 所示。“黄闪信号灯 . hex” 文件即被调入软件中，如图 1－38 所示，窗口中即出现了相应的代码，如图 1－39 所示。

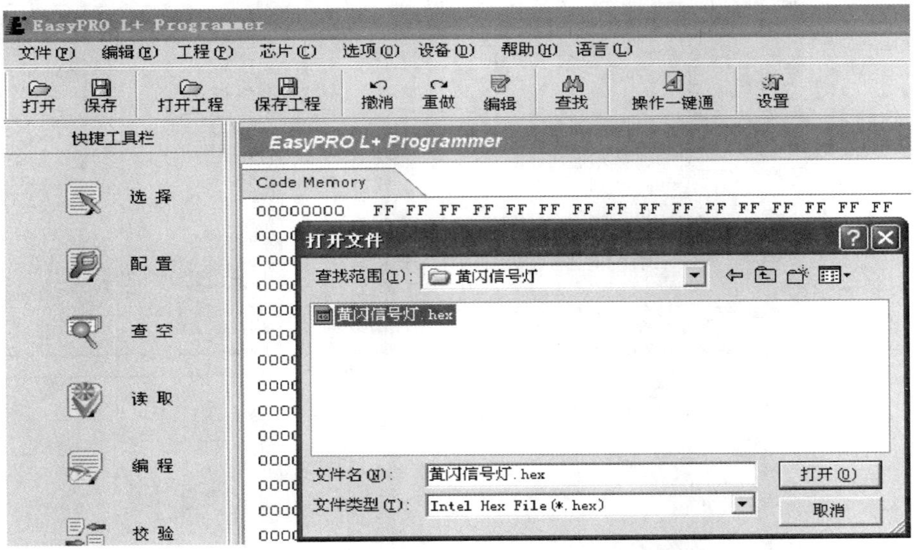

图 1－37　选择“黄闪信号灯 . hex” 文件

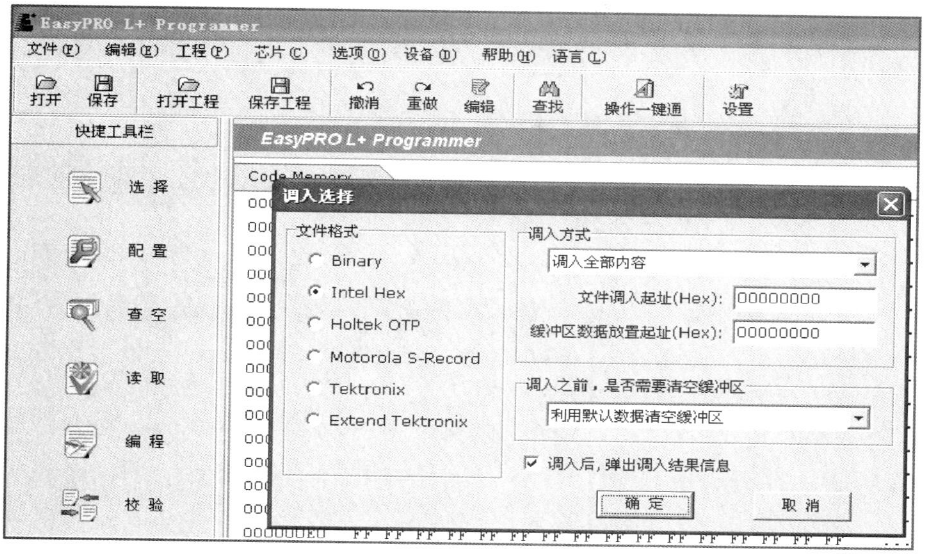

图1－38　调入代码

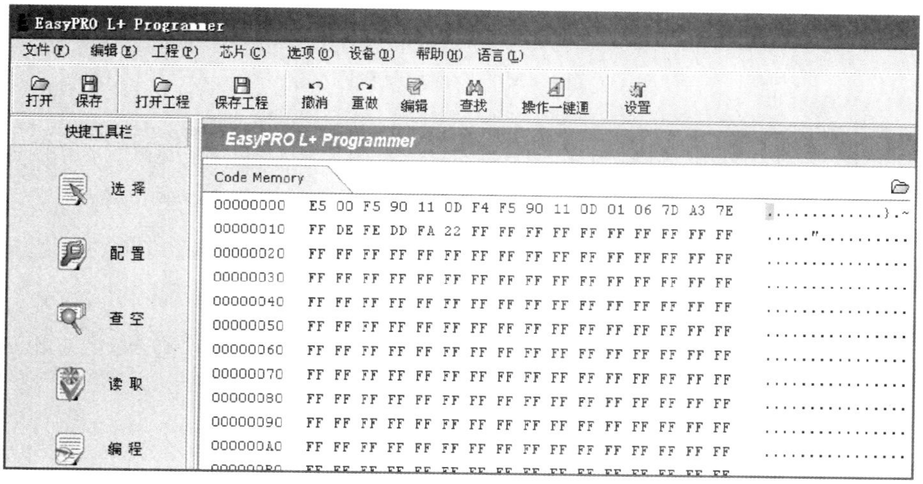

图1－39　成功调入代码

（4）单击“编程”按钮，程序即被烧录到单片机中，如图 1－40 所示。

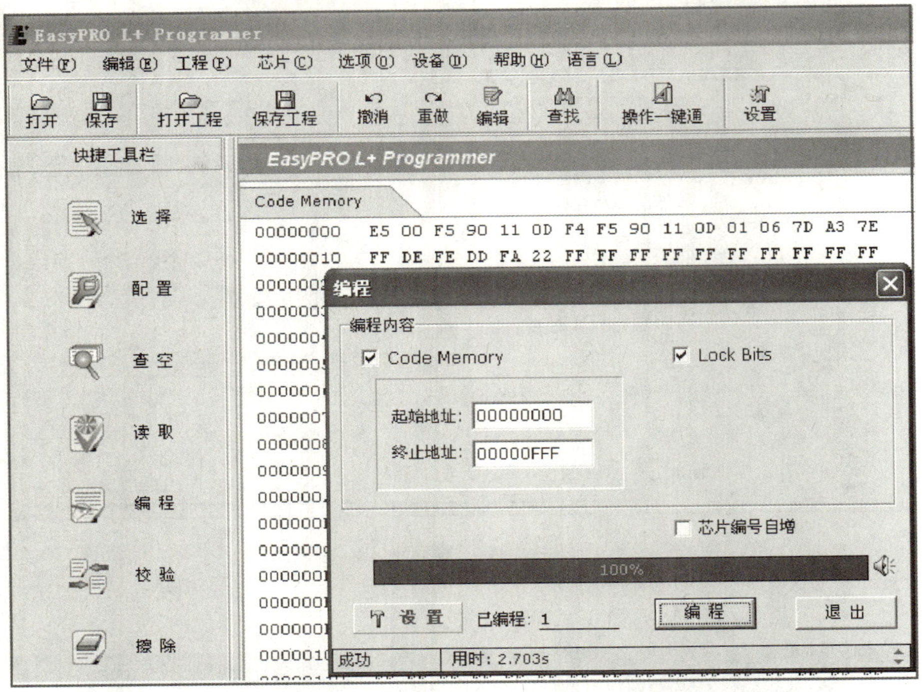

图 1－40　完成烧录程序

（5）将单片机从锁紧座上取下，安装在任务 1.1 中制作的黄闪信号灯系统上，接通电源，发光二极管就会一闪一闪地发光了。

1.3.2　透视单片机内部结构

程序通过编程器烧录到单片机内部，然后取下单片机，单片机就可以执行这些指令，并且在单片机断电后依然可以保持这些指令不丢失，那么这些指令保存在单片机的什么地方呢？这个地方就是单片机内部的 ROM。

下面就从半导体存储器开始来认识单片机的内部结构。

1. 存储器的工作原理

（1）存储器的构造。存储器即存放数据的地方，是计算机系统的记忆设备。这种记忆设备是利用电平的高低来存放数据的，也就是说，它实际上存放的是高电平和低电平，而不是人们所习惯认为的 1234 这样的数据。

存储器就像中药店中存放中药的货架，货架上有很多小抽屉，每个抽屉里有几个小格子，分别存放不同的中药；存储器也有很多存放数据的小抽屉，每个抽屉中有 8 个小格子，每个小格子用来存放“电荷”，电荷通过与它相连的电线传进来或释放掉，当小格子存满电荷时为高电平，当小格子释放掉电荷时为低电平，且小格子只有存满电荷与不存电荷两种状态。人们把存储器中的每个小抽屉称为一个“单元”，也就是一个字节，字节中的小格子就是“位”，每个字节含有 8 位。

单片机就是用这样结构的存储器来存放数据的。例如，想要存放数据“12”，转化为二进制数就是 00001100，只要把第 2 号和第 3 号小格子里存满电荷（从右数第一位为第 0 号，以此类推），而将其他小格子里的电荷释放掉即可表示数据“12”。

为了能使存储器的每个单元存储不同的数据，还应在每个单元上增加一条控制电荷输入/输出的控制线。当控制线信号选通，存储单元中的电荷可以随意流动；当控制线信号关闭，存储单元中的电荷也被关断。图 1－41 所示为存储器结构示意图。

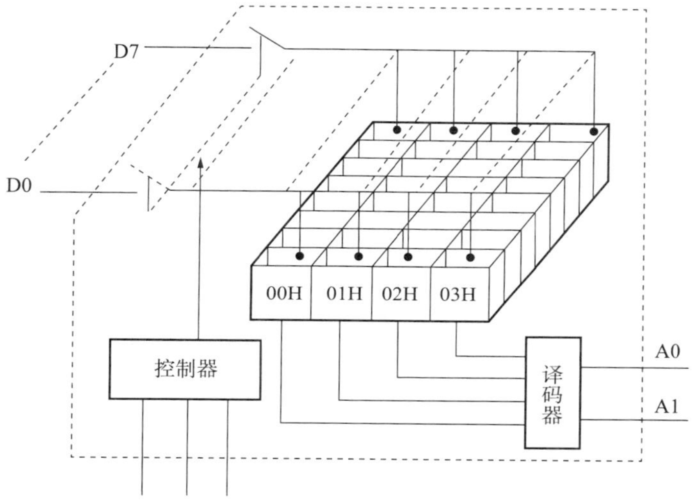

图 1－41　存储器结构示意图

（2）存储器译码。一根线可以有高电平和低电平两种状态，两根线就可以代表 4 种状态，以此类推，3 根线就可以有 8 种状态，n 根线即可代表 2^n 个状态。一片 27 512 存储器中有 65 536 个单元，采用以上的译码方法，65 536 种状态只需要 16 根线就可以代表了。

2. 存储器的种类

（1）只读存储器和随机存储器。存储器按功能可以分为只读存储器和随机存储器两大类。

所谓只读存储器，从字面上理解就是只可以从里面读取数据而不能将数据写进去，它类似于书本，只能读书本中的内容，不可以随意更改书本上的内容。只读存储器用 ROM 表示。

所谓随机存储器，既随时可以改写，也可以读出里面的数据，它类似于上课用的黑板，可以随时写东西上去，也可以用黑板擦擦掉重写。随机存储器用 RAM 表示。

这种所谓的只读和随机存取都是指使用存储器的时候，而不是指制造这块芯片的时候。否则，只读存储器是不可能存有数据的。就像一本书在读者阅读时其内容已经不能更改了，但在出版社这个特定的环境中其内容是可以更改的。

另外，还有可编程存储器（PROM），其类似练习本一样的可以写入一次数据；紫外线擦除的可编程只读存储器（EPROM），其类似黑板一样可以反复写入和擦除数据；闪速存储器（Flash Memory），其与 EPROM 不同的是采用电擦除方式，且寿命更长。

（2）程序存储器和数据存储器。存储器按照用途可分为程序存储器和数据存储器。程序存储器用来存放程序和始终要保留的数据；数据存储器用来存放程序运行中所需要的常数和变量，以及全局数据。

3. 存储器特点

MCS－51 系列单片机存储器的结构与一般微机存储器的结构不同。一般微机的 ROM 和 RAM 安排在同一空间的不同范围，称为普林斯顿结构；而 MCS－51 系列单片机存储器在物理上设计成程序存储器和数据存储器两个独立空间，称为哈佛结构，如图 1－42 所示。

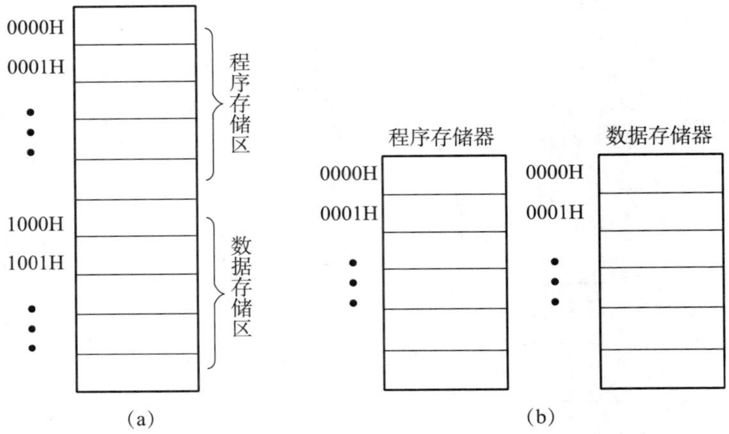

图 1－42　普林斯顿结构与哈佛结构

（a）普林斯顿结构；（b）哈佛结构

MCS－51 系列单片机存储器在物理上分为 4 个空间，即片内 ROM、片外 ROM、片内 RAM、片外 RAM。在逻辑上分为 3 个空间，即程序存储器（MOVC 指令访问）、片内数据存储器（MOV 指令访问）和片外数据存储器（MOVX 指令访问）。

4. 程序存储器

（1）程序存储器配置。程序存储器是用来存放程序和始终要保留的数据的。

在 AT89S51 单片机存储器中有一个专门记录程序执行位置的单元，就像钟表的表针记录当前时间一样，这个单元就是程序计数器（PC）。程序计数器专门用于存放下一条指令所在单元的地址。为了保证程序能够连续地执行下去，CPU 必须采用某些手段来确定下一条指令的地址，而程序计数器正是起到这种作用。在程序开始执行前，必须将它的起始地址，即程序的第一条指令所在的内存单元地址送入 PC，因此程序计数器的内容即是从内存提取的第一条指令的地址。当执行指令时，CPU 将自动修改 PC 的内容，即每执行一条指令 PC 增加一个量，这个量等于指令所含的字节数，以便使其保持指向将要执行的下一条指令的地址。由于大多数指令都是按顺序来执行的，因此修改的过程通常只是简单的对 PC 加 1。当程序转移时，转移指令执行的最终结果就是要修改 PC 的值，此 PC 值就是转去的地址，以此实现转移。AT89S51 单片机的程序计数器 PC 是 16 位的计数器，所以能寻址 64 KB 的程序存储器地址范围，允许用户程序调用或转向 64 KB 的任何存储单元。

AT89S51 的程序存储器结构配置如图 1－43 所示。

AT89S51 的$\overline{EA}$/APP 引脚（31 脚）为访问内部或外部程序存储器的选择端。当$\overline{EA}$/APP 引脚接高电平时，CPU 将首先访问内部存储器，当指令地址超过 0FFFH 时，自动转向片外 ROM 去取指令；当$\overline{EA}$/APP 引脚接低电平时（接地），CPU 只能访问外部程序存储器。这也就是为什么在单片机最小系统中 31 引脚要接电源 VCC 了。

程序存储器低端的存储单元被固定用作特定的程序入口，其地址分配见表 1－4。

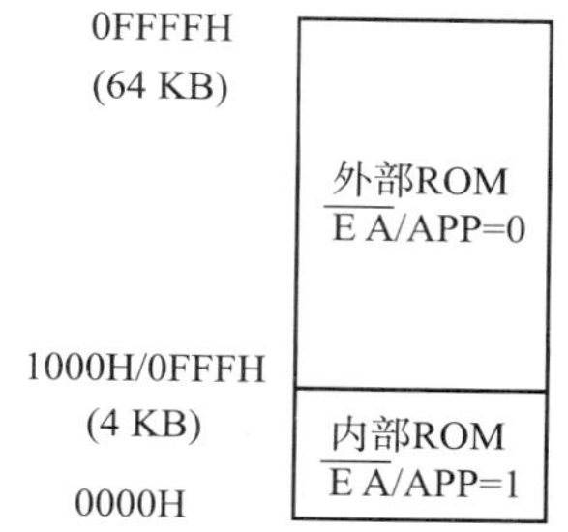

图 1－43　程序存储器结构配置

表 1－4　入口地址分配

入口地址	功　用
0000H	单片机复位后入口地址
0003H	外部中断 0 的中断服务程序入口地址
000BH	定时/计数器 0 溢出中断服务程序入口地址
0013H	外部中断 1 的中断服务程序入口地址
001BH	定时/计数器 1 溢出中断服务程序入口地址
0023H	串行口的中断服务程序入口地址
002BH	定时/计数器 2（仅 52 子系列有）

由表 1－4 可知，单片机复位后 PC＝0000H，系统从 0000H 开始执行程序，通常情况下在这里安排一条跳转指令，使 PC 指向主程序所在地址单元开始执行。0003H～0032H 单元被保留专用于中断服务程序入口地址，每个中断服务程序只提供 8 个字节单元存放，显然是不够的，因此 8 个单元通常放一条跳转指令，指向被实际分配的中断服务程序段，如图 1－44 所示。

（2）数据、地址、指令。数据、地址、指令在人们看来是不同的概念，但对于单片机来讲它们有着本质的相同点，即都是由一串“0”和“1”组成的序列。换言之，地址、指令也都是数据。

指令可以看作是一种系统开发者与单片机进行交流的语言，由编程者采用指令助记符形式书写，通过编译软件将助记符转化为单片机能识读的二进制的“0”和“1”代码串。

图 1－44　程序存储器地址分配图

地址可以看作是每个存储单元的“门牌号码”，是寻找单片机内部或外部存储单元，以及I/O接口的依据，在程序编写过程中也是以二进制的“0”和“1”代码串形式出现的，为了书写方便，常使用十六进制代码。

数据是由微处理机处理的对象，在各种不同的应用电路中各不相同，一般而言，被处理的数据可能是常数、地址、控制字，或者并行口的实际输出值等。

5. 数据存储器

数据存储器用来存放程序运行中所需要的常数和变量，当然全局数据也可以放在数据存储器中。MCS－51系列单片机的数据存储器在物理和逻辑上都分为以下两个地址空间。

(1) 00H～7FH（0～127）：128字节RAM区。

(2) 80H～FFH（128～255）：128字节特殊功能寄存器区。

AT89S51单片机数据存储器结构配置如图1－45所示。

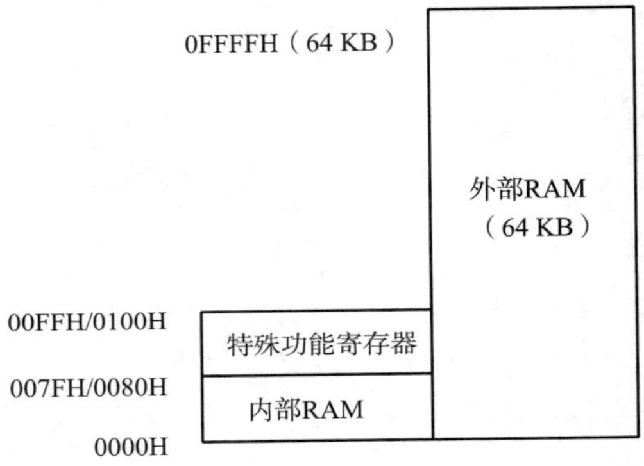

图1－45　数据存储器结构配置

(1) 内部RAM低128字节（00H～7FH）。片内数据存储器低128字节实际地址分配单元如图1－46所示。

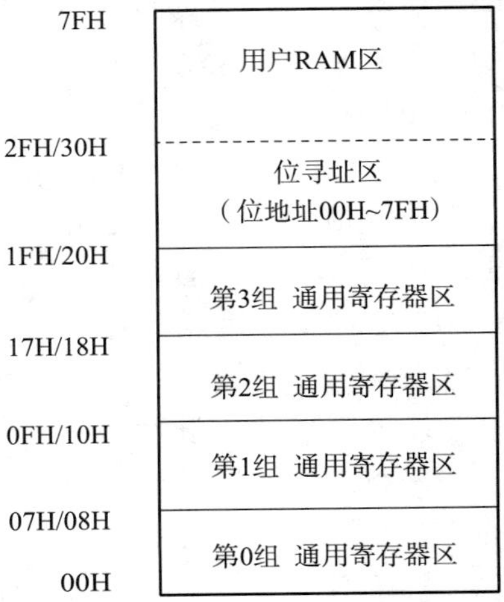

图1－46　片内数据存储器低128字节实际地址分配单元

① 寄存器区。AT89S51 单片机片内 RAM 低端的 00H～1FH 共 32 字节，分成 4 个工作寄存器组，每个工作寄存器组都有 8 个寄存器，即 R0、R1、R2、R3、R4、R5、R6 和 R7。每个寄存器占一个字节单元，每组共 8 个单元。

单片机当前工作寄存器组的选择由特殊功能寄存器中的程序状态字寄存器 PSW（特殊功能寄存器，地址 D0H）中的 D4、D3 位决定。通过对 PSW 的 D4、D3 位的修改，便能任意选择一个工作寄存器区，见表 1－5。

表 1－5　工作寄存器组的选择

D4、D3	工作寄存器组	D4、D3	工作寄存器组
00	第 0 组	01	第 1 组
10	第 2 组	11	第 3 组

② 位寻址区。AT89S51 单片机片内 RAM 的 20H～2FH 共 16 字节为位寻址区。共计 16×8＝128 个位，每一位都有一个位地址，范围为 00H～7FH，位地址区也可作为一般 RAM 使用。位地址与字节地址的关系见表 1－6。

表 1－6　位寻址区位地址与字节地址的关系

字节地址	位寻址区位地址							
	D7	D6	D5	D4	D3	D2	D1	D0
2FH	7FH	7EH	7DH	7CH	7BH	7AH	79H	78H
2EH	77H	76H	75H	74H	73H	72H	71H	70H
2DH	6FH	6EH	6DH	6CH	6BH	6AH	69H	68H
2CH	67H	66H	65H	64H	63H	62H	61H	60H
2BH	5FH	5EH	5DH	5CH	5BH	5AH	59H	58H
2AH	57H	56H	55H	54H	53H	52H	51H	50H
29H	4FH	4EH	4DH	4CH	4BH	4AH	49H	48H
28H	47H	46H	45H	44H	43H	42H	41H	40H
27H	3FH	3EH	3DH	3CH	3BH	3AH	39H	38H
26H	37H	36H	35H	34H	33H	32H	31H	30H
25H	2FH	2EH	2DH	2CH	2BH	2AH	29H	28H
24H	27H	26H	25H	24H	23H	22H	21H	20H
23H	1FH	1EH	1DH	1CH	1BH	1AH	19H	18H
22H	17H	16H	15H	14H	13H	12H	11H	10H
21H	0FH	0EH	0DH	0CH	0BH	0AH	09H	08H
20H	07H	06H	05H	04H	03H	02H	01H	00H

③ 用户 RAM 区（数据缓冲区）。位寻址区后的 30H ~ 7FH 共 80 字节为用户 RAM 区。这些单元可以作为数据缓冲器使用。用户 RAM 区操作指令丰富，数据处理方便灵活。

在实际应用中，常需要在此区内设置堆栈。堆栈一般设在 30H ~ 7FH 范围内。栈顶的位置一般由特殊功能寄存器区的堆栈指针 SP 指示。复位时 SP 的初始值为 07H。

（2）特殊功能寄存器（SFR）。AT89S51 单片机设置了与片内 RAM 统一编址的 21 个特殊功能寄存器，它们分布在内部 RAM 区域 80H ~ FFH 地址空间中。表 1 -7 为特殊功能寄存器位地址及字节地址的关系。

表 1 -7　特殊功能寄存器位地址与字节地址的关系

特殊功能寄存器名称	符号	字节地址	位地址与位名称							
			D7	D6	D5	D4	D3	D2	D1	D0
P0 口	P0	80H	87H	86H	85H	84H	83H	82H	81H	80H
堆栈指针	SP	81H								
数据指针低字节	DPL	82H								
数据指针高字节	DPH	83H								
定时/计数器控制	TCON	88H	TF1 8FH	TR1 8EH	TF0 8DH	TR0 8CH	IE1 8BH	IT1 8AH	IE0 89H	IT0 88H
定时/计数器方式	TMOD	89H								
定时/计数器 0 低字节	TL0	8AH								
定时/计数器 0 高字节	TH0	8BH								
定时/计数器 1 低字节	TL1	8CH								
定时/计数器 1 高字节	TH1	8DH								
P1 口	P1	90H	97H	96H	95H	94H	93H	92H	91H	90H
电源控制	PCON	97H	SMOD				GF1	GF0	PD	IDL
串行口控制	SCON	98H	SM0 9FH	SM1 9EH	SM0 9DH	REN 9CH	TB8 9BH	RB8 9AH	T1 99H	R1 98H
串行口数据	SBUF	99H								
P2 口	P2	A0H	A7H	A6H	A5H	A4H	A3H	A2H	A1H	A0H
中断允许控制	IE	A8H	EA AFH		ET2 ADH	ES ACH	ET1 ABH	EX1 AAH	ET0 A9H	EX0 A9H
P3 口	P3	B0H	B7H	B6H	B5H	B4H	B3H	B2H	B1H	B0H

续表

特殊功能 寄存器名称	符号	字节 地址	位地址与位名称							
			D7	D6	D5	D4	D3	D2	D1	D0
中断优先级控制	IP	B8H			PT2 BDH	PS BCH	PT1 BBH	PX1 BAH	PT0 B9H	PX0 B8H
定时/计数器2控制	T2CON	C8H	TF2 CFH	EXF2 CEH	RCLK CDH	TCLK CCH	EXEN2 CBH	TR2 CAH	C/T2 C9H	CP/RL2 C8H
定时/计数器2 重装低字节	RLDL	CAH								
定时/计数器2 重装高字节	RLDH	CBH								
定时/计数器2低字节	TL2	CCH								
定时/计数器2高字节	TH2	CDH								
程序状态控制字	RSW	D0H	CY D7H	AC D6H	F0 D5H	RS1 D4H	RS0 D3H	OV D2H	D1H	P D0H
累加器	A	E0H	E7H	E6H	E5H	E4H	E3H	E2H	E1H	E0H
寄存器B	B	F0H	F0H	F1H	F2H	F3H	F4H	F5H	F6H	F7H

寄存器实际上也是单片机内部一个小的存储单元，也能存储数据，但相对于存储器存取速度更快，且有自己独立的名称。在生活中，如果计算一道数学题，如21+11，会很快计算出结果为32，如果计算21+11+13，就需要先计算21+11=32，然后再计算32+13=45，其中45是最终结果，但要想得到最终结果，不得不先计算出32这个中间数据。这些中间数据需要有个地方存放，这些数据就存放在单片机的数据存储器中。特别是在MCS-51单片机中，将RAM中分出一块区域，称为工作寄存器区。片内RAM低128字节（00H~7FH）区域内划分了4组通用寄存器区，以及在80H~FFH（128~255）128字节特殊功能寄存器区，这些特殊功能寄存器每一位的定义和作用与单片机各部件直接相关。下面介绍几种常用的特殊功能寄存器。

① 累加器（ACC）：通常用A表示，它用于提供操作数和存放运算结果。直接与内部总线相连，一般信息传递和交换都通过ACC。

② 寄存器（B）：主要用于乘、除运算。乘法指令两个操作数分别取自A、B，其结果放在A、B寄存器中；除法指令，被除数取自A，除数取自B，商放A，余数放B。

③ 程序状态控制字（PSW）：程序状态控制字（PSW）存放了CPU工作时的很多状态，借此可以了解CPU的当前状态，并做出相应处理。表1-8为程序状态控制字（PSW）的各位名称。

表1－8　程序状态控制字（PSW）各位名称

D7	D6	D5	D4	D3	D2	D1	D0
CY	AC	F0	RS1	RS0	OV		P

下面逐一介绍各位的用途。

CY：进位、借位标志位。AT89S51 单片机中的运算器是一种 8 位运算器，但在进行加法运算时，如果发生进位（第 7 位向第 8 位进位），CY＝1，否则 CY＝0。

【例 1－1】 78H＋97H

$$
\begin{array}{r}
0111\ 1000 \\
+\ 1001\ 0111 \\
\hline
1\ 0000\ 1111
\end{array}
$$

则，CY＝1。

AC：半进位标志（辅助进位标志）。低半字节向高半字节发生进位或借位时（第 3 位向第 4 位进位）AC＝1，否则 AC＝0。

【例 1－2】 57H＋3AH

$$
\begin{array}{r}
0101\ 0111 \\
+\ 0011\ 1010 \\
\hline
1001\ 0001
\end{array}
$$

则，AC＝1。

F0：用户标志位，由编程人员决定什么时候用，什么时候不用。

RS1、RS0：工作寄存器组选择位，前面已经讲过了。

OV：溢出标志位。

P：奇偶校验标志位，A 寄存器中奇偶性判别。

“1”的个数为偶，则 P＝0；“1”的个数为奇，则 P＝1。

【例 1－3】 某运算结果是 78H（01111000），显然 1 的个数为偶数，所以 P＝0。

④ DPTR：16 位寄存器 DPH、DPL。用来访问外部 RAM 的地址寄存器，可以用它来访问外部数据存储器中的任一单元；如果不用，也可以作为通用寄存器来用，由自己决定如何使用。地址范围为 64 KB。

⑤ 端口 P0～P3：专用寄存器 P0～P3。端口名和寄存器名一一对应，可采用直接寻址方式参与操作，是 4 个并行 I/O 接口的寄存器，它里面的内容对应着引脚的输出。

⑥ 堆栈指针 SP：在日常生活中，人们都注意到过这样的现象，如家里洗的碗，一只一只摞起来，最晚放上去的放在最上面，而最早放上去的则放在最下面，在取的时候正好相反，先从最上面取，这种现象可用一句话来概括，为“先进后出，后进先出”。在生活中这种存放物品的方式有很多，如建筑工地上堆放的砖头、材料，仓库里放的货物，都是“先进后出，后进先出”，这实际上是一种存取物品的规则，人们称之为“堆栈”。

在单片机中，也可以在 RAM 中构造这样一个区域，用来存放数据，这个区域存放数据的规则就是“先进后出，后进先出”，这里也称之为“堆栈”。这样存取数据的方法有一个好处，存储器本身是按照地址来存放数据的，知道了地址也就得到了里面的数据，但如果需要存放的是一批数据，而每一个数据都需要知道其存放的地址，就会浪费很多的空间来存放地址。如果采用数据堆栈的方式存储数据，那么只需要知道第一个数据所在的地址单元就可以了，如果第一个数据在27H，那么第二个、第三个数据就在28H、29H了。AT89S51单片机堆栈地址一般设为30H～7FH。

堆栈指针SP就是用来指向栈顶地址的。堆栈操作遵循“先进后出，后进先出”原则，入栈操作时，SP先加1，数据再压入SP指向的单元。出栈时，先将SP指向的单元数据弹出，然后再将SP减1，此时SP指向新的栈顶单元。

⑦ 串行数据缓冲器（SBUF）：存放欲发送或已接收的数据。串行数据缓冲器虽然用一个缓冲器99H，但却以两个独立的缓冲器出现，一个发送，一个接收。

⑧ 定时器/计数器：两个16位定时/计数器T0、T1，各由两个8位独立寄存器组成（TH0、TL0、TH1、TL1）。

另外，还有中断允许控制寄存器IE、中断优先级控制寄存器IP等将在以后的学习情境中介绍。

任务1.4　数制与编码

1.4.1　数制

数制是表示数的方法和规则。人们使用最多的是进位计数制，数的符号在不同的位置上所代表的数的值不同。

十进制计数制是人们日常生活中最熟悉的进位计数制。在十进制中有0～9十个数码，计数规则为逢十进一。

二进制计数制是在计算机系统中采用的进位计数制。在二进制中仅有0和1两个数码，计数规则为逢二进一（即0+0=0，0+1=1，1+0=1，1+1=10）。二进制运算规则简单，便于计数，但书写冗长，不便于记忆和阅读。二进制的位可以表示为“0”或“1”，它是计算机中数据的最小单位，常与生活中开关的断开与闭合、指示灯的亮与灭、电动机的启动与停止取得逻辑上的联系。8个二进制的位构成一个字节，一个字节可以表示为2^8，即256个不同的值（0～255）。

八进制计数制有0～7共8个数码，计数规则为逢八进一（7+1=10）。

十六进制计数制是人们在计算机指令代码和数据的书写中经常使用的数制。它有0～9、A、B、C、D、E、F共16个数码，计数规则为逢十六进一（F+1=10）。由于4位二进制数可以方便地用1位十六进制数表示，因此人们对二进制的代码或数据常用十六进制形式缩写。

为了区分数的不同进制，可在数的结尾以一个字母标识。十进制（Decimal）数书写时结尾用字母D（或省略）；二进制（Binary）数书写时结尾用字母B；八进制（Octal）数书写时结尾用字母O；十六进制（Hexadecimal）数书写时结尾用字母H。除此之外，还可以用数值加下脚标的方式表示，如 $(2BF)_{16}$表示十六进制。表 1－9 为几种常用进位制数值对照表。

表 1－9　几种常用进位制数值对照表

自然数	十进制	二进制	十六进制	自然数	十进制	二进制	十六进制
零	0	0000B	0H	九	9	1001B	9H
一	1	0001B	1H	十	10	1010B	AH
二	2	0010B	2H	十一	11	1011B	BH
三	3	0011B	3H	十二	12	1100B	CH
四	4	0100B	4H	十三	13	1101B	DH
五	5	0101B	5H	十四	14	1110B	EH
六	6	0110B	6H	十五	15	1111B	FH
七	7	0111B	7H	十六	16	10000B	10H
八	8	1000B	8H	十七	17	10001B	11H

1.4.2　数制间的转换

由于各进制应用的场合不同，经常需要相互转换。例如，输入计算机的数都要被转换为二进制，下面介绍几种进制间转换的方法。

1. 各进制数转换为十进制数

各进制数转换为十进制数可按照通式展开法进行换算。具体方法是先将各进制数以小数点为起点向左右分别标上权，即个位的权为 0，十位的权为 1，以此类推，然后将加权系数相加计算出结果即可。

【例 1－4】

$$(1011.01)_2 = 1\times2^3 + 0\times2^2 + 1\times2^1 + 1\times2^0 + 0\times2^{-1} + 1\times2^{-2} = 11.25$$

$$(536.1)_8 = 5\times8^2 + 3\times8^1 + 6\times8^0 + 1\times8^{-1} = 350.125$$

$$(8FB.8)_{16} = 8\times16^2 + 15\times16^1 + 11\times16^0 + 8\times16^{-1} = 2\,299.5$$

2. 十进制数转换为二、八、十六进制数

将十进制数转换为其他进制数采用“倒取余数法”，即将十进制数除以需要转换为的进制数，一直除到商为 0，将得出的余数倒排即为转换结果。

【例 1－5】

```
2|29
 2|14   …… 1
  2|7   …… 0
   2|3  …… 1
    2|1 …… 1
      0 …… 1
(29)10 = (11101)2

8|210
 8|26   …… 2
  8|3   …… 2
    0   …… 3
(210)10 = (332)8

16|160
 16|10  …… 0
     0  …… A
(160)10 = (A0)16
```

$(29)_{10} = (11101)_2$　　$(210)_{10} = (332)_8$　　$(160)_{10} = (A0)_{16}$

3. 二进制数与八进制数互相转换

（1）二进制数转换为八进制数采用“三位一并”法：以小数点为基点，向左右两边 3 位一组转换为八进制数，不足 3 位用 0 补齐。

（2）八进制数转换为二进制数采用“一分为三”法：具体做法与二进制数转换为八进制数相反。

【例 1-6】 $(1001011110.11101)_2 = (?)_8$

$$\left(\frac{001}{1}\quad\frac{001}{1}\quad\frac{011}{3}\quad\frac{110}{6}:\frac{111}{7}\quad\frac{010}{2}\right)_2 = (1136.72)_8$$

$(436)_8$ $(?)_2$

$$\left(\frac{4}{100}\quad\frac{3}{011}\quad\frac{6}{110}\right)_8 = (100011110)_2$$

4. 二进制数与十六进制数转换

二进制数转换成十六进制数采用“四位一并”法：以小数点为基点，向左右两边 4 位一组转为十六进制数，不足 4 位用 0 补齐。

十六进制数转换成二进制数采用“一分为四”法：具体做法与二进制数转换成十六进制数相反。

【例 1-7】 $(1001011110.10101)_2 = (?)_{16}$

$$\left(\frac{0010}{2}\quad\frac{0101}{5}\quad\frac{1110}{E}:\frac{1010}{A}\quad\frac{1000}{8}\right)_2 = (25E.A8)_{16}$$

$(57CF2)_{16}$ $(?)_2$

$$\left(\frac{5}{0101}\quad\frac{7}{0111}\quad\frac{C}{1100}\quad\frac{F}{1111}\quad\frac{2}{0010}\right)_{16} = (1010111110011110010)_2$$

1.4.3　各数制用途（在计算机中）

（1）二进制。二进制在计算机中用于数据的存储和运算。由于计算机只能识别高、低电平两种状态，因此计算机也就只能识别二进制 0、1 两位。所以输入计算机的数据都会被转换为二进制数，这一点已经在存储器中介绍了。

（2）八进制。八进制在计算机中弥补二进制数书写位数过长的不足。

（3）十进制。十进制在计算机中作为数据的输入和输出。

（4）十六进制。十六进制在计算机中弥补二进制数书写数过长的不足，由于 4 位二进制数可以方便地用一位十六进制数表示，因此人们对二进制的代码或数据常用十六进制形式缩写。

1.4.4　编码

编码就是解决各种信息按照什么方法和规则表示成 0、1 代码串的问题。在计算机中，由于计算机只能识别“0”和“1”两种状态，因此计算机中各种信息都是以二进制编码的形式存在的，也就是说，不管是文字、图形、声音、动画，还是电影等各种信息，在计算机中都是以 0 和 1 组成的二进制代码表示的，计算机之所以能区别这些信息的不同是因为它们采用的编码规则不同。例如，同样是文字，英文字母与汉字编码规则就不同，英文字母用的是单字节的 ASCII 码，汉字采用的是双字节的汉字内码，但是随着需求的变化，当然，图形、声音等的编码就更复杂了，这也就告诉我们，信息在计算机中的二进制编码是一个不断发展的、高深的、跨学科的知识领域。

1. 字符的二进制编码——ASCII 码

ASCII 码使用指定的 7 位或 8 位二进制数组合来表示 128 或 256 种可能的字符。标准 ASCII 码也称基础 ASCII 码，使用 7 位二进制数来表示所有的大写和小写字母、数字 0 ~ 9 及标点符号，以及在美式英语中使用的特殊控制字符。

其中，0 ~ 31 及 127（共 33 个）是控制字符或通信专用字符（其余为可显示字符）。控制字符有 LF（换行）、CR（回车）、FF（换页）、DEL（删除）、BS（退格）、BEL（振铃）等；通信专用字符有 SOH（文头）、EOT（文尾）、ACK（确认）等；ASCII 值 8、9、10 和 13 分别转换为退格、制表、换行和回车字符。它们并没有特定的图形显示，但会按照不同的应用程序，对文本显示产生不同的影响。

32 ~ 126（共 95 个）是字符（32 为空格），其中 48 ~ 57 为 0 ~ 9 十个阿拉伯数字。65 ~ 90 为 26 个大写英文字母，97 ~ 122 号为 26 个小写英文字母，其余为一些标点符号、运算符号等。

同时还要注意，在标准 ASCII 中，其最高位（b7）用作奇偶校验位。所谓奇偶校验，是指在代码传送过程中用来检验是否出现错误的一种方法，一般分为奇校验和偶校验两种。奇校验规定：正确的代码一个字节中“1”的个数必须是奇数，若非奇数，则在最高位 b7 添 1。偶校验规定：正确的代码一个字节中“1”的个数必须是偶数，若非偶数，则在最高位 b7 添 1。

后 128 个二进制数组合称为扩展 ASCII 码，目前许多基于 x86 的系统都支持使用扩展（或“高”）ASCII 码。扩展 ASCII 码允许将每个字符的第 8 位用于确定附加的 128 个特殊符号字符、外来语字母和图形符号。

2. 二进制编码的十进制数的代码称为 BCD 码

十进制是人们生活中最习惯的数制，人们通过键盘向计算机输入数据时，常用十进制输入或输出。而计算机仅能识别二进制数，用 4 位二进制代码可以表示 1 位十进制数。这种用二进制代码表示十进制数的代码称为 BCD 码。常用 8421BCD 码见表 1 – 10。

表 1 – 10　常用 8421BCD 码

十进制数	BCD 码	十进制数	BCD 码
0	0000B	8	1000B
1	0001B	9	1001B
2	0010B	×	1010B
3	0011B	×	1011B
4	0100B	×	1100B
5	0101B	×	1101B
6	0110B	×	1110B
7	0111B	×	1111B

由于用4位二进制代码可以表示一位十进制数，因此采用8位二进制代码可以表示2位十进制数。这种用一个字节表示2位十进制数的代码称为压缩的BCD码，用8位二进制代码表示1位十进制数的代码称非压缩的BCD码（高4位无意义）。注意，由于表1-10中“×”的二进制代码并不会在BCD码中出现，因此为8421BCD码的非法码。两个BCD码运算时可能会出现非法码，这时需要对结果进行调整。

《单片机系统设计及应用》学习情境过程考核单

学习情境：黄闪信号灯　　组别：　　指导教师：　　日期：

姓名		学号				成绩		A+B+C
考核项目	考核点	考核人	分值	考核等级				得分
				优秀	良好	中等	稍差	
学习过程考核（50分）	遵守操作规程	队友	5					A
	实际操作技能	教师	15					
	发现与分析问题	队友	15					
	积极解决问题	教师	15					
学习结果考核（30分）	完成速度	队友	10					B
	任务完成	教师	20					
生活行为考核（20分）	节约材料	队友	5					C
	爱护设备	队友	5					
	合作意识	队友	10					

小组讨论及思考题

1. 简述黄闪信号灯系统的制作过程。
2. 单片机最小系统包含哪几部分电路，如何搭建？
3. 黄闪信号灯系统中31脚为什么要连接电源VCC。
4. AT89S51单片机程序存储器的地址是如何分配的？
5. AT89S51单片机数据存储器的地址是如何分配的？
6. 程序状态字PSW各位的含义是什么？
7. 程序指针PC与堆栈指针SP的用途分别是什么？
8. 将下列数值进行转换。

① $(10110.101)_2=(?)_{10}$

② $(C1B)_{16}=(?)_2$

③ 1011B=？D

④ $FFH=(?)_{10}$

⑤ $(53)_{10}=(?)_2$

⑥ $(?)_{10}=(100111)_2$

⑦ $(135)_{10}=(?)_8$

⑧ $(415)_{10}=(?)_{16}$

⑨ $(100111)_2=(?)_{10}$

⑩ $(207)_8=(?)_{10}$

⑪ $(19F)_{16}=(?)_{10}$

学习情境2　幻彩灯

学习情境导学

幻彩灯是以黄闪信号灯电路为基础，以强化单片机最小系统应用为目的。通过简易交通灯程序设计任务加强单片机指令系统的理解及汇编语言程序设计思维的建立。流水灯的程序设计能强化学生汇编语言程序设计能力，逐步培养学生独立思考和开拓创新的精神。本学习情境学习重点在于程序的编写，故可采用 Proteus 软件进行仿真以便反复修改程序。

学习目标

1. 知识目标

（1）进一步掌握 I/O 接口的应用。

（2）理解并掌握 MCS－51 指令系统的寻址方式。

（3）了解汇编语言程序设计的整体思路和方法。

（4）会编写简单的流水灯程序。

2. 技能目标

（1）掌握使用 KEIL 调试、编译程序。

（2）掌握调整时间的方法。

（3）会设计流水灯电路。

3. 情感目标

（1）具有较强的对新技能、新知识的学习能力。

（2）具有阅读和查找资料、文献等获取信息的能力。

（3）具有较强的独立思考和开拓创新的能力。

教学设备

装有 KEIL 和 Proteus 软件的计算机一台。

学习任务单

项目名称	幻彩灯	项目实施方式	Proteus 仿真
任务 2.1：简易交通灯系统设计　　建议学时：4 学时　　难度系数：★★★			
学习活动设计： 以小组为单位参照黄闪信号灯设计简易交通灯电路接线图。从点亮一个发光二极管开始逐步引导学生编写最简交通灯程序；以小组为单位讨论更复杂功能的红绿灯程序设计思路		技能点： （1）辨识常用元器件 （2）单片机最小系统搭建 （3）单片机外部引脚功能 （4）程序设计思维锻炼 （5）常用指令使用	
任务 2.2：Proteus 仿真及指令系统　　建议学时：12 学时　　难度系数：★★★★			
学习活动设计： 教师示范 Proteus 软件的使用方法，实战掌握简易交通灯仿真。以示范及自学相结合的方式完成单片机 111 条指令的格式、功能、字节及执行周期的学习		技能点： （1）Proteus 软件的使用 （2）掌握各指令格式、功能、字节及执行周期	
任务 2.3：典型流水灯程序设计　　建议学时：8 学时　　难度系数：★★★★			
学习活动设计： 按照“情境创设—资讯引导—计划决策—任务实施—检查评估—拓展迁移”六步进行典型流水灯系统设计，以小组为单位设计典型流水灯程序并用 Proteus 软件仿真演示现象；教师点评各组程序设计特点。认真完成课后设计题进行知识的拓展迁移		技能点： （1）程序设计思维锻炼 （2）常用指令使用技巧 （3）常用电路分析 （4）单片机最小系统搭建 （5）单片机外部引脚功能 （6）基本电路故障调试维修	

任务2.1　简易交通灯系统设计

在本任务中，设计一个在东西和南北方向车流量相等的路口使用的交通信号灯，当东西方向红灯亮时，南北方向绿灯亮；间隔一定时间后，变为南北方向红灯亮，东西方向绿灯亮。

在学习情境 1 中学习制作了黄闪信号灯，在此基础上尝试设计简易交通灯系统的电路图。

简易交通灯与黄闪信号灯一样，都是单片机最小系统的简单应用，首先按照单片机工作的最小系统搭建电源电路、时钟电路及复位电路；然后，进行简易交通灯系统负载电路的搭建。这里分别选取 VD1、VD2、VD3、VD4 作为 4 个信号灯。其中，VD3 作为东西方向红灯，VD1 作为南北方向绿灯，VD2 作为南北方向红灯，VD4 作为东西方向绿灯。选取 P1.0、P1.1、P1.2 和 P1.3 这 4 个引脚作为信号灯的驱动引脚。最后将发光二极管 LED 经过上拉电阻接到电源 VCC 上。简易交通灯接线图如图 2 – 1 所示。

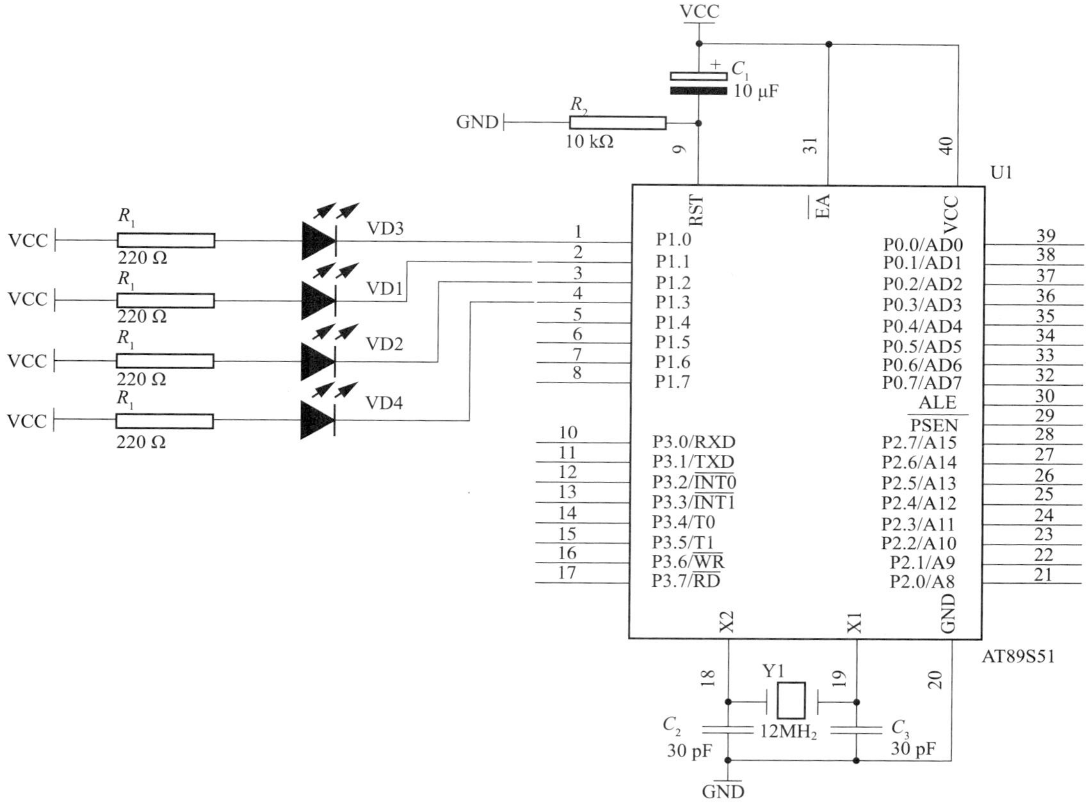

图 2 – 1　简易交通灯接线图

单片机应用系统的设计其实就是实现硬件和软件的有机结合。硬件系统是指根据所要实现的任务设计的电路接线图，软件系统是指利用计算机语言对系统预定要完成的任务进行描述和规定。

单片机的程序设计主要采用两种语言：一种是汇编语言，另一种是 C 语言。由于汇编语言是面向机器的语言，对单片机的硬件资源操作直接、方便。汇编语言可以说是单片机的贴身语言，对于学习和掌握单片机的硬件结构很有帮助，同样其对编程人员的硬件知识要求也较高，所以对于单片机初级学者来讲，汇编语言是最好的入门语言。本书中程序设计以汇编语言为主，同时也对 C 语言做了简单介绍。

2.1.1　编制程序方法及技巧

1. 编制程序步骤

（1）任务分析。设计单片机应用系统首先要对单片机应用系统预完成的任务进行分析，明确系统的设计任务、功能要求和技术指标，并对系统的硬件资源和工作环境进行分析。这都是软件系统设计成功与否的关键前提。

(2) 算法优化。算法即解决具体问题的方法。同一个具体问题可以用不同的方法来解决，但这个方法直接决定着程序的执行速度及存储空间。对于一个单片机应用系统来说，数学方法和数学模型可以用来描述系统的功能和技术指标，从而把一个实际问题转化成计算机可以解决的问题。对各种算法进行比较，选取最优和最合理的算法，能够节省系统成本。

(3) 总体设计。对系统的任务进行分析和算法的优化后，就可以进行程序的总体规划和构思，从而确定程序的结构和数据形式，并综合考虑资源的分配和参数的计算等。

(4) 绘制流程图。一般情况下，应用程序依功能可以分成若干部分，流程图就是程序的基本线索。通过流程图可以对全局有一个完整的了解。绘制一个清晰正确的流程图是程序设计的一个重要内容。

流程图有总流程图和局部流程图之分。总流程图反映程序的逻辑结构和各程序模块之间的关系，局部流程图反映程序模块的细节。

常用流程图符号有开始或结束符号、工作任务符号、判断分支符号、程序连接符号、程序流向符号等，如图 2－2 所示。

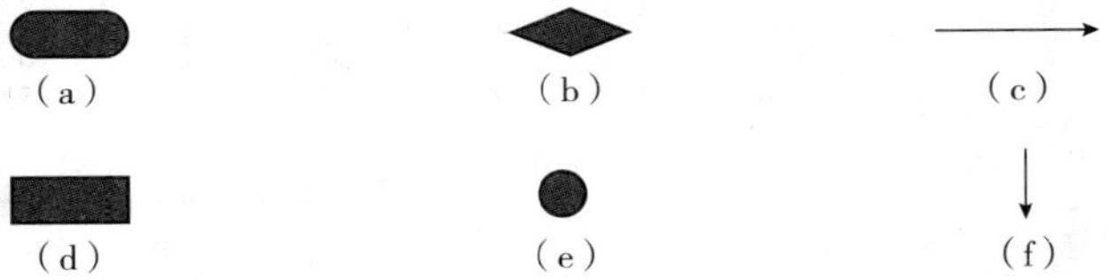

图 2－2　常用程序流程图符号

(a) 开始或结束符号；(b) 判断分支符号；(c) 程序流向符号；
(d) 工作任务符号；(e) 程序连接符号；(f) 程序流向符号

(5) 编写程序。最后，根据流程图开始编写程序。

2. 基本编程思想

(1) 模块化程序设计。模块化程序设计方法是编程过程中非常重要的一种方法。所谓模块化，就是将一个多功能复杂的程序划分为若干个简单的、功能单一的程序模块。这种编程方法就好像我国古代的活字印刷术一样，每一个功能制作成一个具体的“活字”，分别对这些模块程序进行独立的设计和调试，最后将模块程序装配成整体程序进行联调。这种模块化编程思想把大问题化成了小问题，把大任务化成了小任务，既有利于程序的设计和调试，也有利于程序的优化和分工，并且提高了程序的可读性和可靠性。

(2) 循环与子程序设计。为了减少程序所占内存，除了选择优化的算法外，还应尽量使用循环结构及子程序。但在设置循环尤其是多重循环时要注意各重循环的初值和循环结束条件，避免“死循环”现象的出现。

2.1.2 基本程序结构

1. 顺序程序结构

顺序程序结构是指无分支、无循环结构的程序。它的执行流程是按照指令在存储器中的存放顺序进行的。其执行示意图如图 2－3 所示。

2. 分支程序结构

通常情况下，程序的执行是按照指令在程序存储器中存放的顺序进行的，但根据实际需要也可以改变程序的执行顺序，这种程序结构就属于分支程序结构。分支程序结构可分为单分支、双分支和多分支几种情况，图 2－4 所示为双分支程序结构示意图。

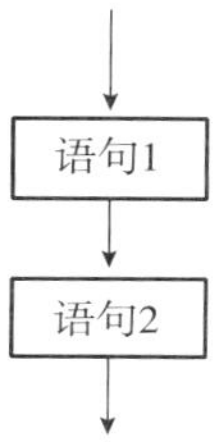

图 2－3 顺序程序结构执行示意图

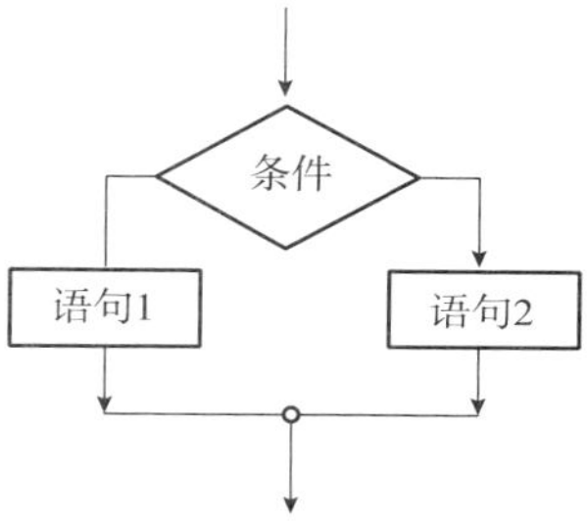

图 2－4 双分支程序结构执行示意图

3. 循环程序

在程序设计中，经常需要控制一部分指令重复执行若干次，以便用简短的程序完成大量的处理任务。这种按某种控制规律重复执行的程序称为循环程序。循环程序分为先执行后判断和先判断后执行两种结构，如图 2－5 所示。

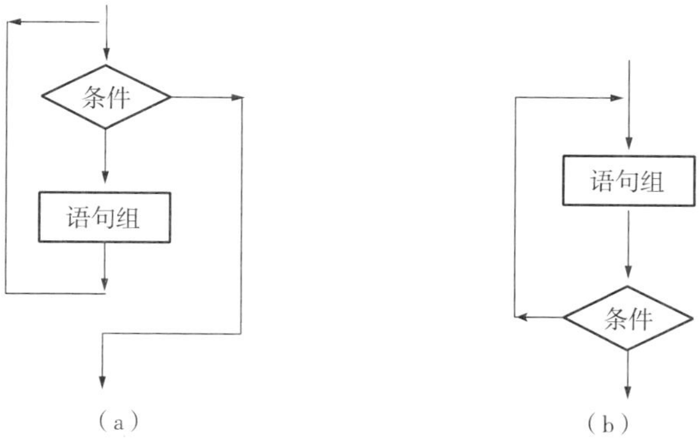

图 2－5 循环结构

(a) 先判断后执行；(b) 先执行后判断

4. 子程序及其调用

在实际编写程序时，经常会用到一些通用性问题，如数值转换、数值计算、时间延时等，在一个程序中需要使用多次。这时可以将其设计成通用的子程序供主程序随时调用。利用子程序具有程序结构紧凑、程序的可读性高、调试方便等优点。

子程序调用时要注意以下两点。

（1）现场的保护和恢复。

（2）主程序与子程序的参数传递。

2.1.3 简易交通灯系统程序设计

根据任务2.1中设计的简易交通灯接线图编写交通灯程序，在对系统要完成的任务进行分析后，绘制出如图2－6所示的程序流程图。

根据程序流程图进行交通灯程序编写，可以知道单片机是一个仅能区分高低电平的电子器件，那么如何将这种高低电平的变化通过发光二极管是否发光的物理现象体现出来呢？

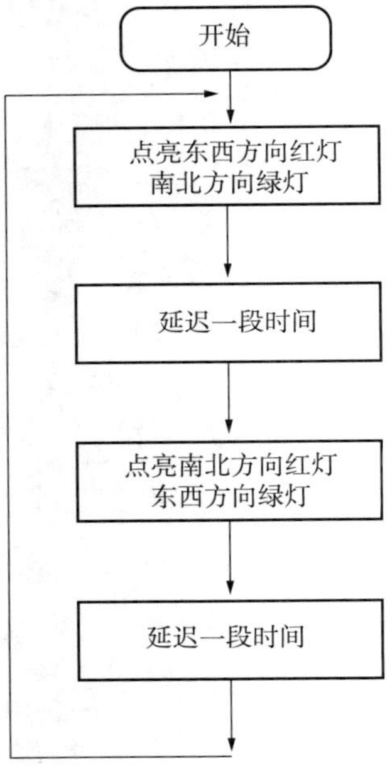

图2－6　简易交通灯程序流程图

1. 物理现象与二进制

物理现象是一种可直接感知的物理事件或物理过程，如灯的亮与灭、温度的升高与降低等都是物理现象。那么这些物理现象是如何用单片机中的“0”和“1”的代码串来实现的呢？假设有两盏灯，把灯发光记作“0”，把灯不发光记作“1”，见表2－1。

表2－1　灯的状态与二进制

灯的状态	●●	●○	○●	○○
表达方式	00	01	10	11

还可以进一步写出3盏灯可能发光的情况为：000、001、010、011、100、101、110、111。

这时会发现灯亮灭的物理现象与前面学过的二进制数联系在了一起。那么灯为什么会亮呢？如图2－1所示，发光二极管接在电源VCC与单片机引脚之间，如果把单片机引脚输出低电平（送0），相对应的LED就会由于两端产生电位差而有电流通过，使其导通发光。因此，要想使单片机引脚驱动某二极管发光，只需在该引脚加上合适的电平即可。

2. 简易交通灯系统程序设计分析

根据图2－1中简易交通灯系统的硬件设计，东西方向红灯VD3与南北方向绿灯VD1是同时发光的，所以只需要将P1.0和P1.1引脚输出低电平，P1.2和P1.3引脚输出高电平即可。表2－2所示为引脚电平输出状态。

表 2-2 引脚电平输出状态

灯的状态	—	—	—	—	○	○	●	●
引脚	—	—	—	—	P1.3	P1.2	P1.1	P1.0
表达方式	×	×	×	×	1	1	0	0

由于 P1 口高四位没有连接负载，处于悬空状态，因此电平状态随意。这里将表达形式写成十六进制（0CH），采用一条指令将这种状态传送给 P1。

```
MOV   P1，#0CH
```

同理，也可以写出让东西方向绿灯 VD4 和南北方向红灯 VD2 亮，东西方向红灯 VD3 和南北方向绿灯 VD1 灭的指令。

```
MOV   P1，#03H
```

由于东西方向与南北方向的红绿灯是交替点亮的，因此在执行这两条指令之间还需要执行一段延时程序。一般情况下把延时程序当作一个子程序，在执行时只需要一条调用指令（ACALL DELAY）就可以实现延时。以下程序是延时子程序。

```
DELAY：MOV   R1，#0FFH
LOOP0：MOV   R2，#0FFH
LOOP1：DJNZ  R2，LOOP1
       DJNZ  R1，LOOP0
       RET
```

这段延时程序中的 DELAY、LOOP0、LOOP1 称为标号。哪些位置需要调用它，就在该位置编写“ACALL DELAY”语句即可，但要注意 ACALL 后面的标号必须与要调用的子程序的标号一致，才能使 PC（程序指针）指向子程序位置，从而顺利执行此命令。在这个延时程序里，延时即耗费时间，也就是让单片机不断地重复某些指令数百次，从而达到时间累积即延时的效果。首先把寄存器 R1 中存入一个数 0FFH（十六进制数以 A～F 开头的前面加 0），接着在寄存器 R2 中存入 0FFH，然后逐一将 R2 中的数减掉（DJNZ 作用），当 R2 中的数仅剩 1 时，把程序指针 PC 指向下一条指令，然后执行将 R1 减 1。再把指针指向 LOOP0，重新将 R2 赋值 0FFH，再逐一减掉，再让 R1 减 1。以此类推，当 R1 也减到 1 时，程序将不再循环，程序指针 PC 指向下一条指令。这时，在这里添加一条指令 RET（返回）将 PC 指向调用延时程序的位置，继续执行程序。

实现了路口红灯向绿灯切换的动作，那么还需要使这个切换动作循环反复下去，怎么办呢？那就采用调转指令，改变 PC（程序指针）的指向，使程序在红绿灯切换的动作间循环，就好像音乐中的重复音节一样，具体程序如下。

```
        ORG 0
MAIN：  MOV   P1，#0CH
        ACALL DELAY
        MOV   P1，#03H
        ACALL DELAY
        AJMP MAIN
DELAY： MOV   R1，#0FFH
LOOP0： MOV   R2，#0FFH
LOOP1： DJNZ  R2，LOOP1
        DJNZ  R1，LOOP0
        RET
END
```

程序的设计是千变万化的，同样一个物理现象的实现，可以采用不同的指令及编程思想来设计。所以要想熟练地设计单片机系统的程序，就需要深刻地理解每一条指令的含义及用法。

3. 延时程序设计

在很多程序中都需要用到延时程序，那么延时程序的延时时间是如何计算的呢？延时时间的控制一般可以使用多重循环来实现，由于每条指令所花费的机械周期及执行时间是固定的，因此可以经由分析执行指令的条数来计算所延迟的时间，故延时程序的设计思想本质上是"耗时"的设计。以 12 MHz 晶振为例，一个机器周期费时 1 μs，则可以根据延时程序执行了多少机器周期的指令来粗略地估算所延时的时间。

例如，以下为延时 100 ms 的程序。

```
        MOV   R5，#10
        CALL DELAY
        ……
DELAY： MOV   R6，#50
D1：    MOV   R7，#100
        DJNZ  R7，$
        DJNZ  R6，D1
        DJNZ  R5，DELAY
        RET
```

指令执行时间见表 2－3。

表 2－3　指令执行时间

指令	机器周期数	花费时间
MOV　R5，#10	1	1 μs
DELAY：MOV　R6，#50	1	1 μs
D1：　MOV　R7，#100	1	1 μs
DJNZ　R7，　$	2	2 μs
DJNZ　R6，D1	2	2 μs
DJNZ　R5，DELAY	2	2 μs
RET	2	2 μs

此程序的执行时间 T 粗略估算为：

$$
\begin{aligned}
T &= 1+1\times 10+1\times 50\times 10+2\times 100\times 50\times 10+2\times 50\times 10+2\times 10+2\\
&=101533\ \mu s\\
&=101.533\ ms
\end{aligned}
$$

若修改一下 R5 值，使其为 20，则延时时间为 200 ms。如果晶振为 6 MHz，一个机器周期即为 2 μs。

在总结简易交通灯设计过程后应进行能力拓展，解决不同交通状况路口的交通灯设计，深入理解交通灯设计方案。例如，不等流量的 4 个方向带黄灯过渡的交通灯设计方案如图 2－7 所示。

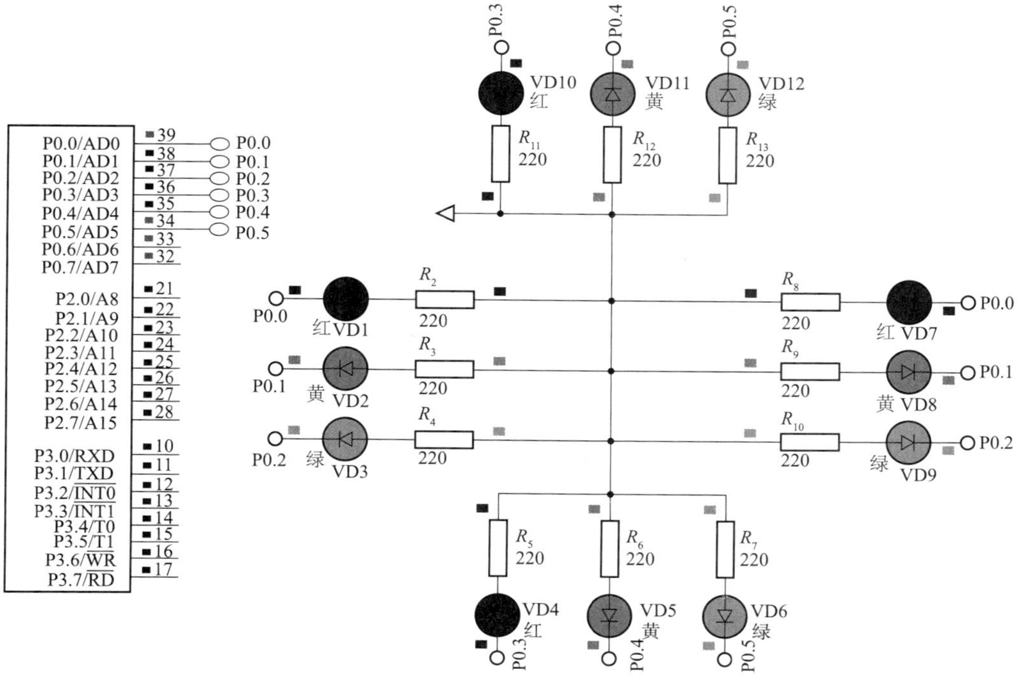

图 2－7　不等流量的 4 个方向带黄灯过渡的交通灯设计方案

任务2.2　Proteus仿真及指令系统

2.2.1　Proteus 仿真

1. Proteus ISIS 软件概况

Proteus ISIS 是英国 Labcenter 公司开发的电路分析与实物仿真软件。它运行于Windows 操作系统上，可以仿真、分析各种模拟器件和集成电路，该软件的特点是：

① 实现了单片机仿真和仿真电路模拟器（Simulation Program with Integrated Circuit Emphasis，SPICE）电路仿真相结合。具有模拟电路仿真、数字电路仿真、单片机及其外围电路组成的系统的仿真、RS232 动态仿真、I^2C 调试器、串行外设接口（Serial Peripheral Interface，SPI）调试器、键盘和液晶显示器（Liquid Crystal Display，LCD）系统仿真的功能；有各种虚拟仪器，如示波器、逻辑分析仪、信号发生器等。

② 支持主流单片机系统的仿真。目前支持的单片机类型有 68000 系列、8051 系列、AVR 系列、PIC12 系列、PIC16 系列、PIC18 系列、Z80 系列、HC11 系列，以及各种外围芯片。

③ 提供软件调试功能。在硬件仿真系统中具有全速、单步、设置断点等调试功能，同时可以观察各个变量、寄存器等的当前状态，因此在该软件仿真系统中，也必须具有这些功能；同时支持第三方的软件编译和调试环境，如 KEIL μVision2 等软件。

④ 具有强大的原理图绘制功能。

总之，该软件是一款集单片机和 SPICE 分析于一身的仿真软件，功能极其强大。

双击桌面上的 ISIS 6 Professional 图标，或者单击屏幕左下方的“开始”→“程序”→“Proteus 6 Professional”→“ISIS 6 Professional”图标，系统弹出如图 2－8 所示的屏幕，表明进入 Proteus ISIS 集成环境。

图 2－8　启动时的屏幕

Proteus ISIS 的工作界面是一种标准的 Windows 界面，包括标题栏、主菜单、标准工具栏、绘图工具栏、状态栏、对象选择按钮、预览对象方位控制按钮、仿真进程控制按钮、预览窗口、对象选择器窗口、图形编辑窗口，如图 2－9 所示。

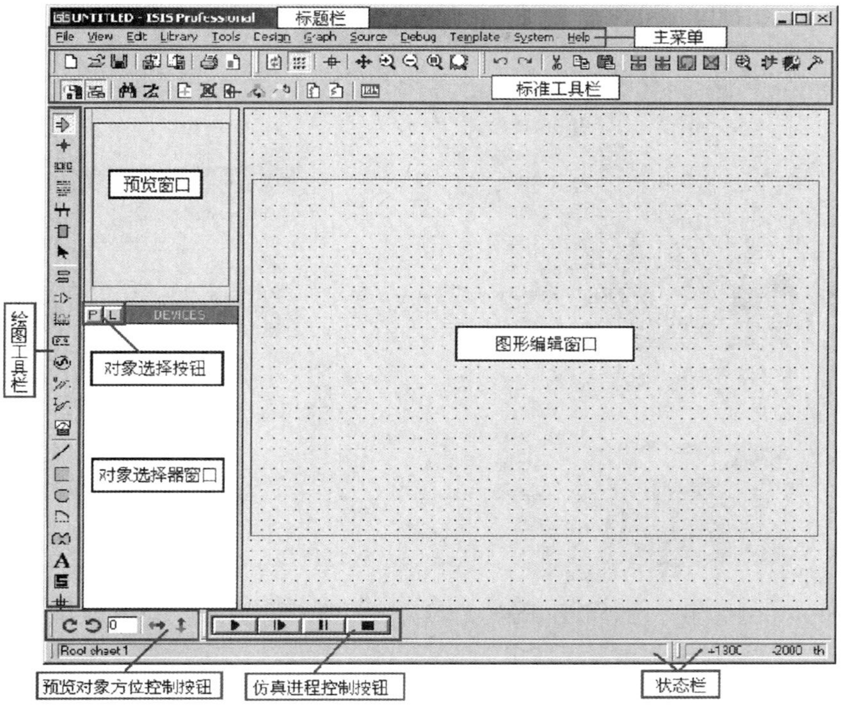

图 2－9　Proteus ISIS 的工作界面

2. Proteus ISIS 与 KEIL μVision2 连接

要想实现 Proteus ISIS 对单片机程序进行仿真，需要将安装好的 KEIL μVision 2 及 ProteusISIS 进行连接，这样在经 KEIL μVision 2 编译过的程序才能在 Proteus ISIS 中仿真。具体操作步骤如下。

(1) 将 KEIL μVision 2、Proteus ISIS 软件都安装好。

(2) 运行 Vdmagdi. exe（连接安装程序）安装 KEIL 接口，然后将 Prospice. dll 覆盖在 Proteus 安装文件夹的 Bin 中，如 D：\ Program Files \ Labcenter Electronics \ Proteus 6 Professional \ BIN。

(3) 如图 2－10 所示，单击“开始”按钮，在弹出的列表中选择“所有程序”→“Proteus 6 Professional”→“Licence Manager”选项，在弹出的对话框中单击 Find All Key Files 按钮。然后关闭对话框，程序即可运行。

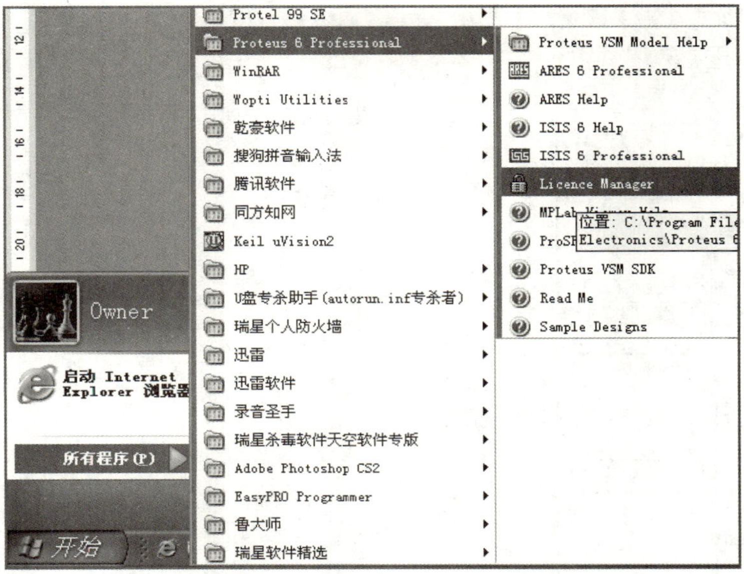

图 2-10　选择“Licence Manager”选项

（4）打开 Proteus 软件界面，选择 Debug 选项卡，选中 User Remote Debug Monitor 复选框。

（5）在 KEIL μVision 2 界面中选择“工程”→“Options for Target‘××’”选项，在 Debug 选项卡下选中右边的 Use 单选按钮，并在下拉列表框中选择 Proteus VSM Simulator 仿真设备，如图 2-11 所示。

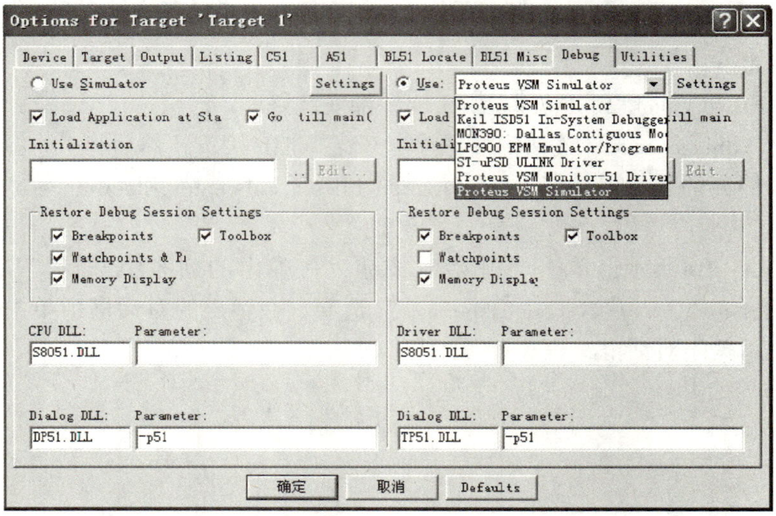

图 2-11　仿真设备设置

（6）单击 Proteus VSM Simulator 右侧的 Settings 按钮，系统弹出如图 2-12 所示的对

话框，进行连接端口设置，并在同一台计算机上进行仿真，此时采用默认设置即可。

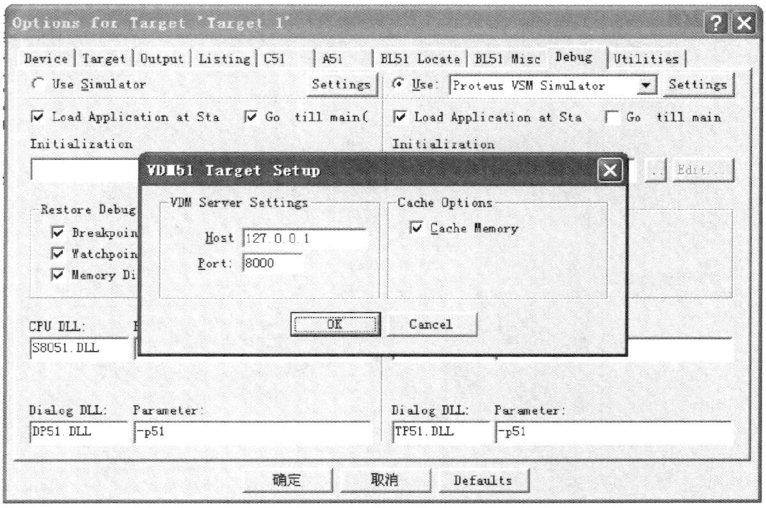

图 2－12　端口设置

（7）用记事本打开 C：\ Program Files \ keilC \ C51 \ TOOLS. INI 文件，在“C51”栏目下加入以下程序。

```
TDRV5 = BIN \ VDM51. DLL ("Proteus VSM Monitor－51 Driver")
```

其中“TDRV5”中的“5”要根据实际情况写，不要和原来的重复。

此时，Proteus ISIS 与 KEIL μVision 2 的连接环境就设置好了。

3. *仿真*

连接环境设置好后，即可对所编程序进行仿真了。

首先，将程序编译无误后，单击按钮，进入程序调试环境，如图 2－13 所示。单击按钮运行程序，如图 2－14 所示。

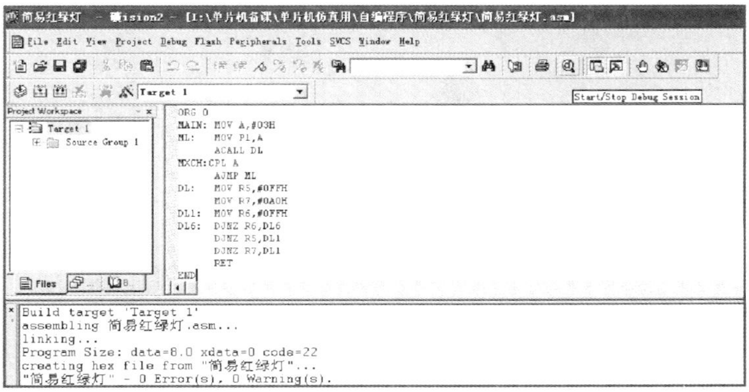

图 2－13　进入程序调试

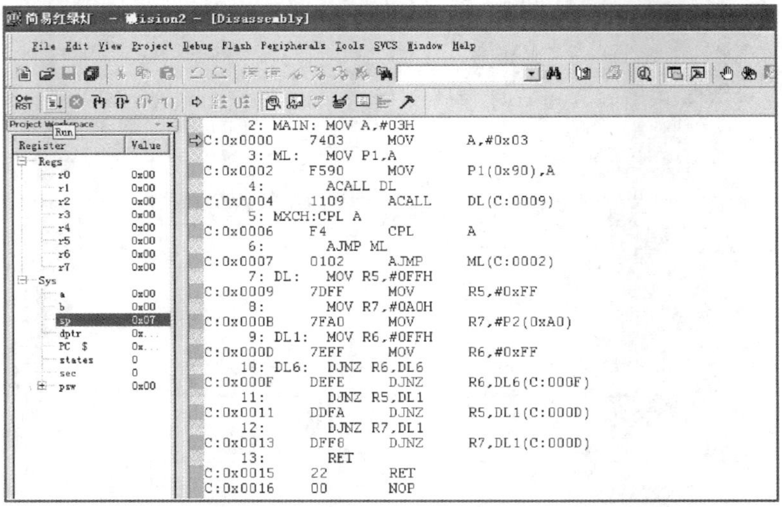

图 2－14　运行简易红绿灯程序

然后，打开 Proteus 窗口即可观察程序的仿真结果了，标识蓝色方块的引脚表示输出低电平，标识红色方块的引脚表示输出高电平，如图 2－15 所示。

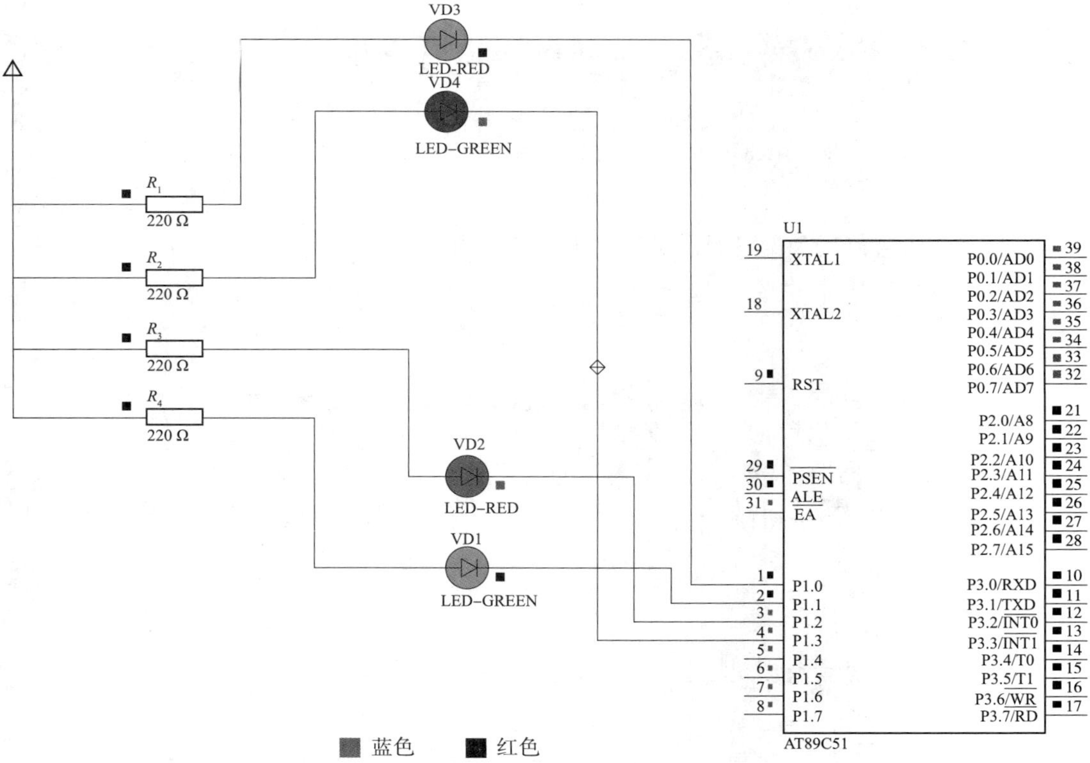

图 2－15　简易交通灯系统仿真图

2.2.2　指令系统寻址方式

指令是 CPU 按照人们的意图来完成某种操作的命令。一台计算机的 CPU 所能执行的全部指令的集合称为 CPU 的指令系统。指令系统功能的强弱决定了计算机性能的高低。MCS－51 单片机指令系统共有 33 种功能、42 种助记符、111 条指令。其中有 49 条字节指令、45 条双字节指令和 17 条三字节指令；有 64 条为单机器周期指令，45 条为双机器周期指令，只有乘、除法两条指令为四机器周期指令。在存储空间和运算速度上，效率都比较高。

单片机指令系统具有如下特点：

（1）执行时间短。单机器周期指令有 64 条，双机器周期指令有 45 条，而四机器周期指令仅有两条（乘法和除法两条指令）。

（2）指令编码字节少。单字节指令有 49 条，双字节指令有 45 条，三字节指令仅有 17 条。

（3）位操作指令丰富。单片机共分五大类。其中数据传送类指令 29 条，算数运算类指令 24 条，逻辑运算及移位指令 24 条，控制转移类指令 17 条，位操作指令 17 条。

1. 指令格式

由于单片机只能识别二进制代码，在学习情境 1 的任务 1.3 中通过编程器烧录到单片机内部的也是二进制代码（采用十六进制的缩写）。因此指令的第一种格式是机器码格式，也就是数字格式。但使用这种数字格式编写程序显然不现实，于是出现了另一种格式——助记符格式。

一条汇编语言指令中最多包含如下 4 个区段。

标号：操作码　目的操作数，源操作数；注释

标号与操作码之间用“:”隔开；操作码与操作数之间用“空格”隔开；目的操作数和源操作数之间用“,”隔开；操作数与注释之间用“;”隔开。

标号是由用户定义的符号组成的，必须用英文大写字母开始。标号可有可无，若一条指令中有标号，标号代表该指令所存放的第一个字节存储单元的地址，故标号又称为符号地址，在汇编时，把该地址赋值给标号。

操作码是指令的功能部分，不能默认。MCS-51 指令系统中共有 42 种助记符，代表了 33 种不同的功能。例如，MOV 是数据传送的助记符。

操作数表示指令操作的对象，即表示参加操作的数的本身或操作数所存放的地址。根据指令的不同功能，操作数的个数可能有 3、2、1 或没有操作数。例如，“MOV　A，#20H”，包含了两个操作数 A 和#20H，它们之间用“,”隔开。

注释可有可无，加入注释主要是为了便于阅读。程序设计者对指令或程序段做简要的功能说明，在阅读程序或调试程序时将会带来很多方便。

2. 指令长度

汇编语言指令的长度代表这条指令在程序存储器中所占空间的大小。MCS－51 指令系统中一字节指令占 49 条，双字节指令占 45 条，三字节指令占 17 条。

（1）单字节指令。单字节指令只有一个字节，操作码中包含了操作数的信息，在以下两种情况下指令为单字节。

① 操作数固定的情况：此时无须附加空间即可完整地描述指令的功能。例如：

```
INC    A
```

操作码为：00000100B（4H）。

意义为：将累加器 A 中的内容加 1。

〈比较〉

INC A	INC ACC
⇧	⇧
单字节指令	双字节指令

注意，A 仅是一个符号而不是操作数，它是操作码的一部分，只有写成 ACC 时才是操作数，表示累加器对应的地址（E0H）；两条指令均可完成将累加器内容加 1，但 INC ACC 是双字节指令，其中 INC 是操作码助记符，代表的意思是将后边的操作数地址中的内容加 1，ACC 是操作数。

在指令中做隐含操作数的除了 A 代表的累加器外，还有 R0 ~ R7 代表的工作寄存器。

② 操作数在工作寄存器中：其寻址变化只需 3 位二进制码即可表示对 8 个工作寄存器的寻址，此时操作码占一个字节中的 5 位，操作数占 3 位。例如：

```
MOV    A，Rn
```

操作码为：11101rrr（E8H ~ EFH）

其中，rrr 为 Rn 的编码，是一个三位二进制数。

（2）双字节指令。

```
操作码助记符    操作数
```

字节指令中操作码和操作数各占一个字节。例如：

```
MOV    A，     #data
MOV    A，     #50H
0111 0100B，0101 0000B
74H，           50H
```

功能：将立即数 50H 送入累加器 A 中。

（3）三字节指令。

```
操作码助记符    目的操作数，源操作数
```

字节指令中操作码和操作数分别占一个字节。例如：

```
MOV    20H，#50H
0111 0101B，0010 0000B，0101 0000B
75H，20H，50H
```

功能：将立即数“50H”传送到内部 RAM 的 20H 单元中。

上述程序中画“____”的为直接地址，画“～～”的为立即数。

3. 指令符号约定

在汇编指令中常用到一些描述符号，学习指令之前，有必要先介绍这些标识符的含义。

（1）R*i* 和 R*n*：表示当前工作寄存器区中的寄存器，*i* 取 0 或 1，表示 R0 或 R1；*n* 取 0～7，表示 R0～R7。

（2）#data：表示包含在指令中的 8 位立即数。

（3）#data16：表示包含在指令中的 16 位立即数。

（4）rel：以补码形式表示的 8 位偏移量，范围为 -128～+127 字节，主要用在相对寻址的指令中。

（5）addr16 和 addr11：分别表示 16 位直接地址和 11 位直接地址。

（6）direct：直接地址，包括内部低 128 字节 RAM 单元地址和全部特殊功能寄存器地址。

（7）bit：表示内部 RAM 或特殊功能寄存器中的可直接寻址位。

（8）（X）：表示 X 单元中的内容。

（9）（(X)）：表示以 X 单元的内容为地址的存储器单元内容，即（X）为地址，该地址单元的内容用（(X)）表示。

（10）/：表示对指定操作数取反，但不影响该位的原值。

（11）←：表示操作流程，将箭尾后面的内容送入箭头所指的单元中。

（12）A：累加器 ACC。

（13）C：进、借位标志位或位累加器。

（14）@：间接寄存器或基址寄存器的前缀。

（15）$：当前指令的地址。

4. 单片机寻址方式

寻址方式就是寻找操作数或指令地址的方式。

AT89S51 单片机的寻址方式有 7 种，即寄存器寻址、直接寻址、寄存器间接寻址、立即数寻址、变址寻址、相对寻址和位寻址。这 7 种寻址方式包含两个方面的内容：一是操作数的寻址，二是指令地址的寻址（如转移指令、调用指令）。对于具有源操作数和目的操作数的指令，两种操作数均有寻址方式，若不特别说明，即指源操作数的寻址方式。寻址方式及所对应的寄存器和存储空间见表 2-4。

表 2-4　寻址方式及所对应的寄存器和存储空间

序号	寻址方式	寄存器和存储空间
1	寄存器寻址	寄存器 R0～R7，A、AB、DPTR 等
2	直接寻址	片内 RAM 低 128 字节和特殊功能寄存器
3	寄存器间接寻址	片内 RAM（@R0，@R1，SP） 片外 RAM（@R0，@R1，@DPTR）
4	立即数寻址	ROM
5	变址寻址	ROM（@A+DPTR，@A+PC）
6	相对寻址	ROM（PC 当前值的 -128～+127 字节）
7	位寻址	位寻址区、可位寻址的 SFR

（1）寄存器寻址。操作数存放在寄存器中，使用时在指令中直接提供寄存器名称，这种寻址方式称为寄存器寻址。

如果把 CPU 看作想吃骨头的小狗，把源操作数看作骨头，就可以用图 2－16 来表示寄存器寻址方式。

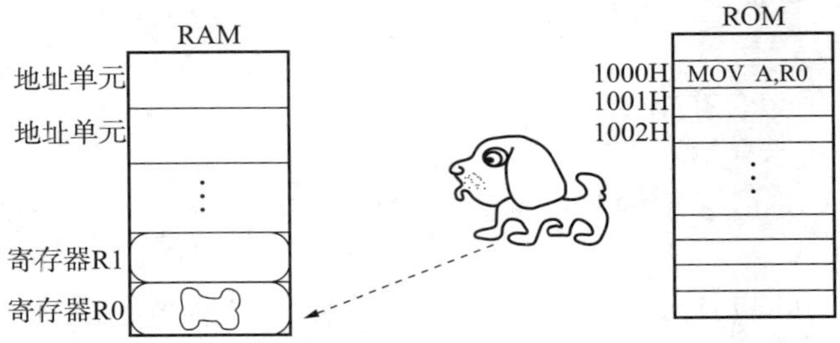

图 2－16　寄存器寻址示意图

【例 2－1】 若（R0）＝50H，则执行指令“MOV　A，R0”后，（A）＝？

执行过程：CPU 经程序指针 PC 的指引从程序存储器 ROM 中读取指令“MOV　A，R0”，然后从寄存器 R0 中取得源操作数（50H），最后将 50H 传送入累加器 A 中，指令执行完毕，故（A）＝50H。

采用寄存器寻址的寄存器有以下几种。

① 工作寄存器 R0、R1、R2、R3、R4、R5、R6、R7。

② 累加器 A（指令中如果使用符号 ACC 则属于直接寻址方式）。

③ 寄存器 B（以 A、B 寄存器对形式出现）。

④ 数据指针 DPTR。

（2）直接寻址。直接寻址是指操作数据在直接地址单元，指令中直接给出该单元的地址，如图 2－17 所示。

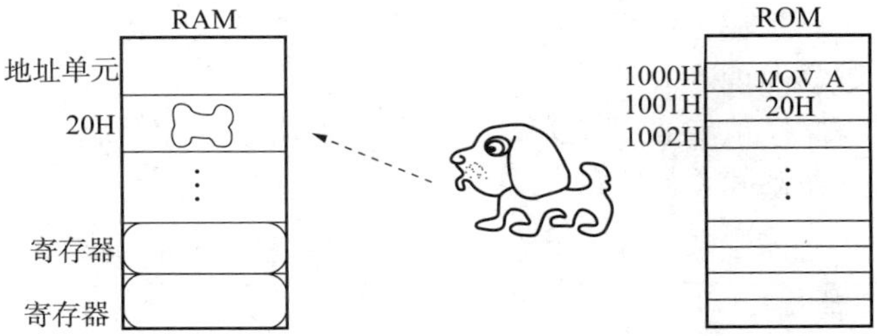

图 2－17　直接寻址示意图

【例 2－2】 若（30H）＝5AH，则执行指令“MOV　A，30H”后，（A）＝？

执行过程：CPU 经程序指针 PC 的指引从程序存储器 ROM 中读取指令“MOV　A，30H”，然后从直接地址单元 30H 中取得源操作数（5AH），最后将 5AH 传送入累加器 A，指令执行完毕。故（A）＝5AH。

采用直接寻址的存储空间有以下几种。

① 片内 RAM 低 128 字节。

② 特殊功能寄存器 SFR（以地址形式或 SFR 的符号形式出现，但符号将转换为相应的 SFR 地址）。

（3）寄存器间接寻址。寄存器间接寻址是指数据存放在存储单元中，将存储单元的地址存放在寄存器中，指令中只提供存储单元地址的寄存器，如图 2－18 所示。

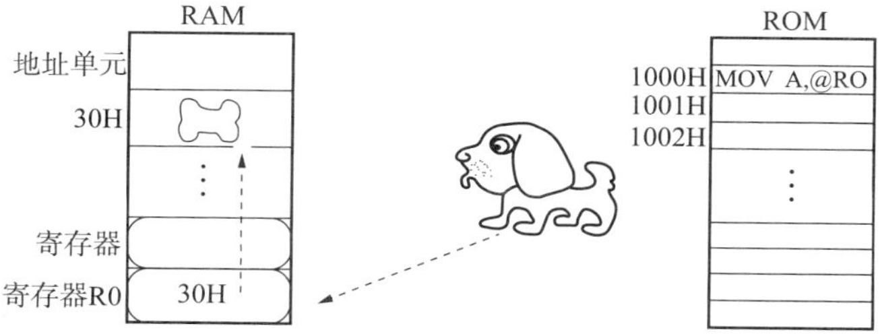

图 2－18　寄存器间接寻址示意图

【例 2－3】 若（R0）＝30H，（30H）＝50H，则执行指令“MOV　A，@ R0”后，（A）＝?

执行过程：CPU 经程序指针 PC 的指引从程序存储器 ROM 中读取指令“MOV　A，@ R0”，然后从寄存器 R0 中取得存储源操作数的地址（30H），根据地址执行，找到 30H 中的源操作数 50H，最后将 50H 传送入累加器 A 中，指令执行完毕，故（A）＝50H。

采用寄存器间接寻址的存储空间有以下几种。

① 片内 RAM（间接寻址寄存器采用@ R0、@ R1 或 SP）。

② 片外 RAM（间接寻址寄存器采用@ R0、@ R1 或@ DPTR）。

注意，寄存器间接寻址空间为片内 RAM 及片外 RAM。寻址片内 RAM 时采用“MOV”指令；寻址片外 RAM 时采用“MOVX”指令，其中采用 R0 或 R1 作为间接寻址寄存器时提供 8 位地址，采用 DPTR 作为间接寄存器时提供 16 位地址。

（4）立即数寻址。操作数是一个常数，又称为立即数。指令中直接给出操作数的寻址方式称为立即数寻址。立即数紧跟操作码，可以是一个或两个字节，并且在指令中用“#”标识，如图 2－19 所示。

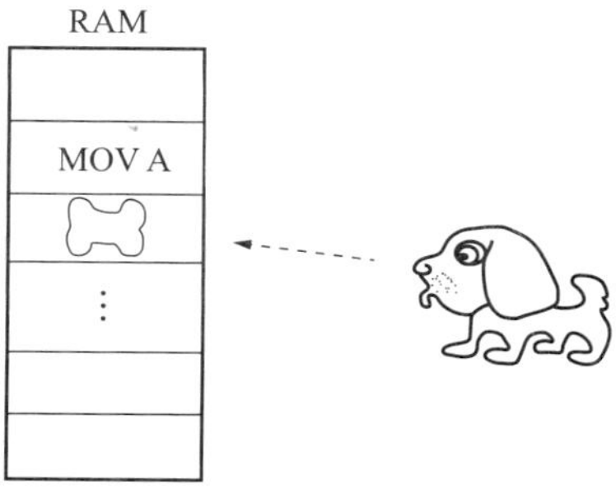

图 2－19　立即数寻址示意图

【例2-4】执行指令“MOV A，#50H”后，(A)=?

执行过程：CPU经程序指针PC的指引从程序存储器ROM中读取指令“MOV A，#50H”，立即找到源操作数50H，将50H传送到累加器A中，故（A）=50H。

【例2-5】执行指令“MOV DPTR，#3A21H”后，(DPTR)=?

执行过程：CPU经程序指针PC的指引从程序存储器ROM中读取指令“MOV DPTR，#3A21H”，立即找到源操作数3A21H，将3A21H传送到数据指针DPTR中，故(DPTR)=3A21H，即（DPH）=3AH，(DPL)=21H。

采用立即数寻址的存储空间有ROM空间。

（5）变址寻址。以一个基地址加上一个偏移量地址得到操作数地址的寻址方式称为变址寻址。变址寻址通常采用DPTR或PC作为基址寄存器，累加器A作为偏移量寄存器，如图2-20所示。

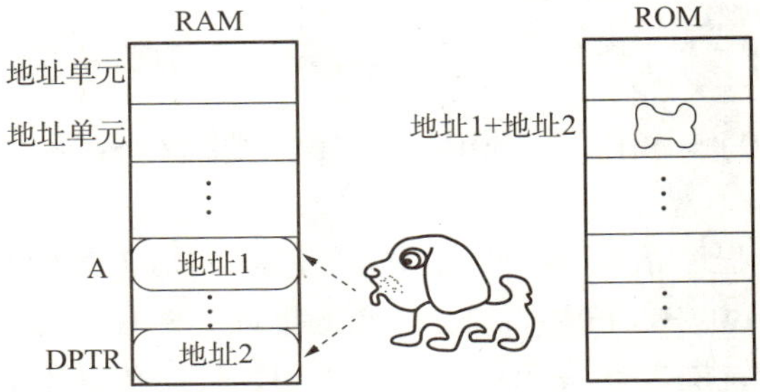

图2-20 变址寻址示意图

【例2-6】若（A）=3BH，(DPTR)=0031H，程序存储器（006CH）=50H。则执行指令“MOVC A，@A+DPTR”后，(A)=?

执行过程：CPU经程序指针PC的指引从程序存储器ROM中读取指令“MOVC A，@A+DPTR”，然后根据指令从A中找到偏移量地址，从DPTR中找到基地址，将基地址和偏移量地址进行相加得到存储源操作数的地址（0031H+3BH=006CH），根据地址006CH执行，找到程序存储器006CH中的源操作数50H，最后将50H传送入累加器A中，覆盖原来的3BH，指令执行完毕，故（A）=50H。

采用变址寻址的存储空间有ROM空间。

采用变址寻址的指令如下。

```
MOVC   A，@A+DPTR
MOVC   A，@A+PC
JMP   @A+DPTR
```

（6）相对寻址。相对寻址是以程序指针PC的当前指向（只读出此指令后的指向）为基准，加上指令中给出的相对偏移量rel形成目标地址的寻址方式。此类指令的操作是修改PC值，如图2-21所示。

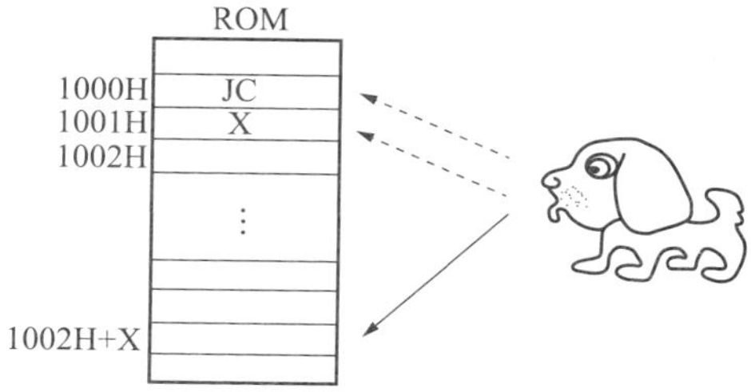

图 2－21　相对寻址示意图

【例 2－7】若（PC）=1000H，执行“JC　75H”后，（PC）=？

执行过程：当前 PC 值为 1000H，由于指令“JC　75H”为双字节指令，故读完指令后，PC 值为 1002H，偏移量 rel =75H，1002H +75H =1077H，故（PC）=1077H。

采用相对寻址的存储空间有 ROM 空间（当前 PC 值的 −128 ~ +127 字节）。

注意，偏移量 rel 取值范围为 −128 ~ +127，以补码形式存放于操作码之后。正向跳转时，目标地址大于源地址，地址差为目的地址减去源地址，rel = 地址差 −2（以双字节指令为例）；反向跳转时，目的地址小于源地址，地址差为负值，rel 以补码表示，rel = FEH − 地址差的绝对值。

（7）位寻址。对位地址中的内容进行操作的寻址称为位寻址，如图 2－22 所示。

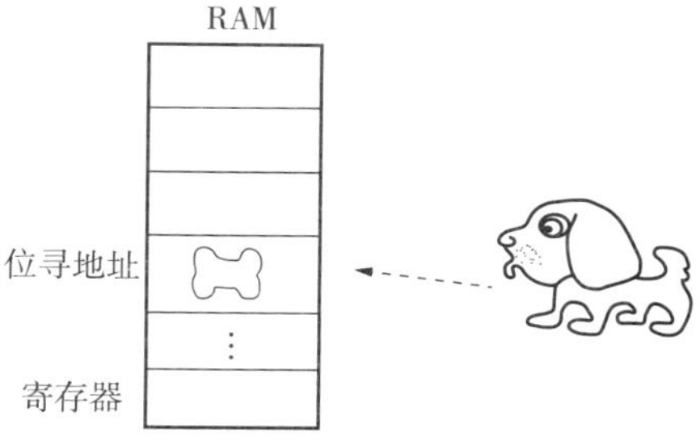

图 2－22　位寻址示意图

【例 2－8】执行指令“CLR ACC. 0”后，（A）=？

执行过程：CPU 经程序指针 PC 的指引从程序存储器 ROM 中读取指令“CLR ACC. 0”，执行指令将 ACC. 0 位清 0，故累加器 A 中第 0 位为 0。

2. 2. 3　数据传送类指令

数据传送操作是指把数据从源地址传送到目的地址，源地址内容不变。数据传送指令有 29 条，是指令系统中数量最多、使用也最频繁的一类指令。数据传送类指令可分为五大类：内部传送指令、外部传送指令、查表指令、数据交换指令、堆栈操作指令。

1. 内部传送指令

内部传送指令实现片内数据存储器中的数据传送。

指令格式：

```
MOV   目的操作数，源操作数
```

寻址方式可以采用立即寻址、直接寻址、寄存器寻址、寄存器间接寻址。源操作数可以为A、Rn、@Ri、direct、#data，目的操作数可以为A、Rn、@Ri、direct，组合起来共16条。

按目的操作数的寻址方式划分为以下5组。

（1）以A为目的操作数。

```
MOV   A，Rn        ；A←Rn
MOV   A，direct    ；A←（direct）
MOV   A，@Ri       ；A←（Ri）
MOV   A，#data     ；A←#data
```

指令举例：

```
MOV   A，R0      ；将工作寄存器R0中的值送入累加器A中，R0中的值不变
MOV   A，50H     ；将片内RAM中50H单元的值送入累加器A中，50H单元的
                   值不变
MOV   A，@R0     ；把R0的内容作为地址，找到该地址单元的值送入累加器
                   A中
MOV   A，#55H    ；将立即数55H送入累加器A中
```

（2）以Rn为目的操作数。

```
MOV   Rn；A          ；Rn←A
MOV   Rn，direct     ；Rn←（direct）
MOV   Rn，#data      ；Rn←#data
```

指令举例：

```
MOV   R0，A     ；将累加器A中的值送入R0中，累加器A中的值不变
MOV   R3，50H   ；将片内RAM中50H单元的值送入R3中，50H单元的值
                  不变
MOV   R6，#56H  ；将立即数56H送入R6中
```

（3）以直接地址direct为目的操作数。

```
MOV   direct，A           ；（direct）←A
MOV   direct，Rn          ；（direct）←Rn
MOV   direct2，direct1    ；（direct2）←（direct1）
MOV   direct，@Ri         ；（direct）←（Ri）
MOV   direct，#data       ；（direct）←#data
```

指令举例：

```
MOV  20H，A     ；将累加器 A 中的值送入地址 20H 单元中，累加器 A 中的值
                  不变
MOV  20H，R2    ；将 R1 中的值送入地址 20H 单元中，R2 中的值不变
MOV  20H，30H   ；将片内 RAM 中 30H 单元的值送入 20H 中，30H 单元的值不变
MOV  20H，@R1   ；把 R1 的内容作为地址，找到该地址单元的值送入 20H 单元中
MOV  20H，#12H  ；将立即数 12H 送入地址 20H 单元中
```

（4）以间接地址@Ri 为目的操作数。

```
MOV  @Ri，A        ；（Ri）←A
MOV  @Ri，direct   ；（Ri）←（direct）
MOV  @Ri，#data    ；（Ri）←#data
```

指令举例：

```
MOV  @R0，A     ；将累加器 A 中的值送入以 R0 的值为地址的单元中，累加
                  器 A 中的值不变
MOV  @R0，55H   ；将片内 RAM 中 55H 单元的值送入以 R0 的值为地址的单
                  元，55H 单元的值不变
MOV  @R1，#55H  ；将立即数 55H 送入以 R0 的值为地址的单元中
```

（5）以 DPTR 为目的操作数。

```
MOV  DPTR，#data16；DPTR←#data16
```

指令举例：

```
MOV  DPTR，#2011H；将 16 位立即数 2011H 送入特殊功能寄存器 DPTR 中，
                   其中 20H 送入 DPH 中，11H 送入 DPL 中
```

注意：

① 在 MOV 指令中，不允许在一条指令中同时出现工作寄存器，无论它是寄存器寻址（形式为 Rn），还是寄存器间接寻址（形式为@Rn）。例如，不允许有“MOV R0，R1”“MOV @R1，R6”这样的指令。

② 立即数不能作为目的操作数。例如，不允许有“MOV #55H，A”这样的指令。

③ 区别以下两组指令。

```
MOV  A，@R1   ；以 R1 的内容为 RAM 地址，把该地址单元中的值送到 A 中
MOV  A，R1    ；将 R1 中的内容送到累加器 A 中
MOV  A，#30H  ；累加器 A 的内容为立即数 30H
MOV  A，30H   ；累加器 A 的内容为 30H 地址单元中的内容
```

2. 外部传送指令

外部传送指令实现片外数据存储器和累加器 A 之间的数据传送。

指令格式：

```
MOVX   目的操作数，源操作数
```

在 MCS－51 系统中，只能通过累加器 A 与片外数据存储器进行数据传送，访问片外数据存储器时，只能通过@ Ri 和@ DPTR 以间接寻址方式进行。

（1）DPTR 作 16 位数据指针，寻址整个 64 KB 片外 RAM 空间。

```
MOVX   A，@ DPTR        ；A←（DPTR）
MOVX   @ DPTR，A        ；（DPTR）←A
```

（2）Ri 作 8 位数据指针，寻址片外 RAM 低 256 B 空间。

```
MOVX   A，@ Ri        ；A←（Ri）
MOVX   @ Ri，A        ；（Ri）←A
```

3. 查表指令

查表指令可实现从程序存储器读取数据到累加器 A，其通常用于访问程序存储器 ROM 中已做好的表格数据，因此称为查表指令。这类指令共两条：一条用 DPTR 做基址寄存器，一条用 PC 做基址寄存器，只能使用变址寻址方式来访问 ROM。

```
MOVC   A，@ A + DPTR   ；A←（A + DPTR）
MOVC   A，@ A + PC     ；A←（A + PC）
```

例如，单片机当前程序指针 PC 指向 4625 单元，地址单元 4699H 中的内容为 30H，地址单元 469AH 中的内容为 11H，地址单元 469BH 中的内容为 12H，累加器 A 中的内容为 74H，则执行指令“MOVC　A，@ A + PC”后，累加器 A 中的内容为 4625 + 74 + 1 = 469AH 中的内容，即 A = 11H。

4. 数据交换指令

数据交换指令可实现片内 RAM 区数据的双向传送。

普通传送指令实现将源操作数的数据传送到目的操作数，指令执行后源操作数不变，是“复制”和“粘贴”的过程，数据传送是单向的；数据交换指令中数据做双向传送，传送后，前一个操作数原来的内容传送到后一个操作数中，后一个操作数原来的内容传送到前一个操作数中。

数据交换指令要求第一个操作数为累加器 A，共有 5 条。

```
XCH    A，Rn         ；A←Rn 且 A→Rn
XCH    A，direct     ；A←（direct）且 A→（direct）
XCH    A，@ Ri       ；A←（Ri）且 A→（Ri）
XCHD   A，@ Ri       ；A0~3←（Ri）0~3 且 A0~3→（Ri）0~3
SWAP   A             ；A0~3←A4~7 且 A0~3→A4~7
```

5. 堆栈操作指令

堆栈是在片内 RAM 中按“先进后出，后进先出”原则设置的专用存储区。堆栈区的一端固定，称为栈底；另一端是活动的，称为栈顶。栈顶的位置（地址）由栈顶指针 SP 指示（SP 的内容是栈顶的地址）。

在 AT89S51 中，堆栈的生长方向是向上的（地址增大）。

数据的进站和出站由栈顶指针 SP 统一管理。在指令系统中，堆栈操作指令有以下两条。

（1）入栈操作：

```
PUSH direct; SP←SP+1, (SP) ← (direct)
```

（2）出栈操作：

```
POP direct; (direct) ← (SP), SP←SP-1
```

堆栈操作以字节为单位。入栈时 SP 指针先加 1，数据再入栈。出栈时内容先出栈，SP 指针再减 1。用堆栈保存数据时，先入栈的内容后出栈；后入栈的内容先出栈。

【例 2-9】 把程序存储器 ROM 2000H 单元的内容送入 R0。

```
MOV   A, #00H
MOV   DPTR, #2000H
MOVC  A, @A+DPTR
MOV   R0, A
```

【例 2-10】 若外部 RAM 中，（0100H）=55H，（0200H）=66H，执行下列程序的结果是什么？

```
MOV   DPTR, #0100H        ; DPTR←0100H
MOVX  A, @DPTR            ; A←55H
MOV   R2, A               ; R2←55H
MOV   DPTR, #0200H        ; DPTR←0200H
MOVX  A, @DPTR            ; A←66H
MOV   R3, A               ; R3←66H
MOV   DPTR, #0300H        ; DPTR←0300H
MOVX  @DPTR, A            ; 0300H←66H
```

【例 2-11】 将片外 RAM 20H 单元的内容送片内 RAM 30H 单元。

```
MOV   DPTR, #20H
MOVX  A, @DPTR
MOV   30H, A
```

【例 2-12】用堆栈实现 30H 和 60H 单元中的数据交换。

```
MOV   SP, #70H     ; SP←70H
PUSH  30H          ; (SP+1) =71H 71H← (30H)
PUSH  60H          ; (SP+1) =72H 72H← (60H)
POP   30H          ; (72H) → (30H) (SP-1) =71H
POP   60H          ; (71H) → (60H) (SP-1) =70H
```

尝试用其他指令完成此功能。

2.2.4 算术运算类指令

算术运算指令共 24 条，可以完成加、减、乘、除及加 1 和减 1 等运算。这类指令多数以 A 为源操作数之一，同时又使 A 为目的操作数。多数算术运算指令会影响标志位的状态，即 CPU 执行算术运算指令后，根据数据操作情况自动设置标志位的状态。

1. 加法指令

(1) 不带进位加法指令 ADD (影响标志位 CY、AC、OV 和 P)。

```
ADD   A, Rn        ; A←A+Rn
ADD   A, direct    ; A←A+ (direct)
ADD   A, @Ri       ; A+ (Ri)
ADD   A, #data     ; A←#data
```

指令的功能是把原操作数与累加器 A 的内容相加，结果送入目的操作数 A 中。

【例 2-13】若 (A) =84H, (30H) =8DH, 执行指令 "ADD　A, 30H" 后，由于

```
      (A) 1000 0100
  + (30H) 1000 1101
  -----------------
     进位 1    1 1
  -----------------
      (A) 0001 0001
```

结果：(A) =11H, (CY) =1, (AC) =1, (OV) =1 (D7 有进位，D6 无进位), (P) =0。

(2) 带进位加指令 ADDC (影响标志位 CY、AC、OV 和 P)。

```
ADDC  A, Rn        ; A←Rn+C
ADDC  A, direct    ; A←A+ (direct) +C
ADDC  A, @Ri       ; A←A+ (Ri) +C
ADDC  A, #data     ; A←A+#data+C
```

指令的功能是把源操作数与累加器 A 的内容相加后再与进位标志 CY 的值相加，结果送入目的操作数 A 中。

（3）加1指令。

```
INC   A        ；累加器加1
INC   Rn       ；寄存器加1
INC   direct   ；直接地址单元加1
INC   @Ri      ；间接RAM单元加1
INC   DPTR     ；地址寄存器DPTR加1
```

2. 减法指令

（1）带借位减法指令SUBB。

```
SUBB  A, Rn        ；A←A－Rn－C
SUBB  A, direct    ；A←A－（direct）－C
SUBB  A, @Ri       ；A←A－（Ri）－C
SUBB  A, #data     ；A←A－#data－C
```

【例2－14】若（A）＝C9H，（R2）＝54H，（CY）＝1，执行指令“SUBB A，R2”之后，由于

```
     （A）    1100 1001
  －（CY）            1
  ---------------------
              1100 1000
  －（R2）    0101 0100
  ---------------------
     （A）    0111 0100
```

结果：（A）＝74H，（CY）＝0，（AC）＝1，（OV）＝1（位6有借位，位7无借位），（P）＝0。

（2）减1指令DEC。

```
DEC   A        ；A←A－1
DEC   Rn       ；Rn←Rn－1
DEC   direct   ；direct←（direct）－1
DEC   @Ri      ；（Ri）←（Ri）－1
```

在AT89S51单片机中，只提供了一种带借位的减法指令，没有提供不带借位的减法指令。若要用此组指令完成不带借位的减法，只需先对CY标志清零。其中，SUBB指令在执行时要影响CY、AC、OV和P标志位。而DEC指令除了“DEC A”要影响P标志位外，对其他标志位都没有影响。

3. 十进制调整指令

（1）进行十进制调整的原因。用二进制码表示十进制数的代码称为BCD码，十进制数码为0～9，故二进制1010～1111在BCD码中不会出现，称为非法码。当采用BCD码进行运算时，难免会出现非法码，需要进行调整才能得到正确的数据。

例如，BCD码25和37相加应为62。

	00100101	25
+	00110111	37
	01011100	5C
+		6
		62

在 AT89S51 单片机中，十进制调整指令只有如下一条：

```
DA    A
```

它只能用在 ADD 或 ADDC 指令后面，用来对两个压缩的 BCD 码进行二进制相加后的结果进行调整，使得它得到正确的十进制结果。通过该指令可实现两位十进制 BCD 码的加法运算。

（2）调整过程。

① 若累加器 A 的低 4 位为十六进制的 A ~ F，或者辅助进位标志 AC 为 1，则累加器 A 中的内容做加 06H 调整。

② 若累加器 A 的高 4 位为十六进制的 A ~ F，或者进位标志 CY 为 1，则累加器 A 中的内容做加 60H 调整。

4. 乘法指令 MUL

在 AT89S51 单片机中，乘法指令只有如下一条：

```
MUL AB；BA←A×B，CY←0，当积的高字节 B=0，OV←0；B≠0，则 OV←1
```

该指令的功能是将存放于累加器 A 中的无符号被乘数和放于寄存器 B 中的无符号乘数相乘，积的高字节存于寄存器 B 中，低字节存于累加器 A 中。

指令执行后将影响 CY 和 OV 标志，CY 复位，对于 OV：当积大于 255 时（B 中不为 0），OV 为 1；否则，OV 为 0。

【例 2-15】 若（A）=50H，（B）=A0H，执行指令“MUL AB”后，（A）=00H，（B）=32H，（OV）=1，（CY）=0。

5. 除法指令 DIV

在 AT89S51 单片机中，除法指令也只有如下一条：

```
DIV AB；A÷B，A←商，B←余数，CY←0，当除数 B=0，OV←1；B≠0，则
        OV←0
```

该指令执行时将用存放在累加器 A 中的无符号被除数与存放在寄存器 B 中的无符号除数相除，除得的结果，商的整数部分存于累加器 A 中，余数存于寄存器 B 中。

指令执行后将影响 CY 和 OV 标志，一般情况 CY 和 OV 都清 0，只有当寄存器 B 中的除数为 0 时，结果 A 和 B 的内容不定，CY 和 OV 才被置 1。

【例 2-16】 若（A）=FBH（251）、（B）=12H（18），执行指令“DIV AB”之后，（A）=0DH、（B）=11H、（OV）=0、（CY）=0。

2.2.5　逻辑运算及移位类指令

逻辑运算指令共有 24 条，主要用于对 8 位数进行逻辑“与”“或”“异或”运算，以及取反、清零及循环移位。下面是几种逻辑运算的运算法则。

（1）逻辑与。两数相与，只要有一位为 0，则结果为 0。

$1 \wedge 0 = 0$，$1 \wedge 1 = 1$，$0 \wedge 1 = 0$，$0 \wedge 0 = 0$

（2）逻辑或。两数相或，只要有一位为 1，则结果为 1。

$1 \vee 1 = 1$，$1 \vee 0 = 1$，$0 \vee 1 = 1$，$0 \vee 0 = 0$

（3）逻辑异或。两数相异或，两数相同时结果为 0，否则为 1。

$1 \oplus 1 = 0$，$0 \oplus 0 = 0$，$1 \oplus 0 = 1$，$0 \oplus 1 = 1$

1. 逻辑与指令 ANL

```
ANL   A, Rn          ; A←A∧Rn
ANL   A, direct      ; A←A∧ (direct)
ANL   A, @Ri         ; A←A∧ (Ri)
ANL   A, #data       ; A←A∧data
ANL   direct, A      ; (direct) ← (direct) ∧A
ANL   direct, #data  ; (direct) ← (direct) ∧data
```

【例 2-17】 若（A）=C3H、（R0）=AAH，执行指令“ANL A，R0”后，（A）=82H。

2. 逻辑或指令 ORL

```
ORL   A, Rn          ; A←A∨R
ORL   A, direct      ; A←A∨ (direct)
ORL   A, @Ri         ; A←A∨ (Ri)
ORL   A, #data       ; A←A∨DATA
ORL   direct, A      ; (direct) ← (direct) ∨A
ORL   direct, #data  ; (direct) ← (direct) ∨data
```

【例 2-18】 若（A）=C3H、（R0）=55H，执行指令“ORL A，R0”后，（A）=D7H。

3. 逻辑异或指令 XRL

```
XRL   A, Rn          ; A←A⊕Rn
XRL   A, direct      ; A←A⊕ (direct)
XRL   A, @Ri         ; A←A⊕ (Ri)
XRL   A, #data       ; A←A⊕#data
XRL   direct, A      ; (direct) ← (direct) ⊕A
XRL   direct, #data  ; (direct) ← (direct) ⊕data
```

设D为一位逻辑变量，则有以下逻辑公式：

$D \wedge 0 = 0$，$D \wedge 1 = D$

$D \vee 0 = D$，$D \vee 1 = 1$

$D \oplus 0 = D$，$D \oplus 1 = \overline{D}$

【例2-19】 若（A）=C3H、（R0）=AAH，执行指令“XRL A，R0”后，（A）=69H。

注意，在使用中，逻辑与常用于实现对指定位清0，其余位不变；逻辑或常用于实现对指定位置1，其余位不变；逻辑异或常用于实现对指定位取反，其余位不变。

【例2-20】 假设在外RAM 2000H中存放有两个BCD码，试编写一个程序将这两个BCD码分别存放到2000H和2001H的低4位。

```
MOV   DPTR，#2000H
MOVX   A，@DPTR
MOV   B，A
ANL   A，#0FH
MOVX   @DPTR，A
INC   DPTR
MOV   A，B
ANL   A，#0F0H
SWAP   A
MOVX   @DPTR，A
```

【例2-21】（A）=01××××××B，×表示随机状态，为0或1，执行下述一组指令后，A的值如何？

```
ORL   A，#0CH
ORL   A，#03H
ANL   A，#0C7H
```

结果：（A）=01000111B

【例2-22】（A）=AAH，（P1）=0FFH，将A中的低4位送入P1口低4位，P1口的高4位不变，A中内容不变。

```
MOV   R0，A
ANL   A，#0FH
ANL   P1，#F0H
ORL   P1，A
MOV   A，R0
```

4. 累加器清零和求反指令

（1）清零指令。

```
CLR   A；A←0
```

（2）求反指令。

```
CPL  A; A←A
```

5. 循环移位指令

（1）累加器 A 的内容循环左移一位。

```
RL  A
```

（2）累加器 A 的内容循环右移一位。

```
RR  A
```

（3）累加器 A 的内容连同进位 CY 循环左移一位。

```
RLC  A
```

（4）累加器 A 的内容连同进位 CY 循环右移一位。

```
RRC  A
```

“累加器 A 内容乘 2”的任务可以利用指令“RLC　A”完成。

【例 2－23】 若（A）= BDH = 1011 1101B，（CY）= 0。执行指令“RLC　A”后结果为：17AH（378）= 2 × BDH（189）。

2.2.6　控制转移类指令

程序是顺序执行的，改变程序执行的顺序，称为程序转移。控制转移类指令通过改写 PC 的当前值，从而改变 CPU 执行程序的顺序，使程序发生跳转。这类指令共有 17 条，包括无条件转移指令、条件转移指令、子程序调用及返回指令、空操作指令。

1. 无条件转移指令

无条件转移指令是指当执行该指令后，程序无条件转移到指定处。无条件转移指令包括长转移指令、绝对转移指令、相对转移指令和间接转移指令。

（1）长转移指令 LJMP。

指令格式：

```
LJMP  addr16; PC←addr16
```

执行时，直接将该 16 位目标地址 addr16 送给程序指针 PC，程序无条件地转到目的地址指明的位置。由于指令中提供的是 16 位目标地址，可以转移到 64 KB 程序存储器的任意位置，故命名为“长转移”。

（2）绝对转移指令 AJMP。

指令格式：

```
AJMP  addr11; PC←PC+2, PC10~0←addr11, PC15~11 不变
```

执行时，先将程序指针 PC 的值加 2（该指令长度为两个字节），使 PC 先指向 AJMP 的下一条指令，然后把指令中的 11 位地址 addr11 送给程序指针 PC 的低 11 位，而程序指

针的高 5 位不变，执行后转移到 PC 指针指向的新位置。

【例 2－24】单片机 2070H 单元中有短转移指令，如图 2－23 所示。

取出短转移指令后，PC＝2070H＋2＝2072H。

PC	0010 0000 0111 0010
16AH	001 0110 1010
PC＝216AH	0010 0001 0110 1010

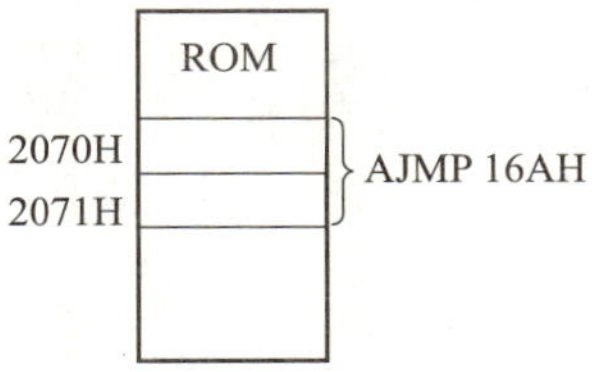

图 2－23　短转移指令

（3）相对转移指令 SJMP。

指令格式：

```
SJMP    rel；PC←PC＋2＋rel
```

SJMP 指令后面的操作数 rel 是 8 位带符号补码数，执行时先将程序指针 PC 的值加 2（该指令长度为两个字节），然后再将程序指针 PC 的值与指令中的位移量 rel 相加得到转移的目的地址。rel 的取值范围为－128～＋127。负数表示反向转移，正数表示正向转移。

注意，在单片机程序设计中，通常用到一条 SJMP 指令：

```
SJMP    $
```

该指令的功能是在自身上循环，进入等待状态。其中，符号 $ 表示转移到自身，它的机器码为 80FEH。在程序设计中，程序的最后一条指令通常用它，是指程序不再向后执行以避免执行后面的内容而出错。

【例 2－25】若“NEWADD”表示地址 0123H，PC 当前值为 0100H。执行 SJMP NEWADD 后，程序转向 0123H 执行［此时 rel＝0123H－(0100＋2)＝21H］。

（4）间接转移指令 JMP。

指令格式：

```
JMP    @A＋DPTR；PC←A＋DPTR
```

转移的目的地址是由数据指针 DPTR 的内容与累加器 A 中的内容相加得到的，并直接装入 PC，可在 64 KB 范围内无条件转移。

该指令的特点是转移地址可以在程序运行中加以改变。DPTR 一般为确定值，根据累加器 A 的值来实现转移到不同的分支。该指令常用在分支程序结构中，可在程序运行过程中动态地决定程序分支的走向。

2. 条件转移指令

条件转移指令是指当条件满足时，程序转移到指定位置，条件不满足时，程序将继续顺序执行。在 MCS－51 中，条件转移指令有累加器 A 判零转移指令、比较不等转移指令、减 1 不为零转移指令 3 种。

（1）累加器 A 判零转移指令 JZ 或 JNZ。

判 0 指令的格式：

```
JZ   rel；若 A＝0，则 PC←PC＋2＋rel，否则，PC←PC＋2
```

判非 0 指令的格式：

```
JNZ   rel；若 A≠0，则 PC←PC＋2＋rel，否则，PC←PC＋2
```

（2）比较不等转移指令 CJNE。

比较不等转移指令用于对两个数进行比较，并根据比较情况进行转移，有以下 4 条指令：

```
CJNE  A，#data，rel       ；若 A≠data，则转移 PC←PC＋3＋rel，否则顺序执行
                           若 A＜data，则 C＝1，否则 CY＝0
CJNE  Rn，#data，rel      ；若 Rn≠data，则转移 PC←PC＋3＋rel，否则顺序
                           执行
                           若 Rn＜data，则 C＝1，否则 CY＝0
CJNE  @Ri，#data，rel     ；若（Ri）≠data，则转移 PC←PC＋3＋rel，否则顺序
                           执行
                           若（Ri）＜data，则 C＝1，否则 CY＝0
CJNE  A，direct，rel      ；若 A≠data，则转移 PC←PC＋3＋rel，否则顺序
                           执行
                           若 A＜data，则 C＝1，否则 CY＝0
```

该指令具有比较和判断的双重功能。

（3）减 1 不为零转移指令 DJNZ。

这种指令是先减 1 后判断，目的操作数内容减 1 后，若差值不为零，则转移；否则顺序执行。

```
DJNZ  Rn，rel        ；Rn←Rn－1，若 Rn≠0，则 PC←PC＋2＋rel，否则顺序
                      执行
DJNZ  direct，rel    ；(direct)←（direct）－1，若（direct)≠0，则 PC←PC＋3＋
                      rel，否则顺序执行
```

在 MCS－51 系统中，通常用 DJNZ 指令来构造循环结构，实现重复处理。

【例 2－26】 分析下列程序：

```
        MOV   23H, #0AH
        CLR   A
LOOPX:  ADD   A, 23H
        DJNZ  23H, LOOPX
        SJMP  $
```

结果：(A) = 10 + 9 + 8 + 7 + 6 + 5 + 4 + 3 + 2 + 1 = 37H。

【例 2 - 27】 分析下列程序：

```
DELAY:  MOV   R6, #200
LOOP2:  MOV   R7, #23
LOOP1:  NOP
        DJNZ  R7, LOOP1
        DJNZ  R6, LOOP2
        RET
```

3. 子程序调用和返回指令

子程序调用和返回指令也会使程序发生转移。这类指令有 4 条，两条子程序调用指令，两条返回指令。

(1) 长调用指令 LCALL。

指令格式：

```
LCALL   addr16 ; PC←PC + 3
               ; SP←SP + 1, (SP) ←PC7 ~ 0, SP←SP + 1, (SP) ←PC15 ~ 8
               ; PC←addr16
```

该指令执行时，先将当前的 PC（指令的 PC 加指令的字节数 3）值压入堆栈保存，入栈时低字节在前，高字节在后。然后转移到指令中 addr16 所指定的地址执行。由于后面带 16 位地址，因此可以转移到程序存储器 64 KB 范围的任意位置。

(2) 绝对调用指令 ACALL。

指令格式：

```
ACALL   addr11 ; PC←PC + 2
               ; SP←SP + 1, (SP) ←PC7 ~ 0, SP←SP + 1, (SP) ←PC15 ~ 8
               ; PC10 ~ 0←addr11, PC15 ~ 11 不变
```

该指令执行过程与 LCALL 指令类似，只是转移范围与 PC + 2 在同一个 2 KB 内。

对于 LCALL 和 ACALL 两条程序调用指令，在汇编程序中，指令后面通常用转移位置的标号来表示绝对地址。

(3) 子程序返回指令 RET 和中断返回指令 RETI。

RET 是子程序返回指令，该指令总是作为子程序的最后一条，完成子程序返回功能。执行时将堆栈中的 16 位断点地址弹出送入程序计数器 PC 中，使程序从主程序断点处继

续向下执行，指令格式：

```
RET     ；PC15～8←（SP），SP←SP－1，PC7～0←（SP），SP←SP－1
```

RETI是中断返回指令，它只能用于中断服务程序作为结束指令。该指令的执行过程与RET指令基本相同，只是RETI指令在执行时，能清除内部相应的中断状态寄存器（以保证正确的终端逻辑）。该指令用于中断服务子程序后面，作为中断服务子程序的最后一条指令，它的功能是返回主程序中断的断点位置，继续执行断点位置后面的指令。

4. 空操作指令

```
NOP     ；PC←PC＋1
```

指令执行时，不做任何操作（空操作），仅将程序计数器PC的内容加1，使CPU指向下一条指令继续执行程序。它要占用一个机器周期，常用来产生时间延迟，构造延迟程序。

2.2.7　位操作指令

在MCS－51系统中，有17条位处理指令，可以通过位累加器C（进位标志CY位）和位地址bit实现位传送、位逻辑运算、位控制转移等操作。

1. 位传送指令

位传送指令有两条，用于实现累加器C与一般位之间的相互传送。

```
MOV  C，bit    ；C←（bit）
MOV  bit，C    ；（bit）←C
```

【例2－28】若（CY）＝1，（P3）＝1100 0101B，（P1）＝0011 0101B。执行以下指令：

```
MOV  P1.3，C
MOV  C，P3.3
MOV  P1.2，C
```

结果：（CY）＝0，P3的内容未变，P1的内容变为0011 1001B。

【例2－29】将20H位中的内容传送到5AH位中。

```
MOV  10H，C
MOV  C，20H
MOV  5AH，C
MOV  C，10H
```

注意，错误指令“MOV 5AH，20H”（5AH和20H是直接地址单元）。

2. 位逻辑操作指令

位逻辑操作指令包括位清0、置1、取反、位逻辑与和位逻辑或，总共10条指令。

(1) 位清0。

```
CLR  C      ; C←0
CLR  bit    ; (bit) ←C
```

【例2-30】 若 (P1) =10 01 1101B。执行指令"CLR P1.3"后,结果为 (P1) =10 01 0101B。

(2) 位置1。

```
SETB  C      ; C←1
SETB  bit    ; (bit) ←1
```

【例2-31】 若 (P1) =10 01 1100B。执行指令"SETB P1.0"后,(P1) =10 01 1101B。

(3) 位取反。

```
CPL  C      ; C←C
CPL  bit    ; (bit) ← (bit)
```

(4) 位逻辑与。

```
ANL  C, bit     ; C←C∧ (bit)
ANL  C, /bit    ; C←C∧ (bit)
```

【例2-32】 若 (P1) =1001 1100B, (CY) =1。执行指令"ANL C", P1.0 后, P1 内容不变, 而 (CY) =0。

(5) 位逻辑或。

```
ORL  C, bit     ; C←C∨ (bit)
ORL  C, /bit    ; C←C∨ (bit)
```

注意, 指令中的"/bit"并不改变 bit 位的原值, 只是取得中间值参与运算。

3. 位转移指令

位转移指令分别对累加器 C 和直接位地址进行测试, 并根据其状态执行转移, 共 5 条指令。

(1) 判 C 位转移指令。

```
JC   rel    ; 若 C=1, 则转移, PC←PC+2+rel, 否则程序顺序执行
JNC  rel    ; 若 C=0, 则转移, PC←PC+2+rel, 否则程序顺序执行
```

(2) 判 bit 位转移指令。

```
JB   bit rel     ; 若 bit=1, 则转移, PC←PC+3+rel, 否则程序顺序执行
JNB  bit rel     ; 若 bit=0, 则转移, PC←PC+3+rel, 否则程序顺序执行
JBC  bit, rel    ; 若 bit=1, 则转移, PC←PC+3+rel, 且 bit←0, 否则程序顺序
                   执行
```

利用位转移指令可执行各种测试。

2.2.8　常用伪指令

伪指令是放在汇编语言原程序中用于指示汇编程序如何对源程序进行汇编的指令。伪指令只是对汇编过程进行相应的控制和说明，既不控制机器的操作，也不能被汇编成机器代码，故称为伪指令。

1. 起始地址设定伪指令

指令格式：

ORG　地址

这条伪指令放于一段源程序或数据的前面，汇编时用于指明程序或数据从程序存储空间什么位置开始存放。ORG 伪指令后的地址是程序或数据的起始地址。

2. 字节数据表定义伪指令

指令格式：

【标号：】DB 字节数据表

将字节数据表中的数据按从左到右的顺序依次存放在指定的存储单元中。一个数据占一个存储单元。在定义时前面可以带标号，定义的标号在程序中是字节数据表起始单元的地址。

3. 字数据表定义伪指令

指令格式：

【标号：】DW 字数据表

这条指令与 DB 相似，但用于定义字数据，所定义的一个字在存储器中占两个字节。汇编时，机器自动按低字节在前、高字节在后存放，即低字节存放在低地址单元，高字节存放在高地址单元。

4. 赋值伪指令

指令格式：

符号　EQU　项

该伪指令的功能是将指令中项的值赋予 EQU 前面的符号。项可以是常数、地址标号或表达式。定义该伪指令后用户可以通过该符号使用相应的项。

5. 位地址符号定义伪指令

指令格式：

符号　bit　位地址

该伪指令用于给位地址赋予符号，经赋值后该符号可用于代替 bit 后面的位地址。

6. 结束汇编伪指令

指令格式：

```
END
```

该指令放于程序最后位置，用于指明汇编语言源程序的结束位置，当汇编程序汇编到 END 伪指令时，汇编结束。END 后面的指令，汇编程序都不予处理。一个源程序只能有一个 END 伪指令，否则就有一部分指令不能被汇编。

任务2.3 典型流水灯程序设计

夜晚，美丽的霓虹灯成了装点城市的主角。本任务将在简易红绿灯的基础上设计个性的花样流水灯系统。

2.3.1 典型流水灯系统硬件设计（参考）

1. 任务分析

将简易交通灯的 P1 口连接 8 个发光二极管模拟 8 个信号灯，从第一盏灯开始依次点亮每一盏灯，如图 2－24 所示。

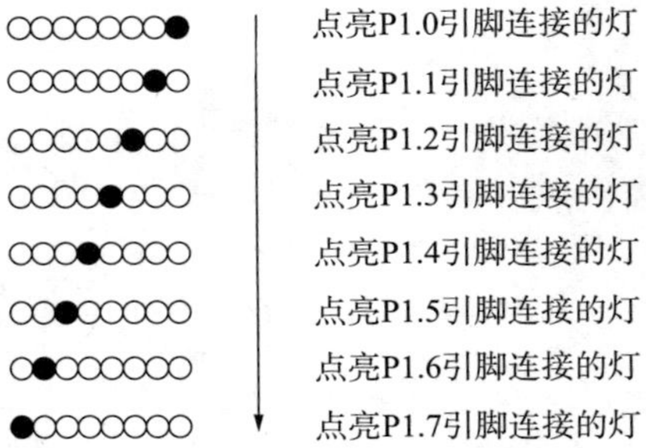

图 2－24　流水灯点亮次序

2. 硬件电路设计

根据任务分析设计硬件电路图，如图 2－25 所示。

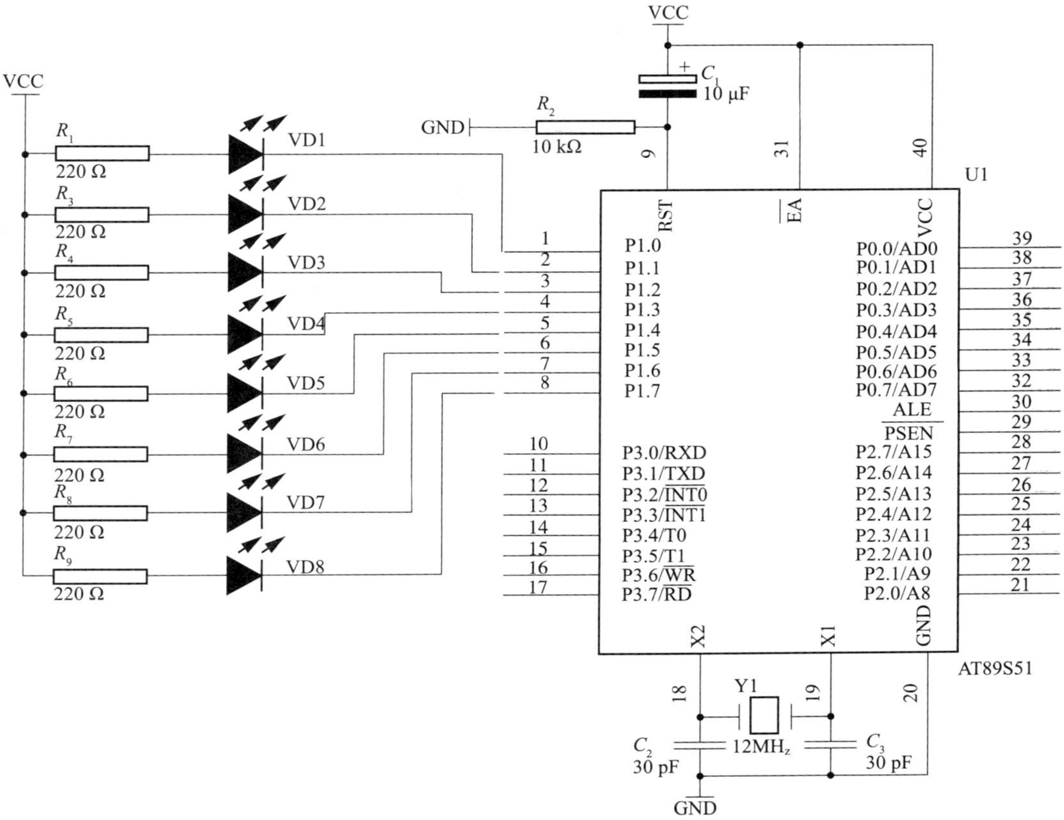

图 2－25　流水灯电路图

流水灯电路元件清单见表 2－5。

表 2－5　流水灯电路清单

元件名称	型号	数量	简要用途	备注
单片机	AT89S51	1	核心元件	
脚座	40DIP	1	支撑单片机	
LED	0. 5 mm	8	负载电路	
电阻	220 Ω	8	限流电阻	
电阻	10 kΩ	1	复位电路	
电解电容	10 μF	1	复位电路	
晶体振荡器	12 MHz	1	晶振电路	
电容	30 pF	2	晶振电路	
电路板	9 cm × 12 cm	1		
导线		若干		

2.3.2 典型流水灯系统软件设计（参考）

1. 参考程序 A

```
        ORG   0000H          ；将程序从 0000H 地址单元开始存放
START：MOV   P1，#0FEH      ；点亮 P1.0 连接的信号灯
        ACALL  DELAY        ；调用延时子程序
        MOV   P1，#0FDH     ；点亮 P1.1 连接的信号灯
        ACALL  DELAY        ；调用延时子程序
        MOV   P1，#0FBH     ；点亮 P1.2 连接的信号灯
        ACALL  DELAY        ；调用延时子程序
        MOV   P1，#0F7H     ；点亮 P1.3 连接的信号灯
        ACALL  DELAY        ；调用延时子程序
        MOV   P1，#0EFH     ；点亮 P1.4 连接的信号灯
        ACALL  DELAY        ；调用延时子程序
        MOV   P1，#0DFH     ；点亮 P1.5 连接的信号灯
        ACALL  DELAY        ；调用延时子程序
        MOV   P1，#0BFH     ；点亮 P1.6 连接的信号灯
        ACALL  DELAY        ；调用延时子程序
        MOV   P1，#7FH      ；点亮 P1.7 连接的信号灯
        ACALL  DELAY        ；调用延时子程序
        AJMP  START         ；重复依次点亮过程
DELAY：MOV   R3，#0FFH     ；延时子程序
D2：    MOV   R4，#0FFH
D1：    NOP
        DJNZ  R4，D1
        DJNZ  R3，D2
        RET                  ；子程序返回
        END
```

2. 参考程序 B

```
            ORG  0000H
            LJMP  START
            ORG  0030H
START：     MOV  A，#0FEH
            MOV  R5，#7
OUTPUT：    MOV  P1，A
            RL  A
            CALL  DELAY
```

```
            DJNZ  R5, OUTPUT
            LJMP  START
DELAY:      MOV   R6, #0FFH
            MOV   R7, #0FFH
DELAYLOOP:  DJNZ  R7, DELAYLOOP
            DJNZ  R6, DELAYLOOP
            RET
            END
```

《单片机系统设计及应用》学习情境过程考核单

学习情境：幻彩灯　　组别：　　指导教师：　　日期：

姓名		学号				成绩	A+B+C
考核项目	考核点	考核人	分值	考核等级			得分
				优秀	良好	中等	稍差	
学习过程考核（50 分）	遵守操作规程	队友	5					A
	实际操作技能	教师	15					
	发现与分析问题	队友	15					
	积极解决问题	教师	15					
学习结果考核（30 分）	完成速度	队友	10					B
	任务完成	教师	20					
生活行为考核（20 分）	节约材料	队友	5					C
	爱护设备	队友	5					
	合作意识	队友	10					

小组讨论及设计题

1. 将单片机 P1 口连接 8 个发光二极管模拟 8 个信号灯，采用擦除方式逐一点亮，如图 2－26 所示（○代表熄灭状态，●代表点亮状态）。

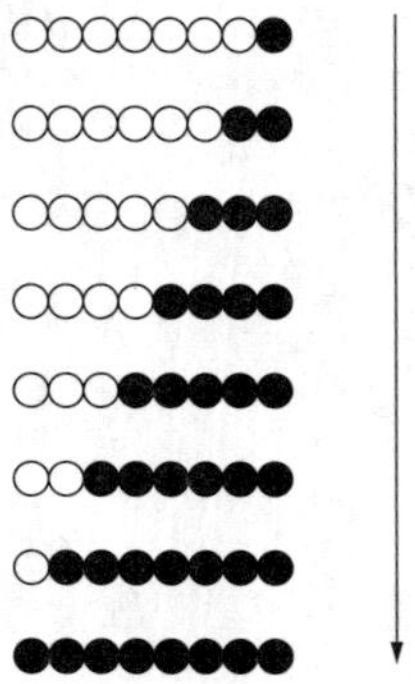

图 2－26　典型流水灯现象

2. 将单片机 P0 口连接 8 个发光二极管模拟 8 个信号灯，采用擦除方式逐一熄灭，如图 2－26 所示（●代表熄灭状态，○代表点亮状态）。

3. 尝试设计一个不等流量路口的交通信号灯系统，如图 2－27（a）所示。设东西方向为主干道，南北方向为辅干道，东西方向绿灯放行时间长于南北方向。

4. 尝试设计一个不等流量路口的交通信号灯系统，如图 2－27（b）所示。设东西方向为主干道，南北方向为辅干道，东西方向绿灯放行时间长于南北方向，另外从绿灯向红灯变化时，加 3 次黄灯闪烁以示警醒。

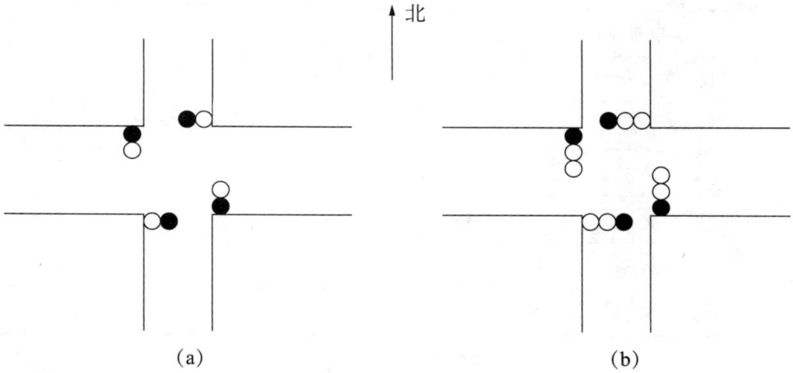

图 2－27　不等流量路口交通信号灯系统

5. 设计一个汽车模拟转向灯，其功能要求为系统上电后左侧红灯 3 s 内闪烁 3 次，停顿 10 s 后右侧红灯 3 s 内闪烁 3 次，停顿 3 s 后两侧红灯同时闪烁。

学习情境3　计数器

学习情境导学

按键和数码管是单片机应用系统最常用的I/O设备。计数器就是基于按键和数码管的单片机应用系统开设的学习情境。本学习情境将强化读者对单片机引脚的应用能力和程序设计思维，读者既可以直接焊接电路，也可以采用Proteus仿真系统完成本学习情境。

学习目标

1. 知识目标

(1) 了解按键及矩阵键盘的结构原理。

(2) 了解数码管结构及显示原理。

(3) 了解单片机应用系统常见I/O设备。

(4) 熟悉单片机I/O接口的输入/输出功用。

2. 技能目标

(1) 能采用软件方式对按键去除抖动。

(2) 熟练编写程序使数码管显示各种数字、字符等。

(3) 熟练编写程序协调单片机各种I/O设备。

3. 情感目标

(1) 具有良好的思想政治素质、行为规范和职业道德。

(2) 具有独立思考和开拓创新能力。

(3) 具有较强的计划、组织、协调和团队合作能力。

(4) 具有较强的口头与书面表达能力、人际沟通能力。

(5) 具有良好的安全意识、环保意识和责任意识。

教学设备

装有KEIL和Proteus软件的计算机一台。

学习任务单

<table>
<tr><th>项目名称</th><th>计数器</th><th>项目实施方式</th><th>Proteus 仿真</th></tr>
<tr><td colspan="4">任务 3.1：计时器系统设计　　建议学时：4 学时　　难度系数：★★★★</td></tr>
<tr><td colspan="2">学习活动设计：
以小组为单位，在适当工具的帮助下剖析数码管的结构原理，画出共阴极数码管和共阳极数码管的数字编码表；尝试采用静态和动态方式显示数字方法</td><td colspan="2">技能点：
（1）数码管结构原理及编码原理
（2）数码管静态显示电路及程序设计方法
（3）数码管动态显示电路及程序设计方法</td></tr>
<tr><td colspan="4">任务 3.2：计数器系统设计　　建议学时：4 学时　　难度系数：★★★★</td></tr>
<tr><td colspan="2">学习活动设计：
以小组为单位剖析按键结构，画出按键时电压变化曲线图；探讨去除抖动的方法</td><td colspan="2">技能点：
（1）按键结构原理
（2）矩阵键盘扫描方式
（3）按键去除抖动方法
（4）单片机 I/O 设备的连接方法</td></tr>
</table>

任务3.1　计时器系统设计

1. 单位数码管

数码管是单片机常用的输出外设。常见数码管有单位数码管、双位数码管和四位数码管，如图 3－1 所示。

图 3－1　常见数码管

数码管实际上是由 7 个发光二极管组成 8 字形构成的，如果加上小数点则为 8 个发光二极管。这 8 个发光二极管每一个称为一段，分别用字母 a、b、c、d、e、f、g、dp 来表示，如图 3－2 所示。当数码管特定的段加上电压后，这些特定的段就会发光，以形成人们看到的字样了。例如，显示一个“2”字，那么应当是 a、b、g、e、d 亮，f、c、dp 不亮。假设“0”为点亮状态，“1”为熄灭状态，且 a 段接单片机 P1.0，b 段接单片机 P1.1，以此类推，g 段接单片机 P1.6，dp 段接单片机 P1.7，显示数字“2”，则需要在 P

口输入 10100100B，即 0A4H。

那么，到底是输入低电平点亮指定段，还是输入高电平点亮指定段呢？这需要根据所选择数码管的型号决定。数码管有共阴极数码管和共阳极数码管之分。所谓共阳极数码管，是指八段数码管的 8 个发光二极管的阳极都连在一起，而阴极对应的各段可分别控制。共阴极数码管则是 8 个发光二极管的阴极都连在一起，结构如图 3－3 所示。

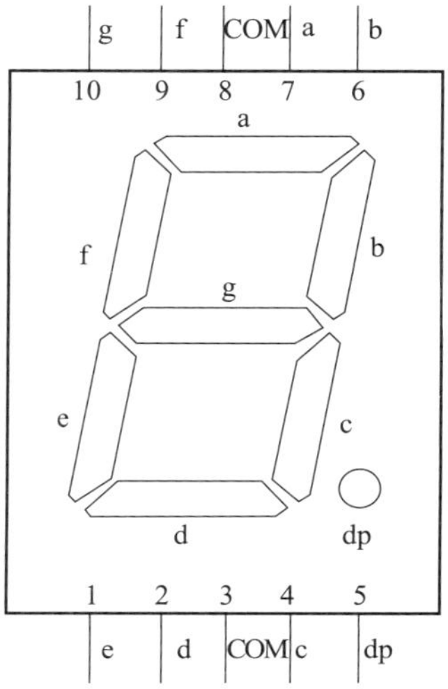

图 3－2　数码管引脚位置及段排列图

图 3－3　共阴极数码管和共阳极数码管结构图

以共阳极数码管为例，其阳极连接在一起，阴极独立，通常在设计电路时把阳极接高电平，当给某一阴极送低电平时，相对应的发光二极管就点亮了。当数码管引脚连接到单片机 P0 口时，则令其 P0.0 接 a，P0.1 接 b，…，P0.6 接 g，P0.7 接 dp。共阳极数码管显示数字的编码见表 3－1。

表 3－1　共阳极数码管数字编码表

显示数字	P0.7	P0.6	P0.5	P0.4	P0.3	P0.2	P0.1	P0.0	十六进制代码
0	1	1	0	0	0	0	0	0	C0H
1	1	1	1	1	1	0	0	1	F9H
2	1	0	1	0	0	1	0	0	A4H

续表

显示数字	P0.7	P0.6	P0.5	P0.4	P0.3	P0.2	P0.1	P0.0	十六进制代码
3	1	0	1	1	0	0	0	0	B0H
4	1	0	0	1	1	0	0	1	99H
5	1	0	0	1	0	0	1	0	92H
6	1	0	0	0	0	0	1	0	82H
7	1	1	1	1	1	0	0	0	F8H
8	1	0	0	0	0	0	0	0	80H
9	1	0	0	1	0	0	0	0	90H

下面尝试用共阳极数码管与单片机 P0 口相连，如图 3－4 所示。试根据如下接线图编写程序，使单位共阳极数码管从 0 到 9 循环显示。

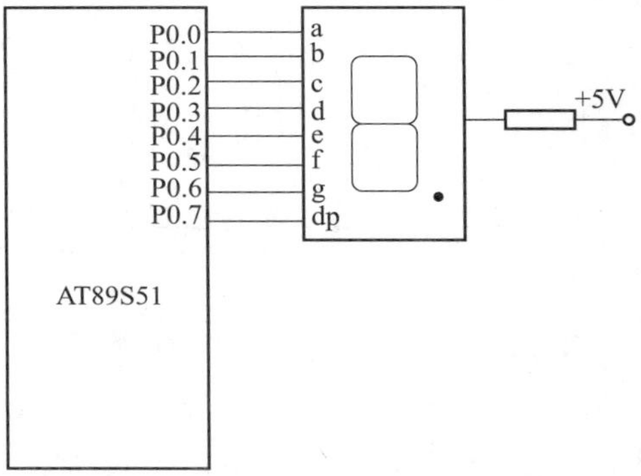

图 3－4　共阳极数码管与单片机 P0 口相连

参考程序一（顺序显示）：

```
ORG 0000H
MAIN：MOV   P0，#0C0H            ；给数码管送字形“0”
ACALL   DELAY1S                 ；调用延时 1 s 程序
MOV   P0，#0F9H                 ；给数码管送字形“1”
ACALL   DELAY1S                 ；调用延时 1 s 程序
MOV   P0，#0A4H                 ；给数码管送字形“2”
ACALL   DELAY1S                 ；调用延时 1 s 程序
MOV   P0，#0B0H                 ；给数码管送字形“3”
ACALL   DELAY1S                 ；调用延时 1 s 程序
MOV   P0，#99H                  ；给数码管送字形“4”
ACALL   DELAY1S                 ；调用延时 1 s 程序
MOV   P0，#92H                  ；给数码管送字形“5”
ACALL   DELAY1S                 ；调用延时 1 s 程序
```

```
MOV   P0, #82H                ; 给数码管送字形"6"
ACALL   DELAY1S               ; 调用延时1 s程序
MOV   P0, #0F8H               ; 给数码管送字形"7"
ACALL   DELAY1S               ; 调用延时1 s程序
MOV   P0, #80H                ; 给数码管送字形"8"
ACALL   DELAY1S               ; 调用延时1 s程序
MOV   P0, #90H                ; 给数码管送字形"9"
ACALL   DELAY1S               ; 调用延时1 s程序
JMP   MAIN                    ; 重复显示
DELAY1S: MOV   R0, #100       ; 延时1 s程序
D2:      MOV   R1, #20
D1:      MOV   R2, #248
         DJNZ  R2, $
         DJNZ  R1, D1
         DJNZ  R0, D2
         RET
         END
```

参考程序二（查表法）：

```
ORG   0000H
MAIN: MOV   DPTR, #TAB            ; 将表首地址送DPTR
MOV   R7, #10                     ; 将10赋值R7
START: MOV   A, #0
MOVC   A, @A+DPTR                 ; 将字形"0"编码送A
MOV   P0, A                       ; P0显示字形"0"
ACALL   DELAY1S                   ; 调用延时1 s
INC   DPTR                        ; DPTR内地址加1
DJNZ   R7, START                  ; 逐一显示TAB中的字形
LJMP   MAIN                       ; 重复显示
DELAY1S: MOV   R0, #100           ; 延时1 s程序
D2:      MOV   R1, #20
D1:      MOV   R2, #248
         DJNZ  R2, $
         DJNZ  R1, D1
         DJNZ  R0, D2
         RET
TAB: DB 0C0H, 0F9H, 0A4H, 0B0H, 99H, 92H, 82H, 0F8H, 80H, 90H
END
```

2. 多位数码管

除了单位数码管之外，还有二位一体数码管、四位一体数码管等，但多位一体式数码管内部的公共端是独立的，负责哪一段数码管点亮；各数码管中的段全部连接在一起，负责显示数字字形。因此，通常把公共端称为“位选线”，连接在一起的段线称为“段选线”，通过位选线和段选线来控制多位数码管显示的数字。二位一体共阳极数码管内部结构及引脚连线图如图 3－5 和图 3－6 所示，四位一体共阴极数码管内部结构及引脚连线图如图 3－7 和图 3－8 所示。

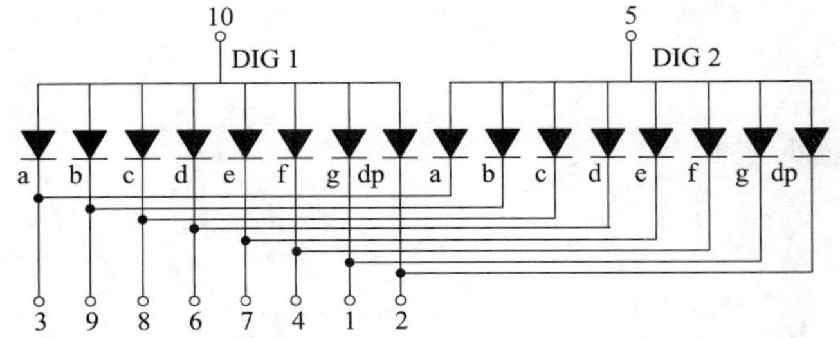

图 3－5　二位一体共阳极数码管内部结构图

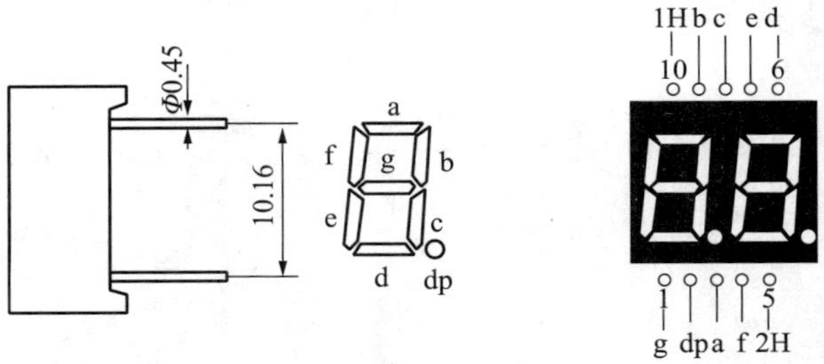

图 3－6　二位一体共阳极数码管引脚连线图

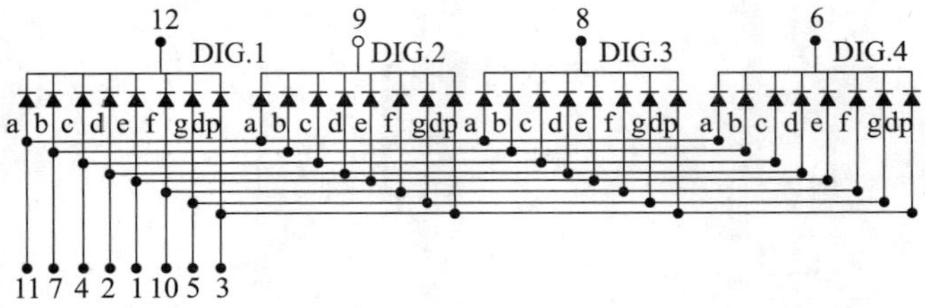

图 3－7　四位一体共阴极数码管内部结构图

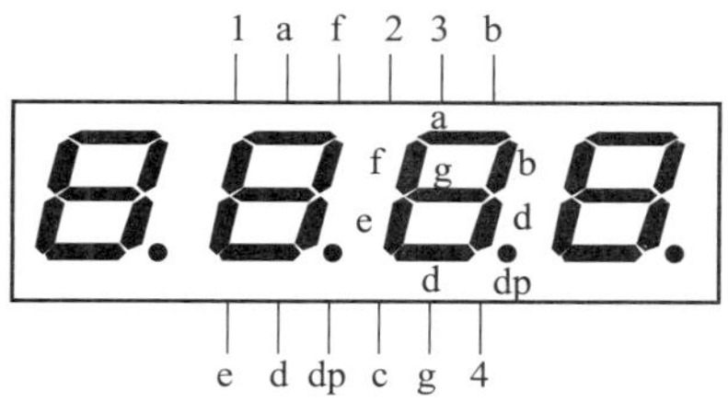

图 3－8　四位一体共阴极数码管引脚连线图

对于单位数码管，生产商为了封装统一，封装了 10 个引脚，其中第 3 个引脚和第 8 个引脚是连通的，为公共端；二位一体数码管也是 10 个引脚，其中两个是位选线，其余为段选线；四位一体数码管是 12 个引脚，其中 4 个是位选线，8 个是段选线。

3. 数码管静态显示设计 0～59 计时器

静态驱动也称直流驱动。静态驱动中每个数码管的每一个段码都由一个单片机的 I/O 接口进行驱动，或者使用如 BCD 码二－十进位器进行驱动。静态驱动的优点是编程简单、显示亮度高，缺点是占用 I/O 接口多。例如，驱动 5 个数码管静态显示则需要 5×8＝40 个 I/O 接口来驱动，要知道一个 AT89S51 单片机可用的 I/O 接口仅 32 个。故实际应用时必须增加驱动器进行驱动，从而也增加了硬件电路的复杂性。采用多位一体式数码管作为单片机应用系统的显示器时，“位选”是可以独立控制的，但“段选”是连接在一起的。通过位选信号选通某几位数码管使其点亮，同时由于段选信号是连接在一起的，所以送入选通数码管的段选信号是相同的，它们显示的数字也必定一致，这种数码管的显示方法称为静态显示。

静态显示的特点是每个数码管的段选必须接一个 8 位数据线来保持显示数字，直到送入新的信号为止。这种显示方法的优点是 CPU 时间占用少，便于监控；缺点是硬件电路复杂，成本较高。

下面完成 60 s 计时器的设计。单片机 AT89S51 与二位一体共阳极数码管的连接如图 3－9所示。

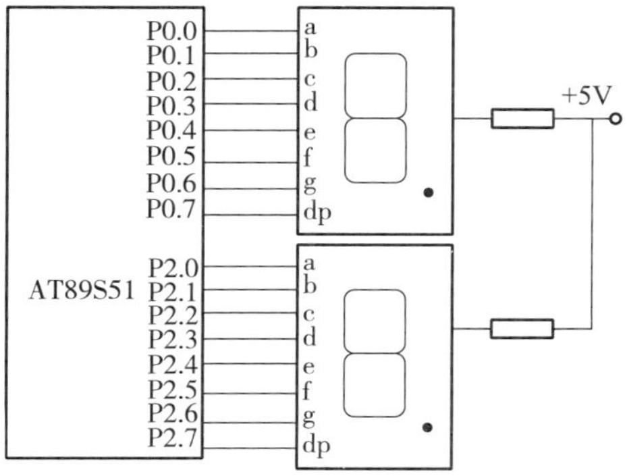

图 3－9　二位一体共阳极数码管静态显示电路

编写程序使单片机 P0 口和 P2 口分别驱动两个数码管循环显示 0～59。

```
Second      EQU 30H
            ORG 0
START:      MOV   Second, #00H       ; 送 00 给 Second 单元
NEXT:       MOV   A, Second          ; Second 单元内容送 A
            MOV   B, #10             ; 10 送入 B
            DIV   AB                 ; A/B, 商送入 A, 余数送入 B
            MOV   DPTR, #TABLE       ; 数据表首地址送入 DPTR
            MOVC   A, @A+DPTR        ;
            MOV   P0, A              ; 十位数送入 P0
            MOV   A, B
            MOVC   A, @A+DPTR
            MOV   P2, A              ; 个位数送入 P2
            LCALL   DELY1S           ; 调用 1 s 延时
            INC   Second             ; 秒数加 1
            MOV   A, Second
            CJNE   A, #60, NEXT      ; 显示下一个字形组
            LJMP   START             ; 重复显示
DELY1S:     MOV R5, #100             ; 延时 1 s 程序
D2:         MOV   R6, #20
D1:         MOV   R7, #248
            DJNZ   R7, $
            DJNZ   R6, D1
            DJNZ   R5, D2
            RET
TABLE: DB 0C0H, 0F9H, 0A4H, 0B0H, 99H, 92H, 82H, 0F8H, 80H, 90H
            END
```

二位一体数码管静态显示 0～59 计时器仿真图如图 3－10 所示。

4. 数码管动态显示

数码管动态显示接口是单片机中应用最为广泛的一种显示方式之一，动态驱动是将所有数码管的 8 个显示笔画“a，b，c，d，e，f，g，dp”的同名端连在一起，另外为每个数码管的公共极 COM 增加位选通控制电路，位选通由各自独立的 I/O 线控制。当单片机输出字形码时，所有数码管都接收到相同的字形码，但究竟是哪个数码管会显示出字形，取决于单片机对位选通 COM 端电路的控制，所以只要将需要显示的数码管的选通控制打开，该位就显示出字形，没有选通的数码管就不会点亮。通过分时轮流控制各个数码管的 COM 端，就可使各个数码管轮流受控显示，这就是动态驱动。在轮流显示过程中，每位数码管的点亮时间为 1～2 ms，由于人的视觉暂留现象及发光二极管的余辉效应，尽管实

际上各位数码管并非同时点亮，但只要扫描的速度足够快，给人的印象就是一组稳定的显示数据，不会有闪烁感，动态显示的效果和静态显示是一样的，能够节省大量的 I/O 接口，而且功耗更低。

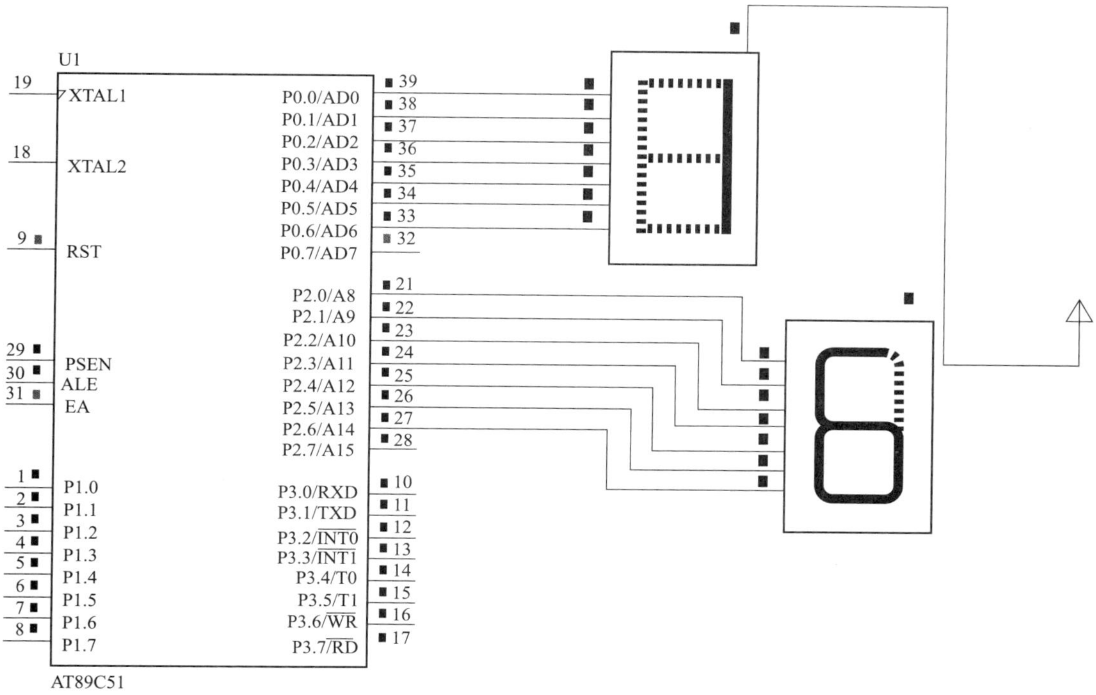

图 3-10 二位一体数码管静态显示 0~59 计时器仿真图

下面以二位一体共阳极数码管为例，将 4 个二位一体的数码管排列一行，成为一个能显示一个 8 位数字的显示器。单片机引脚分配见表 3-2。

表 3-2 单片机引脚分配方案

数码管	a	b	c	d	e	f	g	dp	1H	2H	3H	4H	5H	6H	7H	8H
单片机	P2. 0	P2. 1	P2. 2	P2. 3	P2. 4	P2. 5	P2. 6	P2. 7	P0. 0	P0. 1	P0. 2	P0. 3	P0. 4	P0. 5	P0. 6	P0. 7

共阳极数码管显示数字编码仍可参照表 3-1，位选端 P0 口高电平选通。采用动态显示编程方法使显示器显示“0、1、2、3、4、5、6、7”，其仿真如图 3-11 所示。参考程序如下：

```
ORG 0000H
AJMP MAIN
ORG 0080H
MAIN：MOV P0，#80H        ；选中第一个数码管
MOV P2，#0C0H             ；显示 0
LCALL DELAY               ；调用延时
```

```
MOV P2, #0FFH       ; 关显示
MOV P0, #40H        ; 选中第二个数码管
MOV P2, #0F9H       ; 显示 1
LCALL DELAY
MOV P2, #0FFH
MOV P0, #20H        ; 选中第三个数码管
MOV P2, #0A4H       ; 显示 2
LCALL DELAY
MOV P2, #0FFH
MOV P0, #10H        ; 选中第四个数码管
MOV P2, #0B0H       ; 显示 3
LCALL DELAY
MOV P2, #0FFH
MOV P0, #08H        ; 选中第五个数码管
MOV P2, #99H        ; 显示 4
LCALL DELAY
MOV P2, #0FFH
MOV P0, #04H        ; 选中第六个数码管
MOV P2, #92H        ; 显示 5
LCALL DELAY
MOV P2, #0FFH
MOV P0, #02H        ; 选中第七个数码管
MOV P2, #82H        ; 显示 6
LCALL DELAY
MOV P2, #0FFH
MOV P0, #01H        ; 选中第八个数码管
MOV P2, #0F8H       ; 显示 7
LCALL DELAY
MOV P2, #0FFH
AJMP MAIN           ; 重新开始
DELAY:              ; 延时子程序
MOV R7, #2
D1: MOV R6, #25
D2: DJNZ R6, D2
DJNZ R7, D1
RET
END
```

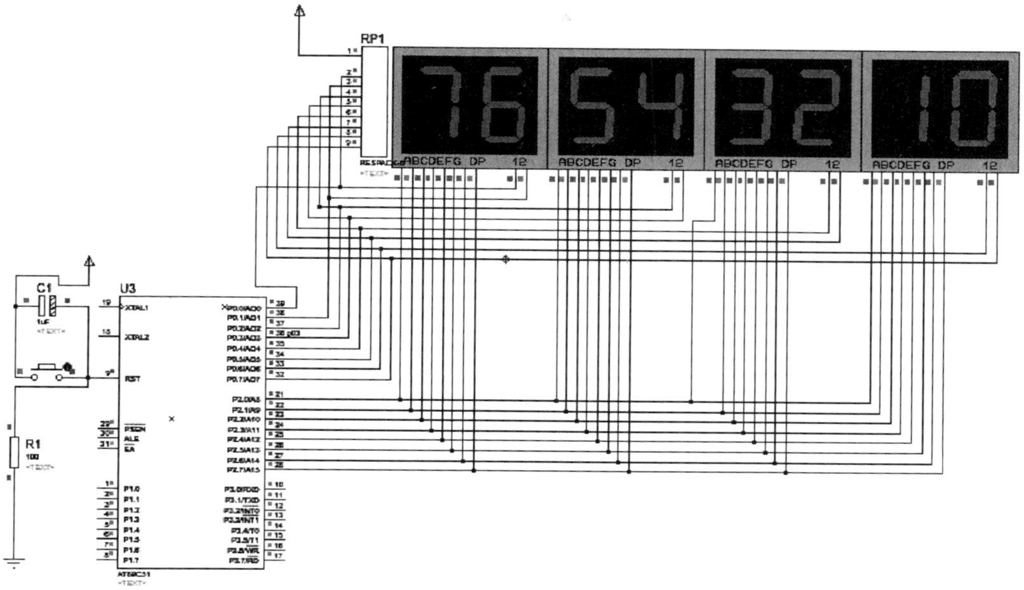

图3－11　4个二位一体数码管动态显示仿真图

5. 其他显示设备

单片机应用系统中常用的显示设备除了发光二极管和数码管之外，还有点阵LED、液晶屏等。

（1）点阵LED。由许多发光二极管排列成行和列，构成点阵，点亮不同位置的发光二极管即可显示不同的图形或文字符号。

以8×8点阵模块为例，它有64个像素，可以显示简单的字符或图形。4个模块拼合成一个16×16的点阵汉字，用更多的模块拼合可以显示更复杂的图形和更多的汉字。

8×8点阵模块内部结构等效电路如图3－12所示，从图中可以看出，它有8行（Y0～Y7）和8列（X0～X7）。外部引出16个引脚分别对应行线和列线，行线用数字1～7表示，列线用字母A～H表示，其外观如图3－13所示。

根据行线和列线可以定位想点亮的发光二极管，将对应的行置为高电平、列置为低电平即可点亮相应的发光二极管。在很短的时间内一次点亮多个发光二极管，利用人眼的暂留效应可以感觉是多个发光二极管同时发光，即可显示数字、字母或图形。例如，用单片机的两个I/O接口分别控制点阵模块的行线和列线，即可通过程序使显示屏显示特定的字符或图形。

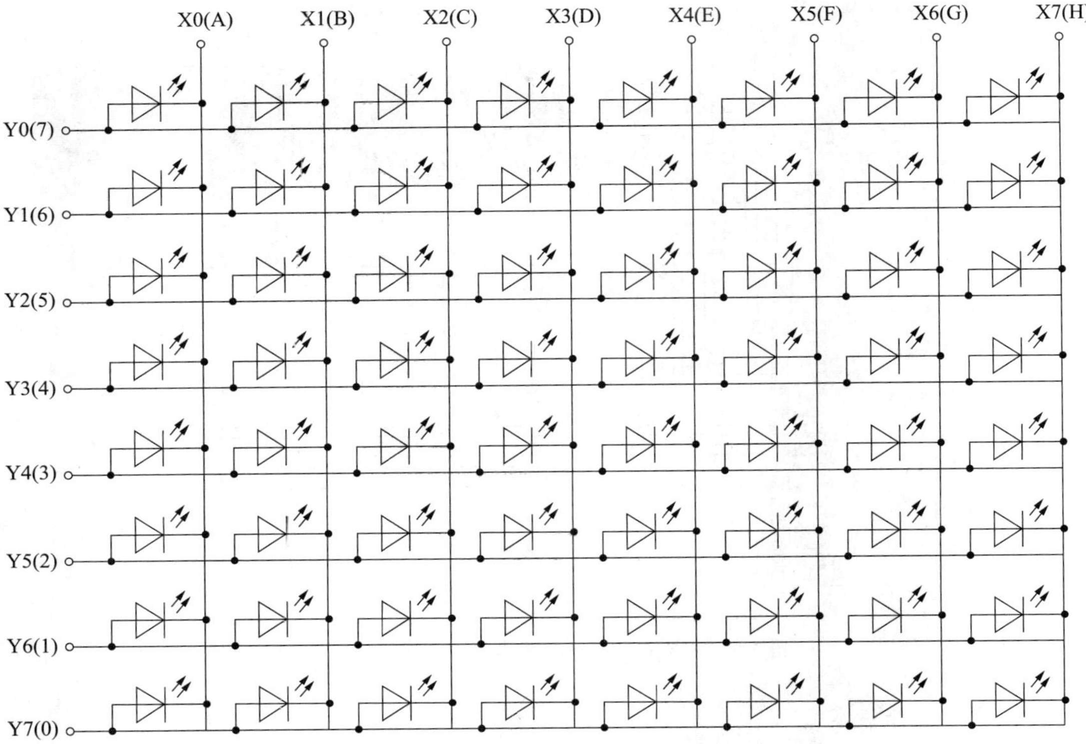

图 3－12　8×8 点阵模块内部结构等效电路

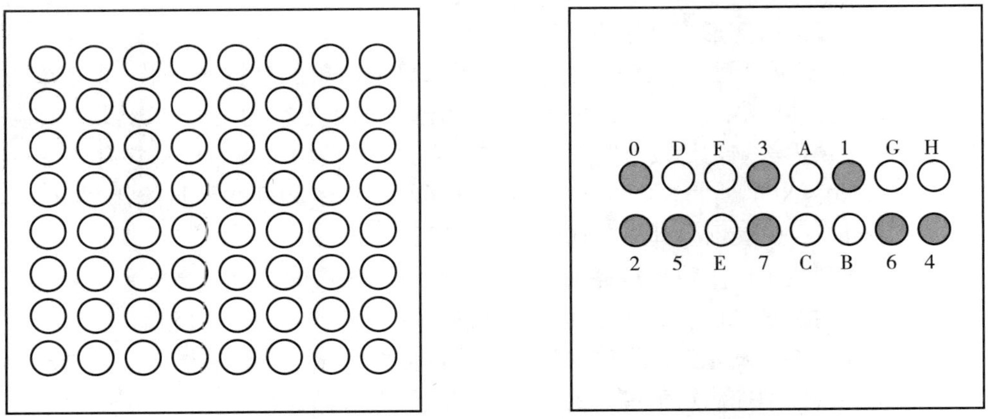

图 3－13　8×8 点阵模块外观图

（2）液晶显示器。液晶显示器是以一种液晶材料（一种高分子材料）为基本组件，在两块平行板之间填充液晶材料，通过电压来改变液晶材料内部分子的排列状况，以达到遮光和透光的目的来显示深浅不一、错落有致的图像，而且只要在两块平板间再加上三原色的滤光层，就可实现显示彩色图像。液晶显示器功耗很低，因此倍受工程师青睐，适用于使用电池的电子设备。

液晶显示器的各种型号通常是按照显示字符的行数或液晶点阵的行、列数命名的。例如，1602 型液晶就是每行显示 16 个字符，共显示两行的液晶显示器。

液晶体积小、功率低、显示操作简单，但其温度适应范围较窄，通常液晶正常工作的温度范围为 0 ℃ ~55 ℃，存储温度为 -20 ℃ ~60 ℃，因此，在进行单片机应用系统设计时应考虑液晶显示器的环境温度。

任务3.2　计数器系统设计

3.2.1　按键工作原理

按键是单片机常用的输入外设。常用按键都是机械弹性开关，当开关闭合时，线路导通；当开关断开时，线路断开。图 3-14 所示为单片机应用系统中常用的几种按键。按键按照结构原理可分为两类，一类是触点式开关按键，如机械式开关、导电橡胶式开关等；另一类是无触点开关按键，如电气式按键、磁感应按键等。前者造价低，后者使用寿命长。目前，微机系统中最常见的是触点式开关按键。

(a)　(b)　(c)

图 3-14　单片机应用系统常用按键

按键与单片机的连接方法很简单，如图 3-15 所示。一个引脚与单片机引脚连接，另一个引脚接地。而在实际焊接电路过程中，由于某些按键有多个引脚，因此需要用万用表判断出相连接的引脚。当按键按下时，其触点的电压变化如图 3-16 所示。

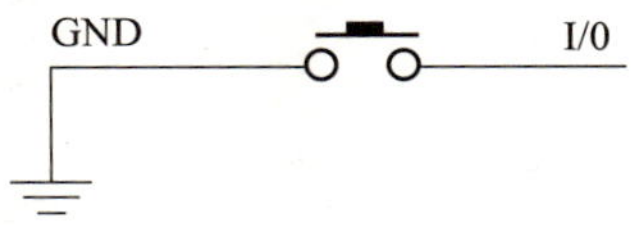

图 3－15　按键与单片机连接

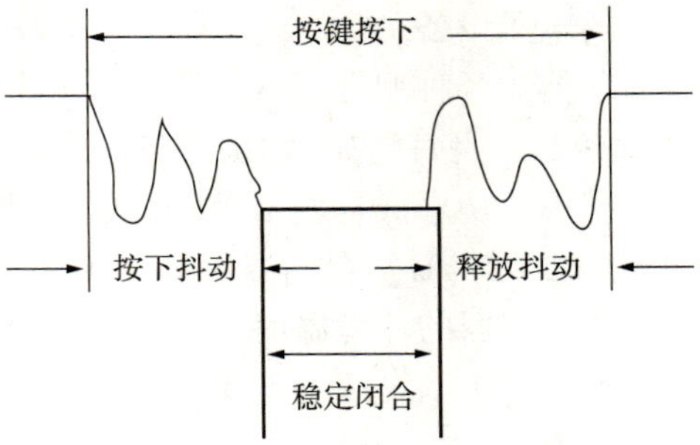

图 3－16　按键闭合时的电压变化

从图 3－16 中可以看出，按键在实际按下和释放的过程中，会有抖动的现象。这个抖动的时间与按键本身的机械特性有关，一般为 5～10 ms，而按动按键的整个过程至少超过 20 ms。抖动现象的发生直接影响单片机内部的程序执行，所以在单片机检测按键是否按下时需要增加去抖动操作。

一般地，去抖动方法可以从硬件和软件两方面入手，硬件方面有专门的去抖动电路和去抖芯片，但通常采用增加延时程序的方法就可以解决按键抖动问题。具体做法是在单片机键盘检测程序时，在检测按下时加入去抖延时，程序流程如图 3－17 所示。

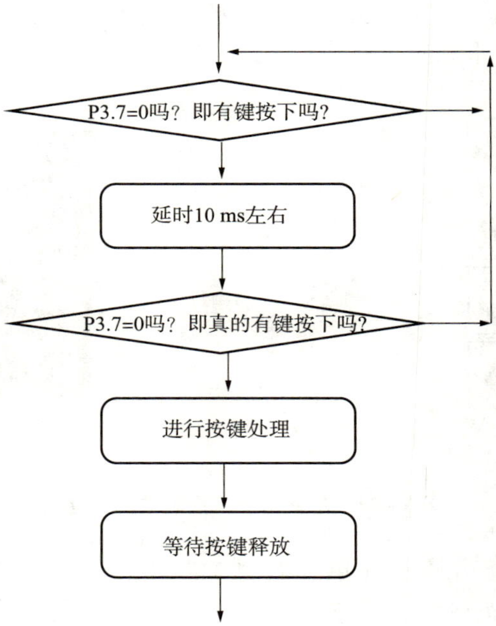

图 3－17　按键去抖动程序框图

下面尝试编写一个按键识别的程序，将按键 SP1 连接到单片机 P3.7 引脚，并在 P1 口连接 4 个 LED，观察按键每按下一次后 P1 口电平的变化，如图 3－18 所示。

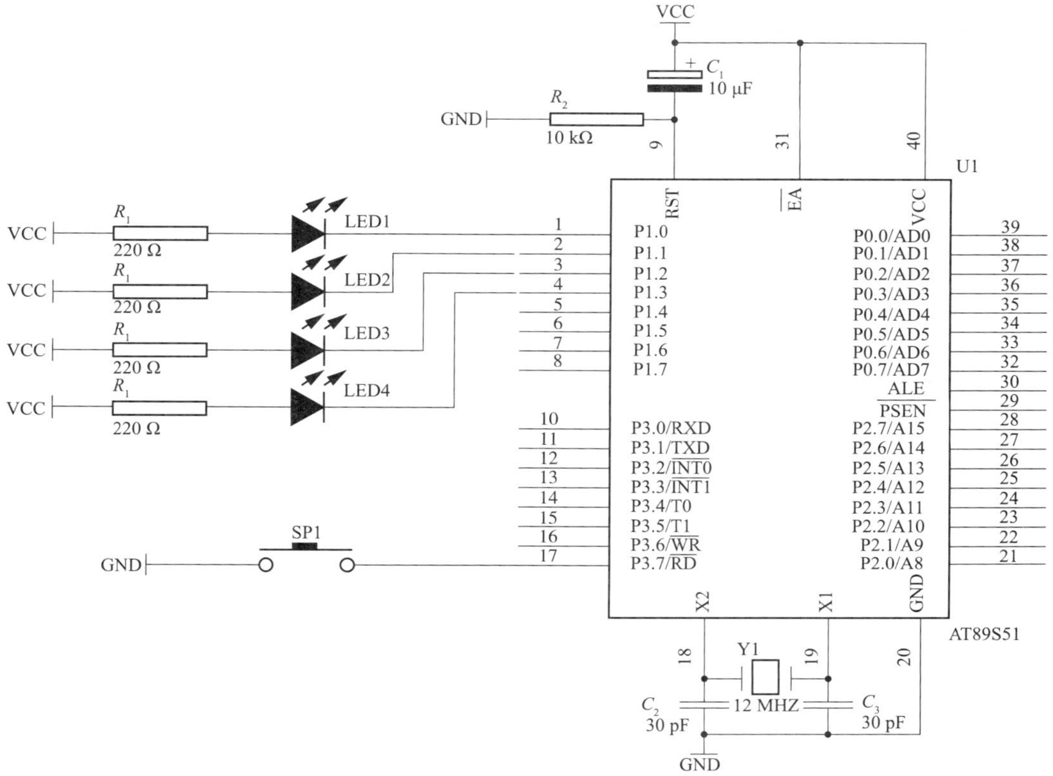

图3－18 按键识别接线图

按键识别参考程序：

```
        ORG 0
START：  MOV R1，#00H        ；初始化 R1 为 0，表示从 0 开始计数
        MOV A，R1           ；
        CPL A               ；取反指令
        MOV P1，A           ；送出 P1 端口由发光二极管显示
REL：JB P3.7，REL            ；判断 SP1 是否按下
LCALL DELAY10MS             ；若按下，则延时 10ms 左右
    JNB P3.7，REL           ；再判断 SP1 是否真的按下
    INC R1                  ；若真的按下，则进行按键处理
    MOV A，R1               ；计数内容加 1，并送出 P1 端口由发光二极管显示
    CPL A                   ；
    MOV P1，A               ；
    JNB P3.7，$             ；等待 SP1 释放
    SJMP REL                ；继续对 SP1 按键扫描
```

```
DELAY10MS：MOV R6，#20；延时 10 ms 子程序
L1：MOV R7，#248
DJNZ R7， $
DJNZ R6，L1
RET
END
```

3.2.2 计数器系统设计

计数是工业生产中的一个重要环节。传统的人工计数方式工作枯燥，出错率高。现今工厂中计数环节有个更可靠、更精确的电子计数器。在没有学习传感器技术之前，本任务中暂且采用手动按键的方式设计一个计数器。

计数器功能为通过按键向单片机输入信号，每输入一次数码管显示数字加 1，直到 99 后归 0。

在单片机最小系统的基础上，选取两个共阴极数码管与单片机 I/O 接口相连，其公共端通过限流电阻接地；利用单片机 P3.7 引脚（17 脚）的第二功能外部数据存储器读选通信号作为按键信号的输入引脚，由于 P3.7 引脚低电平有效，故按键另外一端接地。计数器接线图如图 3－19 所示。

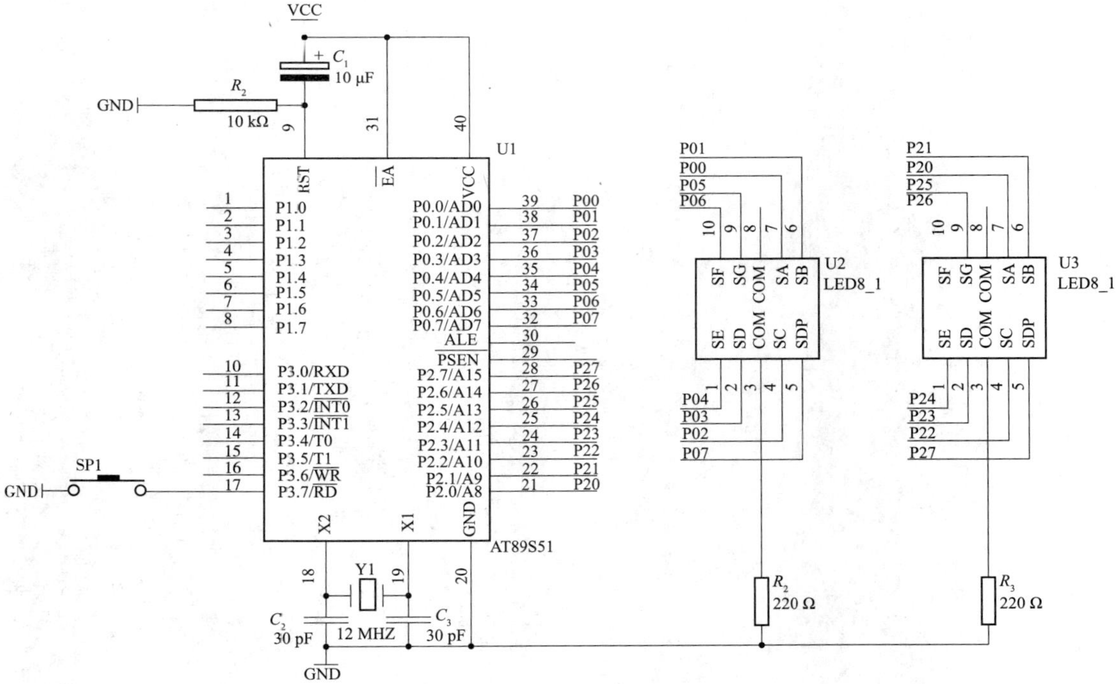

图 3－19 计数器接线图

根据计数器电路原理图，所选取的共阴极数码管及与单片机引脚连接方案，列出数码管显示数字的编码表，见表 3－3。

表 3－3　共阴极数码管数字编码表

显示数字	P0. 7	P0. 6	P0. 5	P0. 4	P0. 3	P0. 2	P0. 1	P0. 0	十六进制代码
0	0	0	1	1	1	1	1	1	3FH
1	0	0	0	0	0	1	1	0	06H
2	0	1	0	1	1	0	1	1	5BH
3	0	1	0	0	1	1	1	1	4FH
4	0	1	1	0	0	1	1	0	66H
5	0	1	1	0	1	1	0	1	6DH
6	0	1	1	1	1	1	0	1	7DH
7	0	0	0	0	0	1	1	1	07H
8	0	1	1	1	1	1	1	1	7FH
9	0	1	1	0	1	1	1	1	6FH

一般情况下，像这种常用数据可以将其以数据表的形式存储在程序存储器中，在程序设计过程中采用查表指令对数据表进行查询调取，将调取的数据传送给相应的 I/O 接口，使与之相连的数码管显示相应数字。

解决数码管编码及按键去抖的问题之后，就应该从全局角度分析设计任务了。在明确任务目标之后选取优化的算法，画出程序流程图。最后按照程序流程图编写程序。计数器程序流程图如图 3－20 所示。

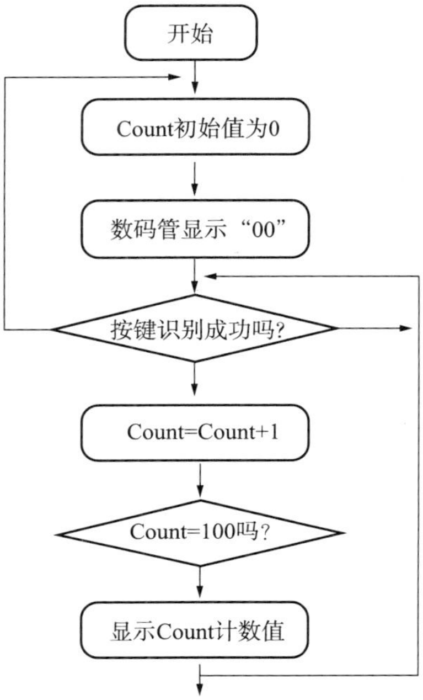

图 3－20　计数器程序流程图

参考程序：

```
Count       EQU 30H
SP1         BIT   P3.7
            ORG   0
START:      MOV   Count, #00H          ; 计数单元送 0
NEXT:       MOV   A, Count
            MOV   B, #10
            DIV   A, B                 ; A/B, 商送 A, 余数送 B
            MOV   DPTR, #TABLE         ; TABLE 首地址送 DPTR
            MOVC  A, @A+DPTR           ; 查表显示字形
            MOV   P0, A
            MOV   A, B
            MOVC  A, @A+DPTR
            MOV   P2, A
WT:         JB    SP1, WT              ; 等待按键按下
WAIT:       JB    SP1, WAIT            ; 判断按键是否按下
            LCALL DELY10MS             ; 延时 10 ms
            JB    SP1, WAIT            ; 判断按键是否按下
            INC   Count                ; 计数单元内容加 1
            MOV   A, Count
            CJNE  A, #100, NEXT
            LJMP  START                ; 重复执行
DELY10MS:   MOV   R6, #20              ; 延时 10 ms
D1:         MOV   R7, #248
            DJNZ  R7, $
            DJNZ  R6, D1
            RET
TABLE:      DB 3FH, 06H, 5BH, 4FH, 66H, 6DH, 7DH, 07H, 7FH, 6FH
            END
```

计数器程序仿真图如图3－21所示。

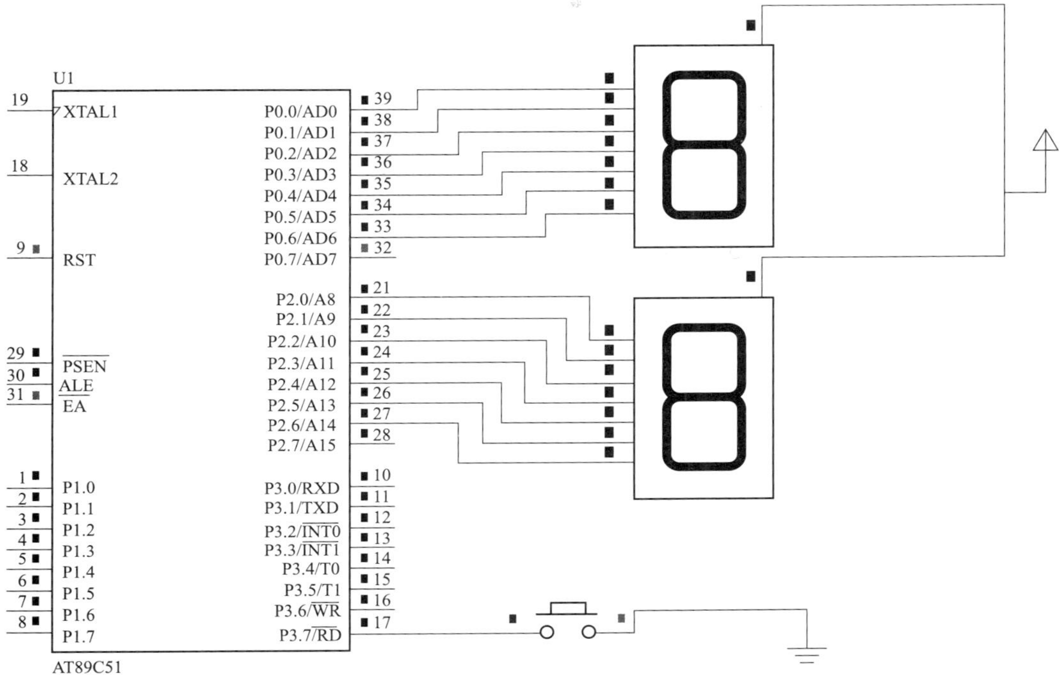

图3－21　计数器程序仿真图

3.2.3　其他输入设备（选学）

1. 独立式键盘

单片机应用系统中，往往只需要几个功能键，此时，可采用独立式键盘结构。独立式键盘是直接用I/O接口引线构成的单个按键电路，其特点是每个按键单独占用一根I/O接口引线，每个按键的工作不会影响其他I/O接口引线的状态。独立式键盘的典型应用如图3－22所示。

独立式键盘电路配置灵活，软件结构简单，但每个按键必须占用一个I/O接口，因此在按键较多时，I/O接口资源浪费较大，不宜采用。

在图3－22中，按键输入均采用低电平有效，此外，上拉电阻保证了按键断开时，I/O接 口引线有确定的高电平。当I/O接口引线内部有上拉电阻时，外电路可不接上拉电阻。

独立式按键扫描程序常采用查询式结构。先逐位查询每根I/O接口引线的输入状态，如某一根I/O接口引线输入为低电平，则可确认该I/O接口引线所对应的按键已按下，然后，再转向该键的功能处理程序。

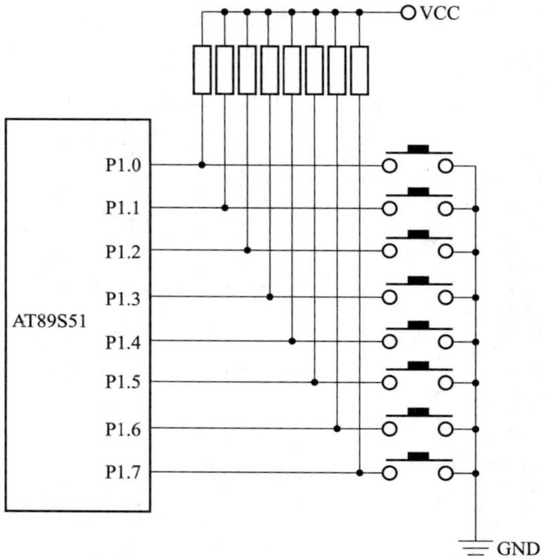

图 3－22　独立式按键与单片机连接图

2. 矩阵式键盘

独立式键盘与单片机连接时，每一个按键都需要单片机的一个 I/O 接口，若单片机应用需要较多按键，就会占用大量 I/O 接口资源，为了节约 I/O 接口，引入了矩阵式键盘。所谓矩阵式键盘，就是将每个按键的一端连接在一起构成行线，将每个按键的另一端连接成列线。以 4 ×4 矩阵键盘为例，4 行 4 列共 8 根引线连接到单片机 8 个 I/O 接口上，如图 3－23 所示。

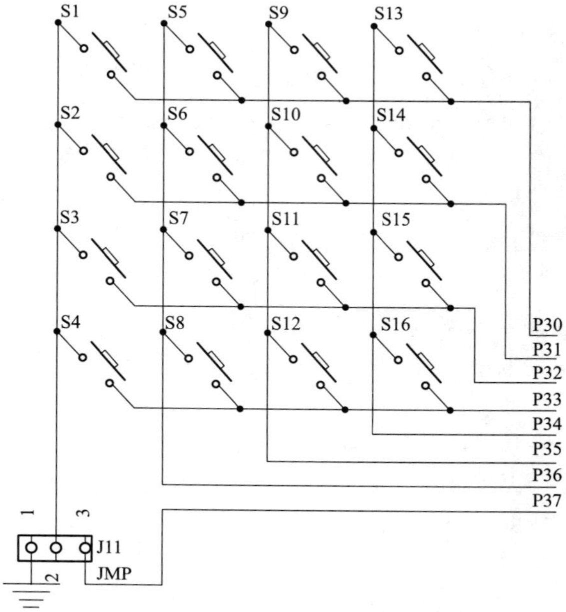

图 3－23　4 ×4 矩阵键盘与单片机连接图

无论是独立式键盘还是矩阵式键盘，单片机检测按键是否按下的依据都是检测该按键对应的 I/O 接口是否为低电平。独立式键盘一端与单片机引脚相连，另一端固定为低电平，检测程序相对简单。矩阵式键盘两端都与单片机 I/O 接口相连，因此在检测过程中需人为地通过单片机引脚送出低电平。具体做法为：先将一列送低电平，其他列为高电平，然后轮流检测各行是否有低电平，如果检测出某一列为低电平，即可根据低电平的列与行定位被按下按键的位置。

在单片机应用系统中，键盘扫描只是 CPU 的工作内容之一。CPU 对键盘的响应取决于键盘的工作方式，键盘的工作方式应根据实际应用系统中 CPU 的工作状况而定，其选取的原则是既要保证 CPU 能及时响应按键操作，又不要过多占用 CPU 的工作时间。通常键盘的工作方式有 3 种，即编程扫描、定时扫描和中断扫描。

（1）编程扫描方式。编程扫描方式是利用 CPU 完成其他工作的空余时间调用键盘扫描子程序来响应键盘输入的要求。在执行键功能程序时，CPU 不再响应键输入要求，直到 CPU 重新扫描键盘为止。

键盘扫描程序一般应包括以下内容。

① 判别有无键按下。

② 键盘扫描取得闭合键的行、列值。

③ 用计算法或查表法得到键值。

④ 判断闭合键是否释放，如没有释放则继续等待。

⑤ 将闭合键键号保存，同时转去执行该闭合键的功能。

（2）定时扫描方式。定时扫描方式就是每隔一段时间对键盘扫描一次，它利用单片机内部的定时器产生一定时间（如 10 ms）的定时，当定时时间到就产生定时器溢出中断，CPU 响应中断后对键盘进行扫描，并在有键按下时识别出该键，再执行该键的功能程序。定时扫描方式的硬件电路与编程扫描方式相同。

（3）中断扫描方式。采用上述两种键盘扫描方式时，无论是否按键，CPU 都要定时扫描键盘，而单片机应用系统工作时，并非经常需要键盘输入，因此，CPU 经常处于空扫描状态。为提高 CPU 的工作效率，可采用中断扫描工作方式。其工作过程为：当无键按下时，CPU 处理自己的工作；当有键按下时，产生中断请求，CPU 转去执行键盘扫描子程序，并识别键号。

《单片机系统设计及应用》学习情境过程考核单

学习情境：计数器　　组别：　　　　　　指导教师：　　　日期：

姓名		学号				成绩	A+B+C
考核项目	考核点	考核人	分值	考核等级			得分
				优秀	良好	中等	稍差	
学习过程考核（50分）	遵守操作规程	队友	5					A
	实际操作技能	教师	15					
	发现与分析问题	队友	15					
	积极解决问题	教师	15					
学习结果考核（30分）	完成速度	队友	10					B
	任务完成	教师	20					
生活行为考核（20分）	节约材料	队友	5					C
	爱护设备	队友	5					
	合作意识	队友	10					

小组讨论及设计题

1. 设计汽车转向灯硬件及软件系统：当按键K1按下时，左转向灯灭，右转向灯闪烁；当按键K2按下时，右转向灯灭，左转向灯闪烁；当按键K0按下时，左右转向灯均闪烁。

2. 设计等流量路口交通信号灯系统：当东西方向放行车辆时，南北方向为红灯；当南北方向放行时，东西方向为红灯；当按键K0按下时，东西和南北方向均为红灯；按动按键K1时，恢复正常通行。

3. 在第2题的基础上设计带10 s倒计时的交通信号灯系统。

学习情境4　音乐播放器

学习情境导学

音乐播放器是单片机中断系统及定时/计数器综合程序应用的典型案例，通过黄闪信号灯及音乐播放器系统设计两个任务的驱动，学生能掌握单片机中断系统及定时/计数器的使用方法。

学习目标

1. 知识目标

（1）了解有源蜂鸣器和无源蜂鸣器的结构及其驱动方式。

（2）了解发声原理及一般乐理。

（3）掌握单片机中断系统及其处理方法。

（4）掌握单片机定时/计数器的结构及其工作方式、控制寄存器的设置。

2. 技能目标

（1）熟练处理单片机中断系统程序。

（2）熟练处理单片机定时/计数器程序。

3. 情感目标

（1）具有良好的思想政治素质、行为规范和职业道德。

（2）具有独立思考和开拓创新的能力。

（3）具有较强的逻辑思维能力。

（4）具有较强的获取和接受新知识的能力。

（5）具有较强的计划、组织、协调和团队合作能力。

（6）具有较强的口头与书面表达能力、人际沟通能力。

（7）具有良好的安全意识、环保意识和责任意识。

教学设备

（1）可进行电子焊接的台面及全套焊接工具。

（2）装有 KEIL 和 Proteus 软件的计算机一台。

（3）编程器一台。

学习任务单

<table>
<tr><td>项目名称</td><td>音乐播放器</td><td>项目实施方式</td><td>Proteus 仿真和电路板焊接</td></tr>
<tr><td colspan="4">任务 4.1：黄闪信号灯（定时器方式）　　建议学时：4 学时　　难度系数：★★★</td></tr>
<tr><td colspan="2">学习活动设计：
利用非常熟悉的黄闪信号灯的载体引导学生以小组为单位设计程序流程；师生共同探索中断、定时/计数器程序的处理方法</td><td colspan="2">技能点：
（1）定时器使用方法
（2）MOVC 指令的使用
（3）常用中断处理方法</td></tr>
<tr><td colspan="4">任务 4.2：音乐播放器系统设计　　建议学时：4 学时　　难度系数：★★★★★</td></tr>
<tr><td colspan="2">学习活动设计：
以小组为单位查阅蜂鸣器的主要知识，了解单片机驱动蜂鸣器发声的原理，设计音乐播放器硬件电路图；按照电路接线图在焊接实验台上对音乐播放器电路进行焊接；共同探讨该电路的常见故障及维修调试方法。以小组为单位共同探讨蜂鸣器发声原理；尝试改变延时时间，体验蜂鸣器发声的不同；根据节拍原理，谱写一小段简谱。教师引导以小组为单位设计程序流程；师生共同探索中断、定时/计数器程序处理方法；尝试编写音乐播放器程序</td><td colspan="2">技能点：
（1）蜂鸣器外围电路设计
（2）电子焊接技术
（3）基本电路调试维修技术
（4）单片机驱动蜂鸣器发声技术
（5）蜂鸣器发声原理</td></tr>
</table>

任务4.1　黄闪信号灯（定时器方式）

1. 中断的概念

中断也可以理解为“被打断”。当 CPU 在处理某一事件 A 时，发生了另一事件 B 请求 CPU 迅速处理（中断发生）；CPU 暂时中断当前的工作，转去处理事件 B（中断响应和中断服务）；待 CPU 将事件 B 处理完毕后，再回到原来事件 A 被中断的位置继续处理事件 A（中断返回），这一处理过程称为中断。其流程图如图 4 – 1 所示。

生活中关于中断的事例很常见。例如，你正在洗衣服，这时突然电话铃响了，你需要先停止洗衣服，立即去接电话，接完电话后回来继续洗衣服。在这个过程中发生了一次中断事件，即接电话事件，其中断流程图如图 4 – 2 所示。

以上两个响应中断处理过程中人或单片机是此次任务的执行者，洗衣服是主要任务，电话铃响是一个中断请求，有了请求，就需要去处理（响应中断），此处未完成的任务（洗衣服）有个断点，你需要记住洗衣服进行到的位置（断点保护），然后去接电话（处理中断），接完电话根据记忆返回到洗衣服进行的位置继续洗衣服（中断返回）。电话铃

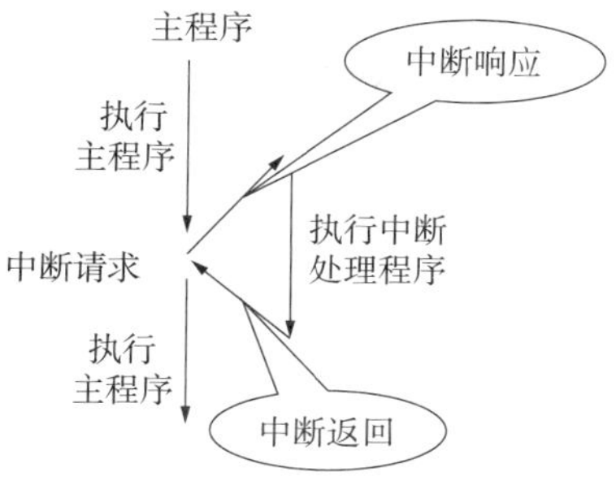

图 4-1　单片机响应中断流程图

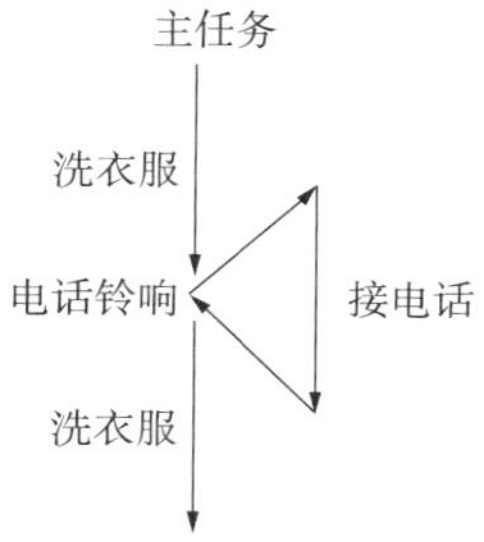

图 4-2　生活事例响应中断流程图

响是个随机发生的中断请求，只要发生，单片机将立即停止当前程序，去执行中断程序，处理完中断程序后返回离开的位置继续执行原来的程序，单片机执行中断程序流程图如图 4-3 所示。

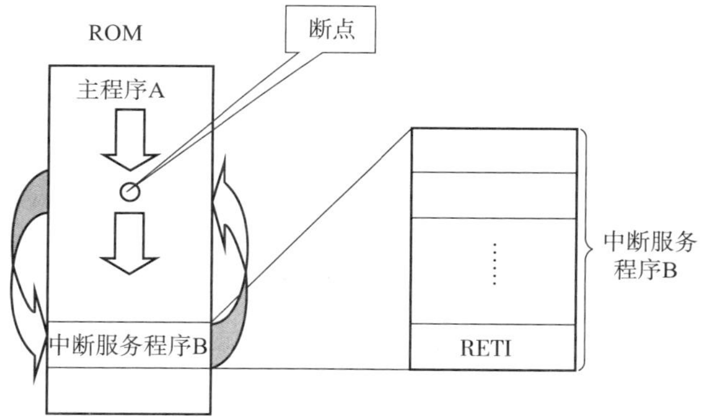

图 4-3　中断程序执行流程图

2. 中断源

引起 CPU 中断的根源，称为中断源。中断源向 CPU 提出的处理请求称为中断请求或中断申请。CPU 暂时中断原来的事件 A，转去处理事件 B 的过程称为中断响应过程。对事件 B 的整个处理过程，称为中断服务或中断处理。处理完毕后，再回到原来被中断的位置（断点），称为中断返回。实现上述中断功能的部件称为中断系统或中断机构。

AT89S51 单片机中断系统设有 5 个中断源，具体如下：

$\overline{\text{INT0}}$——外部中断 0，由 P3.2 引脚引入中断请求信号，低电平或下降沿有效。

$\overline{\text{INT1}}$——外部中断 1，由 P3.3 引脚引入中断请求信号，低电平或下降沿有效。

T0——定时/计数器 0 中断，由 T0 定时时间到或计数满时发出中断请求信号。

T1——定时/计数器 1 中断，由 T1 定时时间到或计数满时发出中断请求信号。

TI/RI——串行端口中断，串行端口完成一帧字符发送/接收后引起。

52 单片机多一个定时/计数器 T2 中断。

3. 中断响应条件

CPU 执行程序过程中，在每个机器周期的 S5P2 期间，中断系统对各个中断源进行采样。这些采样值在下一个机器周期内按优先级和内部顺序依次被查询。如果某个中断标志在上一个机器周期的 S5P2 时被置为 1，那么它将在现在的查询周期中及时被发现。接着 CPU 便执行一条由中断系统提供的硬件 LCALL 指令，转向为中断向量的特定地址单元，进入相应的中断服务程序。

以洗衣服的事例来讲，接电话是一个中断源，当电话铃响请求中断洗衣服时，去接电话也并不是一个必须执行的中断，也是需要有前提条件的，如是否能听见电话铃响、是否愿意接这个电话，以及在电话铃响的同时是否有比接电话更紧急的事情需要处理等。单片机响应中断也是有条件的，如以下几种情况：

① 有中断源发出中断申请。

② CPU 开中断，即中断总允许位 EA =1。

③ 此中断源的中断允许位为 1。

④ 没有较高级别或同级别的中断正在处理。

⑤ 执行完当前指令。若当前指令执行的指令为 RET、RETI，或者访问 IE、IP 的指令，CPU 必须执行完当前指令后，再继续执行下一条指令，然后响应中断。

（1） 中断源申请。中断源向 CPU 发出中断请求信号后，必须在相应的存储单元中设定标志，以便 CPU 及时查询到信息并做出响应。

单片机中断系统中有 TCON 和 SCON 两个特殊功能寄存器专门用来提供中断标志位设定，其中特殊功能寄存器 SCON 是用于串行端口控制的寄存器，这些将在学习情境 5 中介绍；而特殊功能寄存器 TCON 既用于定时/计数器控制，又用于中断标志及中断控制寄存器，其中各中断源的标志位见表 4 - 1。

表 4 - 1　AT89S51 中断源对应标志位及入口地址表

中断源	中断请求标志位	中断入口地址	自然优先级
外部中断 0（$\overline{\text{INT0}}$）	IE0	0003H	高 ↑ 低
定时器/计数器 0 中断（T0）	TF0	000BH	
外部中断 1（$\overline{\text{INT1}}$）	IE1	0013H	
定时器/计数器 1 中断（T1）	TF1	001BH	
串行口中断（TI/RI）	RI、TI	0023H	

表 4 - 1 中除 RI、TI 两标志位属 SCON 外，其余各位均属特殊功能寄存器 TCON，特殊功能寄存器 TCON 各位格式如下：

	8FH	8EH	8DH	8CH	8BH	8AH	89H	88H
TCON（88H）	TF1	TR1	TF0	TR0	IE1	IT1	IE0	IT0

TF1 和 TF0：分别为定时/计数器 T1 和 T0 的溢出中断标志。当定时/计数器定时时间到或计数值满产生溢出时，由硬件自动置 1，并向 CPU 申请中断且一直保持到中断被响应

后，再由硬件自动清0。TF1 和 TF0 也可作为程序的查询标志位，在查询方式下该标志位由软件清0。

IE1 和 IE0：分别为外部中断1和外部中断0的中断请求标志位。当外部中断源发出中断请求时，由硬件自动置1，并向 CPU 申请中断且一直保持到中断被响应后，再由硬件自动清0。

TR1 和 TR0：分别为定时/计数器 T1 和 T0 的启动/停止控制位，与中断无关。

IT1 和 IT0：分别为外部中断1和外部中断0的触发方式控制位。当 ITi 置0时，为低电平触发方式；当 ITi 置1时为下降沿触发方式。

如果选择为下降沿触发方式，则 CPU 在连续两个机器周期采样到先高后低的电平信号后，将相对应的外部中断请求标志 IE 置1。因此，外部中断请求信号的高低电平持续时间必须各保持一个机器周期以上。

（2）中断控制。特殊功能寄存器 TCON 和 SCON 提供了发生中断的请求标志位，那么这些中断请求标志位是否会被 CPU 查询，是否会响应中断还得由中断允许控制寄存器 IE 实现。

中断允许控制寄存器 IE 用于构成中断的双方进行两级控制，即控制是否允许中断源中断，以及是否允许 CPU 响应中断。其各位意义及格式如下：

	AFH	AEH	ADH	ACH	ABH	AAH	A9H	A8H
IE（A8H）	EA	—	—	ES	ET1	EX1	ET0	EX0

EA：CPU 中断开放标志位。相当于中断的"总开关"。当 EA＝0 时，CPU 禁止响应所有中断源的中断请求；当 EA＝1 时，CPU 允许开放中断，此时每个中断源是否开放由各中断控制位决定。所以只有当 EA＝1 时，各中断控制位有效，因此 EA 又被称为中断总允许控制位。

ES：串行口中断允许控制位。若 ES＝1，允许串行端口中断；若 ES＝0，禁止串行端口中断。

ET1/ET0：定时/计数器 T1/T0 中断允许控制位。若 ET1/ET0＝1，允许定时/计数器 T1/T0 中断；若 ET1/ET0＝0，禁止定时/计数器 T1/T0 中断。

EX1/EX0：外部中断1/0中断允许控制位。若 EX1/EX0＝1，允许外部中断1/0中断；若 EX1/EX0＝0，禁止外部中断1/0中断。

（3）中断优先级。中断总允许位及相应中断控制位被开放，且相应的中断标志位置1后，该中断是否会被立即响应还有一个特殊功能寄存器对它进行控制，即中断的优先级控制寄存器 IP。

AT89S51 单片机可以设置两个优先级别，即高优先级和低优先级。当将相应中断源的优先级控制位置1时，其优先级为高优先级；优先级控制位置0时为低优先级。

IP 对应的各位意义及格式如下：

	BFH	BEH	BDH	BCH	BBH	BAH	B9H	B8H
IP（B8H）	—	—	—	PS	PT1	PX1	PT0	PX0

PS：串行端口优先级控制位。PS =1 时，串行端口为高优先级；PS =0 时，串行端口为低优先级。

PT1/PT0：定时/计数器 T1/T0 优先级控制位。若 PT1/PT0 =1，T1/T0 为高优先级；若 PT1/PT0 =0，T1/T0 为低优先级。

PX1/PX0：外部中断 1/0 优先级控制位。当 PX1/PX0 =1 时，外部中断 1/0 为高优先级；当 PX1/PX0 =0 时，外部中断 1/0 为低优先级。

在 AT89S51 单片机中，对各中断优先级的响应遵循以下几条原则：

① 当优先级别相同的中断源同时发出中断请求时，CPU 将通过内部硬件电路按自然优先级顺序依次响应，其顺序为：

外部中断 0→定时/计数器 T0→外部中断 1→定时/计数器 T1→串行口。

② 当优先级别不同的中断源同时发出中断请求时，CPU 先响应高优先级中断请求，后响应低优先级中断请求。

③ 当高优先级的中断正在被响应时，不能被其他中断请求打断。

④ 当低优先级的中断正在被响应时，可以被高优先级的中断打断，但不能被同级别的中断打断。CPU 响应低优先级被打断，而转去响应高优先级中断的现象称为中断嵌套，其执行流程图如图 4 –4 所示。

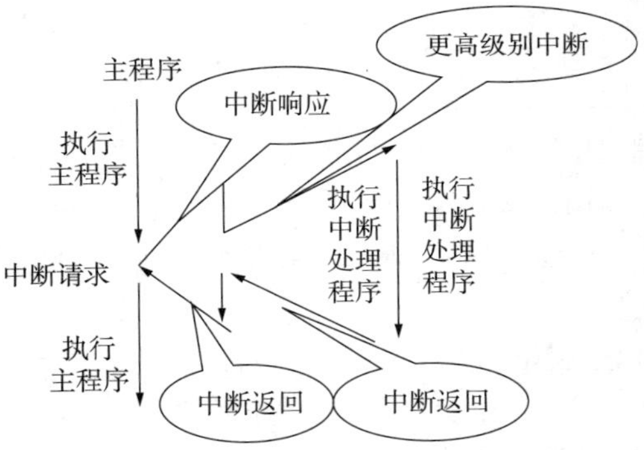

图 4 –4　单片机中断嵌套执行流程图

4. 中断响应过程

当各种中断条件均允许的情况下，从中断源提出中断申请，到 CPU 响应中断，需要经历一定的时间。对于没有嵌套的中断，响应时间为 3 ~ 8 个机器周期。在此期间，中断响应及处理过程如图 4 –5 所示。

在各项中断条件满足的情况下，如果有中断源发出中断申请，CPU 将响应该中断。首先，CPU 将该中断源相应的“优先激活”触发器置位，以阻止同级别或低优先级别的中断。然后，根据中断源类别，在硬件控制下自动调用长调用指令 LCALL（将断点压栈）。最后将对应中断源的入口地址装入程序指针 PC 中，使程序转向该中断的入口地址处继续执行。

在整个中断响应过程中，最重要的中断处理（中断服务）有三部分，即保护现场、

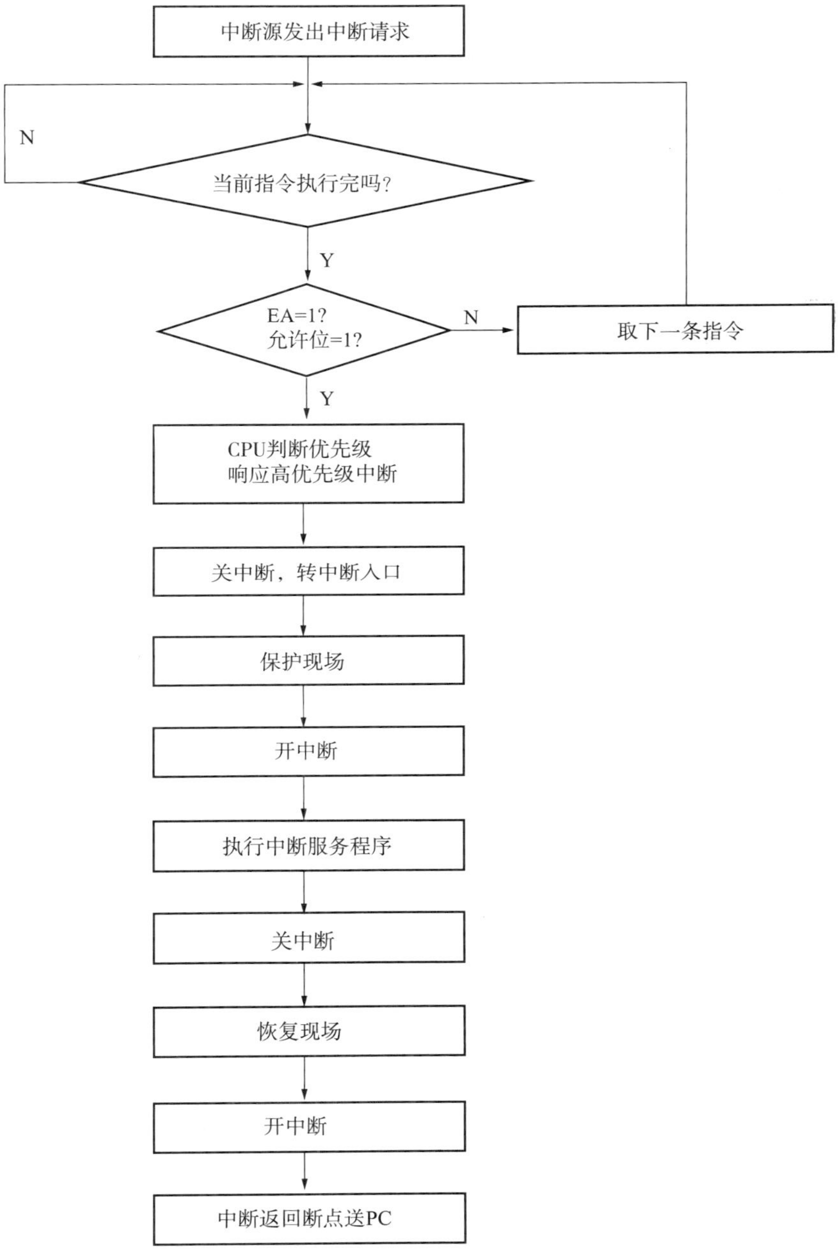

图4-5　中断响应及处理流程

中断服务和恢复现场。一般情况下，在中断服务程序开头，首先要将程序状态字 PSW 和中断服务程序中可能用到的各工作寄存器和特殊功能中的数据进行保存，这个过程称为保护现场，一般做法为将数据压栈。然后去执行中断服务程序，在执行中断服务程序中的 RETI 指令之前，将保存的数据恢复，这个过程称为恢复现场。

基于中断服务程序的处理过程，编写中断服务程序时应遵循以下几个原则：

（1）各中断源的入口地址只有 8 个单元存储空间，通常情况下，在中断入口地址单元存放一条无条件转移指令指向中断服务程序存储的其他位置。

（2）如果在执行当前中断程序时，需要屏蔽高优先级中断，应采用编程方式关闭 CPU 中断，或者关闭高优先级的中断源的中断，在中断返回前再次开放中断。

（3）保护和恢复现场时，为了使现场信息不被破坏，应先关闭 CPU 中断，使 CPU 暂时不响应新的中断请求，然后进行保护和恢复现场的工作，待完成后再开放中断。

5. 撤销中断请求及中断返回

（1）中断请求撤销。当某一中断请求被 CPU 响应后，为了避免该中断被重复执行，应在中断返回指令 RETI 之前，及时撤销该中断请求。AT89S51 单片机撤销中断请求的方法有以下 3 种。

① 硬件清 0。可以用于硬件清 0 的标志位有两个：定时/计数器 T1/T0 的溢出中断标志位 TF1/TF0，采用下降沿触发方式的外部中断 1/0 的中断请求标志 IE1/IE0。

② 软件清 0。串行端口发出中断请求并被 CPU 响应后，硬件不能自动清除 TI 和 RI 标志位，因此，CPU 响应中断后，必须在中断服务程序中用软件来清除响应的中断标志位，以撤销中断请求。具体做法为“CLR　TI”或“CLR　RI”。

③ 强制清 0。当外部中断采用低电平触发方式时，由于 AT89S51 单片机内部已将中断标志位清除，但外部引脚 $\overline{INT0}$ 和 $\overline{INT1}$ 的低电平不能被清除，因此硬件不能完全清除中断标志 IE0 和 IE1，在下一个机器周期采样中断请求信号时，又重新将 IE0 和 IE1 置 1，引起误中断，此时必须进行强制清 0。具体做法为外接强制清除中断请求电路的方法，如图 4－6所示。将外部中断请求信号加在 D 触发器的时钟输入端。当有中断请求信号产生低电平时，在 D 触发器的时钟输入端会产生一个上升沿，将 D 端的状态输出到 Q 端，形成有效的中断请求信号送入 $\overline{INT1}$ 引脚。当 CPU 响应中断后，利用“CLR P1.7”指令在 P1.7 引脚输出低电平至 D 触发器的置位端，将 Q 端直接置 1，从而清除外部中断请求信号。

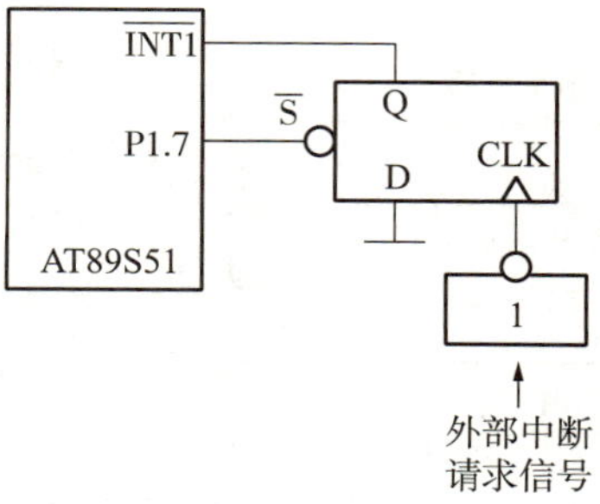

图 4－6　低电平触发的外部中断请求清除电路

（2）中断返回。中断服务程序执行完成后，要在最后设置一条中断返回指令 RETI。它的功能是将主程序断点地址弹出并送回程序指针 PC，使程序返回到原来断点处继续执行。

6. 黄闪信号灯（定时器方式）程序

单片机内部计数器的编程主要是定时常数的设置和有关控制寄存器的设置。内部计数器在单片机中主要有定时器和计数器两个功能。本任务使用的是定时器，定时为一秒钟。CPU 运用定时中断方式，实现每一秒钟输出状态发生一次反转，即 LED 每隔一秒钟点亮一次。

与定时器有关的寄存器有工作方式寄存器 TMOD 和控制寄存器 TCON。TMOD 用于设置定时/计数器的工作方式 0 ~ 3，并确定用于定时还是用于计数。TCON 的主要功能是为定时器在溢出时设定标志位，并控制定时器的运行或停止等。

内部计数器用作定时器时，是对机器周期计数。每个机器周期的长度是 12 个振荡器周期。本任务采用的晶振是 12 MHz，本程序工作于方式 2，即 8 位自动重装方式定时器，定时器 100 μs 中断一次，所以定时常数的设置可按以下方法计算：

$$\text{机器周期} = 12 \div 12\ \text{MHz} = 1\ \mu\text{s}$$

$$(256 - \text{定时常数}) \times 1\ \mu\text{s} = 100\ \mu\text{s}$$

$$\text{定时常数} = 156$$

因此对 100 μs 中断次数计数 10 000 次，就是 1 秒钟。

在本任务的中断处理程序中，中断定时常数的设置对中断程序的运行起到关键作用，所以在置数前要先关闭对应的中断，置数完之后再打开相应的中断。程序流程图如图4－7所示。

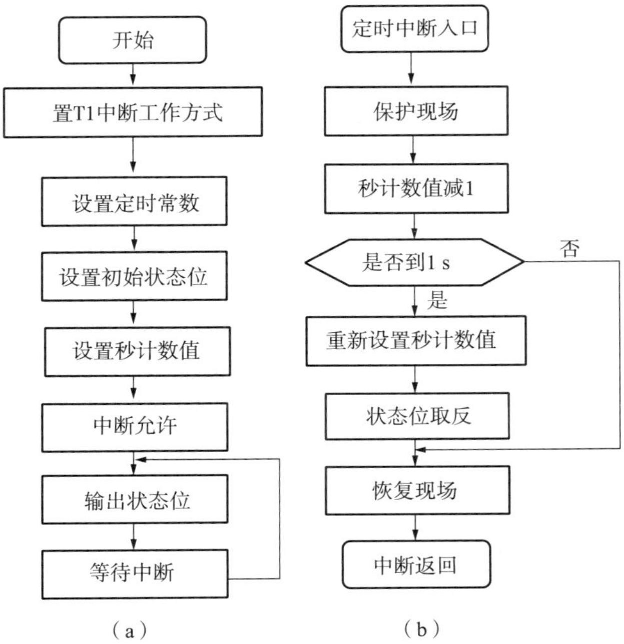

图4－7　黄闪信号灯（定时器方式）程序流程图

（a）主程序框图；（b）定时中断子程序框图

黄闪信号灯参考程序（定时器方式）：

```
TICK     EQU  10 000                      ; 10 000 × 100 μs = 1 s
         T100uS  EQU  256 - 100           ; 100 μs 时间常数
         C100uS  EQU  30H                 ; 100 μs 计数单元
         LEDBUF  EQU  40H
         LED  BIT  P1.0
         ORG  0000H
         LJMP  START                      ; 跳至主程序
         ORG  000BH
         LJMP  T0INT                      ; 跳至子程序
         ORG  0030H
T0INT:   PUSH  PSW                        ; 状态保护
         MOV  A, C100uS + 1
         JNZ  GOON
         DEC  C100uS                      ; 秒计数值减 1
GOON:
         DEC  C100uS + 1
         MOV  A, C100uS
         ORL  A, C100uS + 1
         JNZ  EXIT                        ; 100 μs 计数器不为 0，返回
         MOV  C100uS, #HIGH (TICK)        ; 100 μs 计数器为 0，重置计数器
         MOV  C100uS + 1, #LOW (TICK)
         CPL  LEDBUF                      ; 取反 LED
EXIT:
         POP  PSW
         RETI
START:
         MOV  TMOD, #02H                  ; 方式 2，定时器
         MOV  TH0, #T100uS                ; 置定时器初始值
         MOV  TL0, #T100uS
         MOV  IE, #10000010B              ; EA = 1, IT0 = 1
         SETB  TR0                        ; 开始定时
         CLR  LEDBUF
         CLR  LED
         MOV  C100uS, #HIGH (TICK)        ; 设置 10 000 次计数值
         MOV  C100uS + 1, #LOW (TICK)
```

```
LOOP:
        MOV   C, LEDBUF
        MOV   LED, C
        LJMP  LOOP
        END
```

任务4.2　音乐播放器系统设计

单片机作为一个自动控制乃至智能控制的核心器件，它所能驱动的器件有很多，如发光二极管、蜂鸣器、继电器、数码管、电机、液晶屏等。在很多的单片机系统中除了显示器件外，还有经常发声器件，最常见的发声器件是蜂鸣器。蜂鸣器一般用于一些要求不高的声音报警及按键操作提示音等场合。一般蜂鸣器的形状如图4－8所示。虽然它有自己的固有频率，但是它也可以被加以不同频率的方波，从而编制一些简单的音乐。

图4－8　蜂鸣器

4.2.1　蜂鸣器及其驱动电路

1. 蜂鸣器

蜂鸣器是一种一体化结构的电子讯响器，采用直流电压供电，被广泛应用于计算机、打印机、复印机、报警器、电子玩具、汽车电子设备、电话机、定时器等电子产品中作为发声器件。

蜂鸣器根据制作工艺和所需材料的不同主要分为压电式蜂鸣器和电磁式蜂鸣器。压电式蜂鸣器是以压电陶瓷的压电效应来带动金属片的振动而发声的；电磁式蜂鸣器则使用电磁的原理，通电时将金属振动膜吸下，不通电时依振动膜弹力弹回。故压电式蜂鸣器是以方波来驱动的，电磁式蜂鸣器是以1/2方波来驱动的。由于两种蜂鸣器发音原理不同，压电式蜂鸣器虽结构简单、耐用，但音调单一、音色差，适用于报警器等设备；而电磁式蜂鸣器由于音色好，多用于语音、音乐等设备。

蜂鸣器根据工作方式的不同分为有源蜂鸣器和无源蜂鸣器。这里的“源”不是指电源，而是指振荡源。也就是说，有源蜂鸣器内部带振荡源，所以通电后即可发声；而无源蜂鸣器内部不带振荡源，所以用直流信号无法令其发声，必须用2～5 kHz的方波驱动其发声。由于有源蜂鸣器内有多个振荡电路，因此有源蜂鸣器价格上要比无源蜂鸣器高，但其程序编写方便。而无源蜂鸣器也具有自身的优点：

① 价格便宜。

② 无源蜂鸣器声音频率可控，即可以发出“哆来咪发嗖拉西”的声音。

③ 在一些特例中，可以和LED复用一个控制口。

有源蜂鸣器和无源蜂鸣器从外观上看略有区别。将蜂鸣器引脚朝上放置，有绿色电路板的是无源蜂鸣器，没有电路板而用黑胶封闭的是有源蜂鸣器。用万用表 $R\times1$ 挡测试，用黑表笔接蜂鸣器“+”引脚，红表笔在另一引脚上来回碰触，如果触发出咔、咔声且电阻只有 8 Ω（或 16 Ω）的是无源蜂鸣器；如果能发出持续声音，且电阻在几百欧以上的是有源蜂鸣器。有源蜂鸣器直接接上额定电源（新的蜂鸣器在标签上都有注明）就可连续发声，但音色比较单一，适合做报警声的鸣叫；而无源蜂鸣器则和电磁扬声器一样，需要接在音频输出电路中才能发声，可以播放音乐。

蜂鸣器与普通扬声器相比，最重要的一个特点是，只要按照极性要求加上合适的直流电压，就可以发出固有频率的声音，因此使用起来比扬声器简单。可见，蜂鸣器的控制和 LED 的控制对单片机而言是没有区别的。

2. 蜂鸣器驱动电路

（1）硬件驱动。蜂鸣器是由直流电压驱动的，只需要对驱动口输出驱动电平。由于蜂鸣器的工作电流一般较大，单片机的 I/O 端口无法直接驱动，因此需利用三极管放大驱动蜂鸣器发声，如图 4－9所示。在要求较高的场合还会加上反相保护二极管。

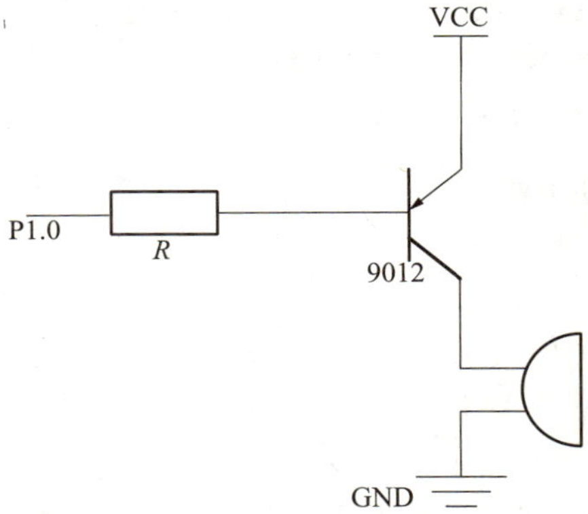

图 4－9　蜂鸣器驱动电路

（2）软件驱动。用单片机驱动他激式蜂鸣器的方式一般有两种：脉冲宽度调制（Pulse Width Modulation，PWM）输出口直接驱动方式和 I/O 定时翻转电平方式。

某些单片机内部集成有 PWM 模块，有专门的脉冲宽度调制输出口。在单片机内部有专门的寄存器用来设置 PWM 输出口的周期和占空比等，设置好寄存器值，在 PWM 输出口打开的情况下，PWM 输出口就会输出一定频率的方波，利用此方波通过三极管即可驱动蜂鸣器发音。例如，要使 PWM 输出口输出 2 000 Hz 的方波，只需要将 PWM 的周期设置为 500 μs，占空比电平设置为 250 μs。

利用 I/O 接口定时翻转电平产生驱动方波的方式需利用单片机内部定时器的定时作用，通过定时翻转电平产生符合蜂鸣器要求的波形。例如，要得到 2 500 Hz 的波形，其周期为 400 μs，只需要驱动蜂鸣器的 I/O 接口每 200 μs 翻转一次电平即可得到。

在音乐播放器驱动蜂鸣器发声的方式中选择利用 I/O 接口定时翻转电平的方式驱动。

4.2.2　音乐播放器硬件系统设计

本任务将制作一个基于单片机驱动蜂鸣器的音乐播放器。选取 P1.0 作为驱动蜂鸣器的 I/O 端口，设计电路如图 4－10 所示。

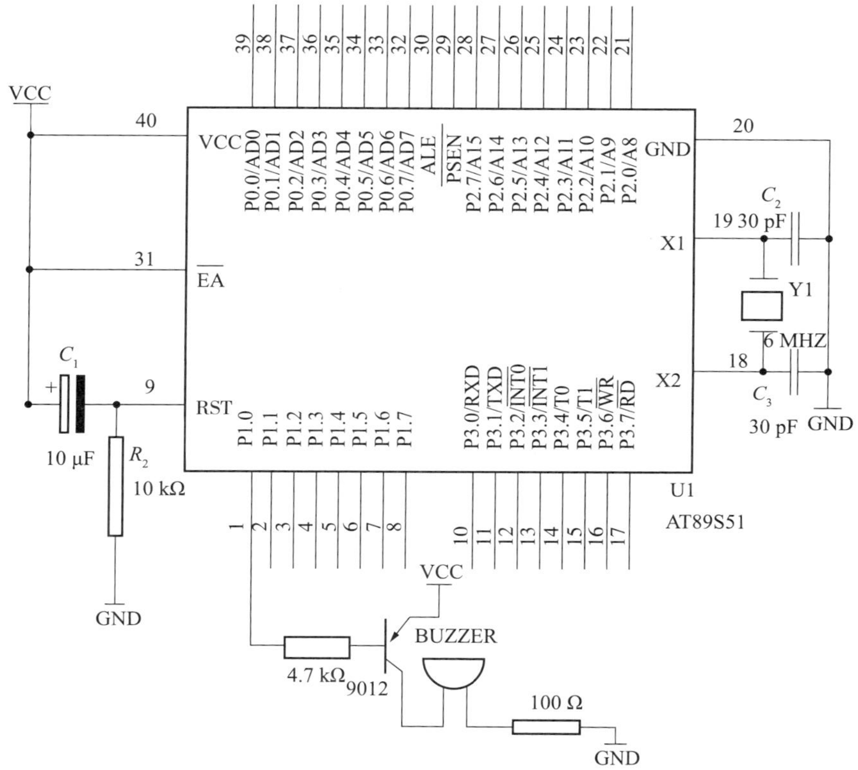

图 4－10　音乐播放器电路图

音乐播放器元器件清单见表 4－2。

表 4－2　音乐播放器元器件清单

名称	规格	数量	名称	规格	数量
单片机	AT89S51	1	三极管	9012	1
晶振	6 MHz	1	蜂鸣器		1
瓷片电容	30 pF	2	电池盒	串联	1
电解电容	10 μF	1	脚座	40 DIP	1
电阻	10 kΩ	1	接线端子		1
电阻	4.7 kΩ	1	导线		若干
电阻	100 Ω	1	万能板	7 cm×9 cm	1

音乐播放器实物图如图 4－11 所示。

图 4－11　音乐播放器实物图

4.2.3　蜂鸣器发声原理

一切声音源自振动，蜂鸣器的振动靠单片机给予不同的频率使其发出不同的声音。下面烧录几段程序来体会一下声音有什么不同。

烧录以下程序看现象。

参考程序一：

```
ORG 0
LOOP：SETB P1.0
LCALL DELAY
CLR P1.0
LCALL DELAY
AJMPLOOP
DELAY：MOV R7，#250
D1：MOV R6，#250
D2：DJNZ R6，D2
DJNZ R7，D1
RET
END
```

参考程序二：

```
ORG 0
LOOP：SETB P1.0
LCALL DELAY
CLR P1.0
LCALL DELAY
AJMPLOOP
DELAY：MOV R7，#25          ；将这里的数值进行改动
D1：MOV R6，#25             ；将这里的数值进行改动
D2：DJNZ R6，D2
DJNZ R7，D1
RET
END
```

以上两段程序唯一变动的就是延时时间，而蜂鸣器声音就有了变化，因此只需给予蜂鸣器合适的延时时间即可以编出不同的音符。

4.2.4　谱写一段简谱（选学）

音乐主要是由音符和节拍组成的。音符对应于不同的声波频率，而节拍表达的是声音持续的时间。要想用单片机驱动蜂鸣器播放音乐，关键的问题就是解决音符和节拍的形成问题。

1. 音符

不同的声波频率可形成不同的音符，根据声波的频率可以得出音频的周期。将音频的半周期作为一个时间单元，利用单片机内部的定时器计时，使其工作在模式1下，改变定时值TH0和TL0，每当计时时间到，时间单元就将输出脉冲的I/O接口反相，循环往复即可得到此频率的脉冲（音符）。

以6 MHz为例，要产生频率为523 Hz（其周期为1/523 = 1 912 μs）的中音DO，其半周期为1 912/2 = 956 μs，因此只要令定时器计时956 μs/1 μs = 956，每次计数956次时将I/O接口反相，就可得到中音DO（523 Hz）了。

计数脉冲值与频率的关系为：

$$N = F_i \div 2 \div F_r$$

式中　N——计数脉冲值；

F_i——单片机内部晶振频率，6 MHz晶振，其频率为500 000 Hz；

F_r——音频脉冲频率（要产生的频率）。

定时器初始值求法：

$$T = 65\,536 - N = 65\,536 - F_i \div 2 \div F_r$$

例如，$K = 65\,536 - N = 65\,536 - F_i \div 2 \div F_r = 1$ MHz，则低音DO（262 Hz）的定时器初始值为：

$$
\begin{aligned}
T &= 65\,536 - N = 65\,536 - F_i \div 2 \div F_r = 65\,536 - 500\,000 \div 2 \div F_r \\
&= 65\,536 - 250\,000/F_r \\
&= 65\,536 - 250\,000/262 = 64\,582
\end{aligned}
$$

C 调各音符频率与计数脉冲值 T 的关系见表 4 - 3。

表 4 - 3　C 调各音符频率与计数脉冲值的关系

音符	频率/Hz	6 MHz	十六进制值	音符	频率/Hz	6 MHz	十六进制值
低 1DO	262	64582	FC46	#4FA#	740	65198	EFAE
#1DO#	277	64634	FC7A	中 5SO	784	65217	FEC1
低 2RE	294	64686	FCAE	#5SO#	831	65235	FED3
#2RE#	311	64732	FCDC	中 6LA	880	65252	FEE4
低 3MI	330	64779	FD0B	#6LA #	932	65268	FEF4
低 4FA	349	64820	FD34	中 7SI	988	65283	FF03
#4FA#	370	64860	FD5C	高 1DO	1046	65297	FF11
低 5SO	392	64898	FD82	#1DO#	1109	65311	FF1F
#5SO#	415	64934	FDA6	高 2RE	1175	65323	FF2B
低 6LA	440	64968	FDC8	#2RE#	1245	65335	FF37
#6LA#	466	65000	FDE8	高 3MI	1318	65346	FF42
低 7SI	494	65030	FE06	高 4FA	1397	65357	FF4D
中 1DO	523	65058	FE22	#4FA#	1480	65367	FF57
#1DO #	554	65085	FE3D	高 5SO	1568	65377	FF61
中 2RE	578	65103	FE4F	#5SO#	1661	65385	FF69
#2RE #	622	65134	FE6E	高 6LA	1760	65394	FF72
中 3MI	659	65157	FE85	#6LA#	1865	65402	FF7A
中 4FA	698	65178	FE9A	高 7SI	1976	65409	FF81

#：为半音，用于上升或下降半个音。

2. 节拍

节拍表示音符的持续时间。利用延时程序来控制发音的长短，即可控制节拍。把每种节拍的延时时间转化为延时常数和定时常数，以数据表的形式存储在存储器中，再由查表程序得到定时常数和延时常数，从中求得相应的音符和节拍，即可形成音乐。

如果 1 拍为 0.4 s，1/4 拍是 0.1 s。只要设定延时时间就可求得节拍的时间，假设 1/4 拍延时时间为 1DELAY，则 1 拍为 4DELAY，以此类推，所以只要求得 1/4 拍的 DELAY 时间，即可得到其余节拍。例如，1/4 节拍的延时时间为 187 ms，程序代码为：

```
DELAY: MOV   R7, #02
D2:    MOV   R4, #187
D3:    MOV   R3, #248
       DJNZ  R3, $
       DJNZ  R4, D3
       DJNZ  R7, D2
       DJNZ  R5, DELAY
       RET
```

以 6 MHz 晶振为例，各调 1/4 节拍的时间设定和各调 1/8 节拍的时间设定见表 4－4。

表 4－4　各调 1/4 节拍和 1/8 节拍的时间设定

曲调值	延迟时间	曲调值	延迟时间
调 4/4	125 ms	调 4/4	62 ms
调 3/4	187 ms	调 3/4	94 ms
调 2/4	250 ms	调 2/4	125 ms

通过建立节拍码与节拍数的对应关系，在软件设计中利用延时程序即可实现节拍，节拍码用十六进制表示，节拍码和节拍数的对应关系见表 4－5。

表 4－5　节拍码与节拍数对照表

节拍码	节拍数	节拍码	节拍数
1	1/4 拍	1	1/8 拍
2	2/4 拍	2	1/4 拍
3	3/4 拍	3	3/8 拍
4	1 拍	4	1/2 拍
5	1 又 1/4 拍	5	5/8 拍
6	1 又 1/2 拍	6	3/4 拍
8	2 拍	8	1 拍
A	2 又 1/2 拍	A	1 又 1/4 拍
C	3 拍	C	1 又 1/2 拍
F	3 又 3/4 拍		

3. 谱曲

得到音符和节拍所对应的定时常数和延时常数后，将其进行编码。

以歌曲《新年好》中一段简谱为例。

1 = C 1 1 1 5 | 3 3 3 1 | 1 3 5 5 | 4 3 2 - |

利用定时器 T1 工作方式，产生各音符对应频率的方波，由 P1.0 输出驱动喇叭发音。节拍控制通过改变调用延时子程序 DELAY 的次数来实现，若每拍 800 ms，DELAY 程序延时 200 ms，一拍则需循环调用 DELAY 延时子程序 4 次，同理半拍则需调用两次。假设晶振频率为 6 MHz，乐曲中的音符、频率、定时常数的关系见表 4-6。

表 4-6　音符、频率、定时常数的关系

C 调音符	5̣	6̣	7̣	1	2	3	4	5	6	7
频率/Hz	392	440	494	524	588	660	698	784	880	988
半周期/ms	1.28	1.14	1.01	0.95	0.85	0.76	0.72	0.64	0.57	0.51
定时值	FD82	FDC8	FE06	FE22	FE4F	FE85	FE9A	FEC1	FEE4	FF03

根据编写《新年好》音乐播放器中的数据，“1”定时值为“FE22H”，节拍为半拍，故调用 D200 延时子程序两次，延时常数为“02H”。《新年好》乐曲数据表编码如下：

```
TAB：DB 0FEH，22H，02H，0FEH，22H，02H，0FEH，22H，04H
     DB 0FDH，82H，04H，0FEH，85H，02H，0FEH，85H，02H
     DB 0FEH，85H，04H，0FEH，22H，04H，0FEH，22H，02H
     DB 0FEH，85H，02H，0FEH，0C1H，04H，0FEH，0C1H，04H
     DB 0FEH，9AH，02H，0FEH，4FH，02H，0FEH，4FH，04H
     DB 00H，00H，04H，0FFH，0FFH
```

尝试编写歌曲《两只老虎》的数据表。

4.2.5　音乐播放器程序设计

本任务制造的音乐播放器的音符常数被送入定时/计数器，中断源采用内部定时/计数器 T1 溢出发出中断请求。

音乐播放器程序应该设定定时器 T1 为允许中断，因此设置中断允许控制寄存器 IE 如下：

```
MOV   IE，#88H
```

或者采用位操作方式：

```
SETB   EX1
SETB   EA
```

音乐播放器由于仅采用一个定时器 T1 中断，则不需要设置中断优先级控制寄存器 IP。在设计音乐播放器程序时，为了使定时/计数器 T1 能够在发出中断请求后得到响应，需要在程序开始时设定中断响应条件，程序如下：

```
ORG   001BH       ；定时器 T1 中断入口地址
MOV   IE，#88H    ；将 EA 置 1 开总中断，ET1 置 1 开 T1 中断
```

1. 音乐播放器程序流程设计

前面已经对《新年好》乐曲编写了数据表，下面的任务就是如何让单片机通过查表驱动 P1.0 引脚输出方波，从而形成音乐。

本音乐播放器利用单片机 I/O 端口定时翻转电平，从而产生驱动蜂鸣器的方波，用音符常数作为定时/计数器的定时初值，定时使 P1.0 引脚翻转电平输出与音符相应频率的方波。音符由定时常数决定，因此需要将每个定时常数取出送入定时器，通过定时器计数满而发生溢出中断后对 P1.0 电平取反。节拍常数由延时常数决定，因此需要取出延时常数来控制节拍延时程序的执行次数。

程序设计框图如图 4－12 所示。

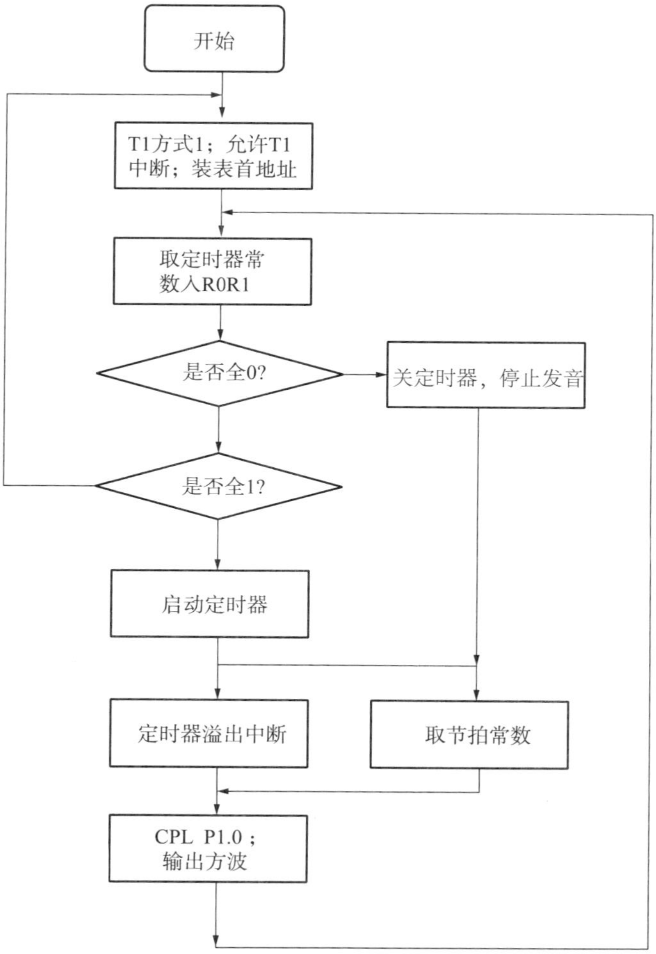

图 4－12　音乐播放器程序框图

2. 音乐播放器中断程序处理

单片机是智能控制核心器件，需要在执行程序过程中具备处理外界或内部随机发生事件的能力。这个能力是依靠单片机的中断系统来实现的，它是 CPU 与 I/O 接口设备间数据交换的一种控制方式。

3. 音乐播放器中断程序设计

中断程序主要由中断控制程序和中断服务程序两部分组成。中断控制程序用于实现对中断的控制，一般作为主程序的一部分同主程序一起运行。中断服务程序用于完成中断源所要求的操作，一般存储在中断入口地址所指向的存储区域内，作为子程序仅在发生中断后调用执行。

中断控制程序就是对中断的初始化操作，主要包括以下几点：

（1）主程序在 0000H 处放置一条无条件跳转指令，跳过中断入口程序地址段。

（2）设置 SP 值，将 SP 值改为用户存储区的高位地址段，一般应设为 30H 以上。

（3）定义中断允许及中断优先级控制，即设置特殊功能寄存器 IE 和 IP 的值。

（4）定义外部中断的触发方式，选择低电平触发还是下降沿触发。

中断服务程序设计主要考虑以下几点：

（1）应从对应的中断入口地址开始放置中断服务程序，而各中断入口地址间只有 8 个字节，一般中断服务程序都会超过 8 个字节，因此常在中断入口地址处加一条跳转指令，将程序指向实际中断服务程序存储区。

（2）如果中断服务程序要使用与主程序有关的寄存器，则必须保护现场。具体方法是用 PUSH 指令将相关寄存器数据压栈保护；在中断返回主程序前，再通过 POP 指令将刚才压栈保护的数据送回到相关寄存器中，即恢复现场。

（3）如果需要进行中断屏蔽操作，可在中断服务程序中关闭中断，即对相关的中断标志清 0，以禁止其他相关中断源的中断；同时应考虑何时再次打开中断，取消中断屏蔽。

（4）对不能实现硬件清 0 操作的中断请求标志，应采用编程及时清除中断请求标志。

音乐播放器中断处理程序参考：

```
        ORG   0000H
        LJMP  START
        ORG   001BH              ；定时器中断入口
        MOV   TH1，R1            ；装定时初值
        MOV   TL1，R0
        CPL   P1.0               ；输出方波
        RETI                     ；中断返回
        ORG   0010H
START：  MOV   TMOD，#10H         ；T1 方式 1
        MOV   IE，#88H           ；打开总中断，允许 T1 中断
        ……
```

4. 音乐播放器定时/计数器程序处理

在单片机应用系统中，通常有定时控制的需求，如定时输出、定时检测、定时扫描

等；也常需要对外界事件进行计数。其实要实现定时控制功能，可以采取以下 3 种方法。

① 软件定时：让 CPU 循环执行一段程序，通过选择指令和安排循环次数，以实现软件定时，如流水灯中的延时程序。软件定时不占用硬件资源，但占用了 CPU 的时间，降低了 CPU 的利用率。

② 采用时基电路定时：例如，采用 555 电路，外接必要的元器件，即可构成硬件定时电路。此种方法实现容易，改变电阻和电容值即可在一定范围内改变定时值。但在硬件连接好后，定时值不能由软件进行控制和修改。

③ 可编程芯片定时：单片机内部集成有定时/计数器，既可以由软件实现对定时值的控制和修改，又不占用过多的 CPU 时间。

单片机内部的定时/计数器就像闹钟一样，到一定时间或计数到一定数值才会采取一定措施，如向 CPU 发出中断申请。AT89S51 单片机内部集成了 T0 和 T1 两个定时/计数器，52 系列多集成了一个 T2 定时/计数器，自然也就是多了一些软件对其进行控制及响应。

（1）定时/计数器结构。定时/计数器实质上是一个 16 位的加 1 计数器，其内部结构如图 4－13 所示。它由高 8 位和低 8 位的两个寄存器组成，即 TH1 和 TL1 组成 T1，TH0 和 TL0 组成 T0。

作为定时/计数器的加 1 计数器，其输入的计数脉冲有两个来源，一个是由系统的时钟振荡器输出脉冲经 12 分频后送来的，此时定时/计数器做定时器使用；另一个是由 T0 或 T1 引脚输入的外部脉冲，此时定时/计数器做计数器使用。每当有一个脉冲输入，计数器加 1，当计数器为全“1”时，再输入一个脉冲，计数器归零且发生溢出，使 TCON 中的 TF0 或 TF1 置 1，向 CPU 发出中断请求（定时/计数器中断允许时）。

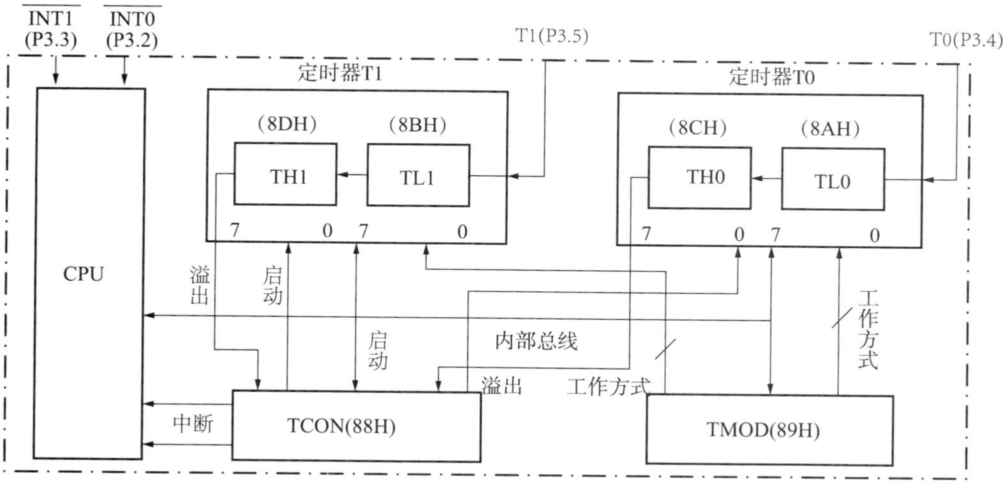

图 4－13　AT89S51 单片机定时/计数器结构

定时/计数器工作在定时模式时，加 1 计数器对内部机器周期计数（一个机器周期等于 12 个晶振周期，计数频率为晶振频率的 1/12）。计数值乘以机器周期就是定时时间。

定时/计数器工作在计数模式时，外部事件计数脉冲由 T0（P3.4）或 T1（P3.5）引脚输入到计数器中。在每个机器周期的 S5P2 期间采样 T0 和 T1 引脚电平。当某周期采样到一个高电平时输入，而下一周期又采样到一个低电平，则计数器加 1，更新的计数值在下一个机器周期的 S3P1 期间装入计数器。

显然音乐播放器的音符常数体现的是时间，因此定时/计数器工作在定时模式。

（2）定时/计数器控制。就像闹钟一样，单片机内部的这个定时/计数器也需要开启、定时等一系列的控制操作。AT89S51 单片机提供了 TMOD、TCON、TH1/TH0、TL1/TL0 等特殊功能寄存器。其中 TH1/TH0、TL1/TL0 用于存放定时/计数器的初始值，可以采用 MOV 指令给其传送数据实现时间的设定。

① 工作方式控制寄存器 TMOD。TMOD 是工作方式控制寄存器，其各位意义及格式如下。

	D7	D6	D5	D4	D3	D2	D1	D0
TMOD（89H）	GATE	$C/\overline{T}$	M1	M0	GATE	$C/\overline{T}$	M1	M0

定时/计数器工作方式控制寄存器 TMOD 用于控制和选择定时/计数器的工作方式，高 4 位控制 T1，低 4 位控制 T0，不能位寻址。

GATE：门控位。用来指定外部中断请求是否参与对定时/计数器的启动控制。当 GATE = 0 时，只要用软件使 TCON 中的 TR0 或 TR1 为 1，即可启动定时/计数器工作；当 GATE = 1 时，只有用软件使 TCON 中的 TR0 或 TR1 为 1，同时外部中断引脚 $\overline{INT0}$ 或 $\overline{INT1}$ 也为高电平时，才能启动定时/计数器工作。

$C/\overline{T}$：定时/计数器模式选择位。当 $C/\overline{T}=0$ 时为定时模式；当 $C/\overline{T}=1$ 时为计数模式。

M1、M0：工作方式设置位。定时/计数器有 4 种工作方式，由 M1、M0 设定，具体设定值见表 4-7。

表 4-7　定时/计数器工作方式设置表

M1、M0	工作方式	说明
00	方式 0	TL0/TL1 的低 5 位与 TH0/TH1 的高 8 位构成 13 位计数器
01	方式 1	TL0/TL1 的低 8 位与 TH0/TH1 的高 8 位构成 16 位计数器
10	方式 2	8 位自动重装初值的定时/计数器
11	方式 3	T0 分成两个独立的 8 位定时/计数器；T1 在此方式下停止计数

音乐播放器的内部定时器工作在定时模式下，内部启动，工作方式为 1，因此设置 TMOD 值的指令为：

```
MOV  TMOD, #10H
```

② 控制寄存器 TCON。TCON 既参与定时控制又参与中断控制，其格式及各位含义在前面已经讲过了，TCON 的低 4 位用于控制外部中断，高 4 位用于控制定时/计数器的启动和中断申请。

	8FH	8EH	8DH	8CH	8BH	8AH	89H	88H
TCON（88H）	TF1	TR1	TF0	TR0	IE1	IT1	IE0	IT0

当 TF1/TF0 =1 时，定时器有溢出中断请求；当 TF1/TF0 =0 时，定时器无溢出中断请求。

当 TR1/TR0 =1 时，启动定时器；当 TR1/TR0 =0 时，关闭定时器。

因此在设计音乐播放器程序时，简谱中如果有休止符，应该关闭定时器，停止蜂鸣器发声，指令为：

```
CLR  TR1
```

（3）定时/计数器工作方式。由 TMOD 特殊功能寄存器中 M1、M0 位控制的定时/计数器的工作方式共 4 种，在每种工作方式下，内部计数器的位数和功能均有所不同，在表 4－6 中略有体现，下面分别介绍这 4 种工作方式。

① 工作方式 0。当定时/计数器工作方式控制寄存器 TMOD 中 M1、M0 =00 时，定时/计数器工作在方式 0。定时/计数器内部的计数器为 13 位计数器，由 TH1/TH0 提供高 8 位，TL1/TL0 提供低 5 位。

在 TH1/TH0 和 TL1/TL0 中设置好计数初值，在定时/计数器启动的条件下即可进行加法计数，计数值满，定时器溢出中断请求标志位 TF1/TF0 置 1。此种工作方式下内部计数器的最大计数值为 $2^{13}=8\,192$。定时时间及计数值计算方法如下（f_{OSC}为时钟频率）。

定时模式下，定时时间：

$$\Delta t=（2^{13}-计算值）\times 机器周期=（8\,192-计数初值）\times 12/f_{OSC}$$

计数模式下，计数值：

$$C=2^{13}-计算初值=8\,192-计数初值$$

② 工作方式 1。当定时/计数器工作方式控制寄存器 TMOD 中 M1、M0 =01 时，定时/计数器工作在方式 1。定时/计数器内部的计数器为 16 位计数器，由 TH1/TH0 提供高 8 位，TL1/TL0 提供低 8 位。

在 TH1/TH0 和 TL1/TL0 中设置好计数初值，在定时/计数器启动的条件下即可进行加法计数，计数值满，定时器溢出中断请求标志位 TF1/TF0 置 1。此种工作方式下内部计数器的最大计数值为 $2^{16}=65\,536$。定时时间及计数值计算方法如下。

定时模式下，定时时间：

$$\Delta t=（2^{16}-计算值）\times 机器周期=（65\,536-计数初值）\times 12/f_{OSC}$$

计数模式下，计数值：

$$C=2^{16}-计算初值=65\,536-计数初值$$

③ 工作方式 2。当定时/计数器工作方式控制寄存器 TMOD 中 M1、M0 =10 时，定时/计数器工作在方式 2。定时/计数器内部的计数器为自动重装初值的 8 位计数器。

两个 8 位计数器中 TL1/TL0 作为加法计数器，TH1/TH0 作为预置常数寄存器。当 TL1/TL0 计数满时，将中断请求 TF1/TF0 置 1，同时将 TH1/TH0 中预置的计数初值以硬件方法自动装入 TL1/TL0 中。此种工作方式下内部计数器的最大计数值为 $2^{8}=256$。定时时间及计数值计算方法如下。

定时模式下，定时时间：

$$\Delta t = (2^8 - \text{计算值}) \times \text{机器周期} = (256 - \text{计数初值}) \times 12/f_{OSC}$$

计数模式下，计数值：

$$C = 2^8 - \text{计算初值} = 256 - \text{计数初值}$$

④ 工作方式3。当定时/计数器工作方式控制寄存器 TMOD 中 M1、M0 = 11 时，定时/计数器工作在方式3。定时/计数器 T0 可拆分成两个独立的8位定时/计数器使用，T1相当于 TR1 = 0，停止计数不变。

工作方式3只适用于定时/计数器 T0，此时 T0 分成两个独立的8位计数器 TL0 和 TH0，TL0 使用 T0 的所有控制位：$C/\overline{T}$、GATE、TR0、TF0、$\overline{INT0}$。当 TL0 计数满发生溢出时，由硬件使 TF0 置1，向 CPU 发出中断请求。而 TH0 固定为定时方式，并且借用了 T1 的控制位 TR1、TF1。因此，TH0 的启、停受 TR1 控制，TH0 的溢出将置位 TF1。

T0 在工作方式3下，定时、计数值计算方法与方式2相同。

当 T0 在工作方式3时，T1 仍然可在工作方式0、1、2下工作，由于其 TR1、TF1 被 T0 的 TH0 占用，因而没有计数溢出标志可供使用，计数溢出时只能将输出结果送至串行口，即用作串行口波特率发生器。

（4）音乐播放器定时/计数器的程序设计

① 定时/计数器初始化编程。AT89S51 单片机内部定时/计数器工作需要在程序设计时对其内部特殊功能寄存器 TMOD、TCON、TH1/TH0 和 TL1/TL0 进行设置。这称为定时/计数器初始化编程，主要包括以下几个方面：

a. 设定定时/计数器工作方式控制寄存器 TMOD。

b. 确定定时/计数器的初值，并将其送入 TH1/TH0 和 TL1/TL0，计算初值的方法如下（f_{OSC}为时钟频率，n 为定时/计数器位数，Δt 为设定时间，C 为计数值）。

定时模式下：

$$\text{定时计数初值} = 2^n - \Delta t \div 12 \times f_{OSC}$$

计数模式下：

$$\text{计数初值} = 2^n - C$$

当定时/计数器工作在除工作方式2外的方式下，且采用中断编程方式时，在中断服务程序中必须重置内部计数器初值，以保证定时/计数值不变。

c. 将 TCON 寄存器中的 TR1/TR0 置位，启动定时/计数器 T1/T0。

② 设计音乐播放器定时/计数器程序。按照定时/计数器初始化编程步骤，设计音乐播放器定时/计数器初始化程序思路。

P1.0 口每隔音符半周期翻转一次电平，即可输出音符方波，故应编程实现音符半周期的定时；选择定时/计数器 T1 工作在方式1，设置工作方式寄存器为10H，根据乐曲的音符编写定时初值数据表，将定时初值送入16位定时器 TH1 和 TL1，启动定时/计数器 T1。

5.《新年好》音乐播放器程序设计

经过前面的分析，本任务中的音乐播放器程序是一个查表指令与定时器中断的完美结合，参考程序如下：

```
ORG   0000H
LJMP   START
ORG   001BH                        ；定时器中断入口
MOV   TH1，R1                      ；重装定时初值
MOV   TL1，R0
CPL   P1.0                         ；输出方波
RETI                               ；中断返回
ORG   0010H
START：MOV   TMOD，#10H             ；T1 方式 1
MOV   IE，#88H                     ；允许 T1 中断
MOV   DPTR，#TAB                   ；装入表首址
LOOP：CLR   A
MOVC   A，@A+DPTR
MOV   R1，A                        ；定时器高 8 位存 R1
INC   DPTR
CLR   A
MOVC   A，@A+DPTR
MOV   R0，A                        ；低 8 位存 R0
ORL   A，R1
JZ   NEXT0                         ；全 0 为休止符
MOV   A，R0
ANL   A，R1
CJNE   A，#0FFH，NEXT              ；全 1 表示乐曲结束
SJMP   START                       ；从头开始，循环演奏
NEXT：MOV   TH1，R1                 ；装入定时值
MOV   TL1，R0
SETB   TR1
SJMP   NEXT1
NEXT0：CLR   TR1                    ；关定时器，停止发音
NEXT1：CLR   A
INC   DPTR
MOVC   A，@A+DPTR                  ；查延迟常数
MOV   R2，A
LOOP1：LCALL   D187                 ；调用延时 187 ms 子程序
DJNZ   R2，LOOP1                   ；控制延时次数
INC   DPTR
AJMP   LOOP                        ；处理下一音符
```

```
D187: MOV R7, #02; 延时 187ms 子程序
D2:   MOV R4, #187
D3:   MOV R3, #248
      DJNZ R3, $
      DJNZ R4, D3
      DJNZ R7, D2
      DJNZ R5, D187
      RET
TAB:  DB 0FEH, 22H, 02H, 0FEH, 22H, 02H, 0FEH, 22H, 04H
      DB 0FDH, 82H, 04H, 0FEH, 85H, 02H, 0FEH, 85H, 02H
      DB 0FEH, 85H, 04H, 0FEH, 22H, 04H, 0FEH, 22H, 02H
      DB 0FEH, 85H, 02H, 0FEH, 0C1H, 04H, 0FEH, 0C1H, 04H
      DB 0FEH, 9AH, 02H, 0FEH, 4FH, 02H, 0FEH, 4FH, 04H
      DB 00H, 00H, 04H, 0FFH, 0FFH
END
```

6.《祝你平安》音乐播放器程序设计

```
ORG  0000H
   LJMP  START
ORG  000BH
   INC  20H               ; 中断服务, 中断计数器加 1
   MOV  TH0, #0D8H
   MOV  TL0, #0EFH        ; 12 MHz 晶振, 形成 10 ms 中断
   RETI
START:
   MOV  SP, #50H
   MOV  TH0, #0D8H
   MOV  TL0, #0EFH
   MOV  TMOD, #01H
   MOV  IE, #82H
MUSIC0:
   NOP
   MOV  DPTR, #DAT        ; 表头地址送 DPTR
   MOV  20H, #00H         ; 中断计数器清 0
   MOV  B, #00H           ; 表序号清 0
```

```
MUSIC1:
    NOP
    CLR   A
    MOVC   A, @A+DPTR              ; 查表取代码
    JZ   END0                      ; 是 00H，则结束
    CJNE   A, #0FFH, MUSIC5
    LJMP   MUSIC3
MUSIC5:
    NOP
    MOV   R6, A
    INC   DPTR
    MOV   A, B
    MOVC   A, @A+DPTR              ; 取节拍代码送 R7
    MOV   R7, A
    SETB   TR0                     ; 启动计数
MUSIC2:
    NOP
    CPL   P3.3                     ; 音频输出端口
                                   ; CPL P1.0
    MOV   A, R6
    MOV   R3, A
    LCALL   DEL
    MOV   A, R7
    CJNE   A, 20H, MUSIC2          ; 中断计数器（20H）=R7 否？
                                   ; 不等，则继续循环
    MOV   20H, #00H                ; 等于，则取下一代码
    INC   DPTR

    LJMP   MUSIC1
MUSIC3:
    NOP
    CLR   TR0                      ; 休止 100 ms
    MOV   R2, #0DH
MUSIC4:
    NOP
    MOV   R3, #0FFH
    LCALL   DEL
```

```
    DJNZ  R2, MUSIC4
    INC  DPTR
    LJMP  MUSIC1
END0:
    NOP
    MOV  R2, #64H          ; 歌曲结束，延时1 s后继续
MUSIC6:
    MOV  R3, #00H
    LCALL  DEL
    DJNZ  R2, MUSIC6
    LJMP  MUSIC0
DEL:
    NOP
DEL3:
    MOV  R4, #02H
DEL4:
    NOP
    DJNZ  R4, DEL4
    NOP
    DJNZ  R3, DEL3
    RET
    NOP
DAT:
db 26H, 20H, 20H, 20H, 20H, 20H, 26H, 10H, 20H, 10H, 20H, 80H,
26H, 20H, 30H, 20H
db 30H, 20H, 39H, 10H, 30H, 10H, 30H, 80H, 26H, 20H, 20H, 20H,
20H, 20H, 1CH, 20H
db 20H, 80H, 2bH, 20H, 26H, 20H, 20H, 20H, 2bH, 10H, 26H, 10H,
2bH, 80H, 26H, 20H
db 30H, 20H, 30H, 20H, 39H, 10H, 26H, 10H, 26H, 60H, 40H, 10H,
39H, 10H, 26H, 20H
db 30H, 20H, 30H, 20H, 39H, 10H, 26H, 10H, 26H, 80H, 26H, 20H,
2bH, 10H, 2bH, 10H
db 2bH, 20H, 30H, 10H, 39H, 10H, 26H, 10H, 2bH, 10H, 2BH, 20H,
2bH, 40H, 40H, 20H
db 20H, 10H, 20H, 10H, 2BH, 10H, 26H, 30H, 30H, 80H, 18H, 20H,
18H, 20H, 26H, 20H
```

```
db 20H, 20H, 20H, 40H, 26H, 20H, 2BH, 20H, 30H, 20H, 30H, 20H,
1cH, 20H, 20H, 20H
db 20H, 80H, 1cH, 20H, 1cH, 20H, 1CH, 20H, 30H, 20H, 30H, 60H,
39H, 10H, 30H, 10H
db 20H, 20H, 2BH, 10H, 26H, 10H, 2BH, 10H, 26H, 10H, 26H, 10H,
2bH, 10H, 2BH, 80H
db 18H, 20H, 18H, 20H, 26H, 20H, 20H, 20H, 20H, 60H, 26H, 10H,
2BH, 20H, 30H, 20H
db 30H, 20H, 1CH, 20H, 20H, 20H, 20H, 80H, 26H, 20H, 30H, 10H,
30H, 10H, 30H, 20H
db 39H, 20H, 26H, 10H, 2BH, 10H, 2bH, 20H, 2BH, 40H, 40H, 10H,
40H, 10H, 20H, 10H
db 20H, 10H, 2BH, 10H, 26H, 30H, 30H, 80H, 00H

END
```

《单片机系统设计及应用》学习情境过程考核单

学习情境：音乐播放器　　组别：　　指导教师：　　日期：

姓名		学号				成绩	A + B + C
考核项目	考核点	考核人	分值	考核等级			得分
				优秀	良好	中等	稍差	
学习过程考核（50 分）	遵守操作规程	队友	5					A
	实际操作技能	教师	15					
	发现与分析问题	队友	15					
	积极解决问题	教师	15					
学习结果考核（30 分）	完成速度	队友	10					B
	任务完成	教师	20					
生活行为考核（20 分）	节约材料	队友	5					C
	爱护设备	队友	5					
	合作意识	队友	10					

小组讨论及设计题

1. 简述什么是中断及单片机响应中断的流程。

2. AT89S51 单片机有哪些中断源？

3. 单片机中断响应条件有哪些？

4. 各中断源发出中断申请时，需要设置的标志位分别是什么？

5. 中断标志位被置 1 后，CPU 是否会查询，还需要进行什么设置 CPU 才会查询中断标志位？

6. 简述单片机是如何对中断的优先级进行控制的？

7. AT89S51 单片机内部设有几个定时/计数器？它们分别由哪些特殊功能寄存器组成？

8. AT89S51 单片机定时/计数器 T0/T1 有哪几种工作方式？它们分别代表什么？

9. 编程时如何对中断和定时/计数器进行初始化？

10. 简述音乐播放器是如何使单片机引脚输出方波的。

学习情境5　八人表决器

学习情境导学

八人表决器是以两个单片机为基础，通过单片机串行端口进行联机通信的典型案例。本学习情境将设计八人表决器。通过表决器硬件系统设计和表决器软件系统设计两大任务驱动，读者能掌握单片机串行通信的工作方式，并具备应用单片机串行端口进行单片机系统开发的技能。

学习目标

1. 知识目标

（1）了解串行通信和并行通信的特点。

（2）掌握 AT89S51 单片机串行端口的连接方法。

（3）理解串行端口的波特率。

（4）掌握单片机串行端口的 4 种工作方式。

2. 技能目标

（1）熟练处理单片机串行端口的连接。

（2）熟练设计单片机串行通信的发送及接收程序。

3. 情感目标

（1）具有独立思考和开拓创新的能力。

（2）具有较强的逻辑思维能力。

（3）具有较强的获取和接受新知识的能力。

（4）具有较强的计划、组织、协调和团队合作能力。

（5）具有较强的口头与书面表达能力、人际沟通能力。

教学设备

装有 KEIL 和 Proteus 软件的计算机一台。

学习任务单

<table>
<tr><th>项目名称</th><th>八人表决器</th><th>项目实施方式</th><th>Proteus 仿真</th></tr>
<tr><td colspan="4">任务 5.1：表决器硬件系统设计　　建议学时：2 学时　　难度系数：★★★</td></tr>
<tr><td colspan="2">学习活动设计：
以小组为单位在教师引导下设计表决器电路；教师点评各组电路设计结果；确定最终方案</td><td colspan="2">技能点：
（1）双机通信硬件设计
（2）AT89S51 串行端口应用</td></tr>
<tr><td colspan="4">任务 5.2：表决器软件系统设计　　建议学时：2 学时　　难度系数：★★★★</td></tr>
<tr><td colspan="2">学习活动设计：
从发送和接收两个角度分别引导学生进行程序设计；用 Proteus 软件仿真实验现象；逐步修改并完善程序</td><td colspan="2">技能点：
（1）程序设计思维锻炼
（2）串行通信程序设计</td></tr>
</table>

任务5.1　表决器硬件系统设计

近年来，电子表决器在各种比赛、会议中被广泛应用。电子表决器不仅省去了人工统计的烦琐工作，而且也保证了表决的私密性和准确性。本任务将设计一个八人表决器，使 8 个评委的表决结果通过 8 盏灯的亮灭显示出来。

方案设计思路为：在评委席放置一个按键系统，通过单片机 A 读取评委席中 8 个按钮的按下状态，通过数据线将数据传送给单片机 B，然后将数据通过与单片机 B 连接的 8 盏灯显示出来。表决器结构图如图 5－1 所示。

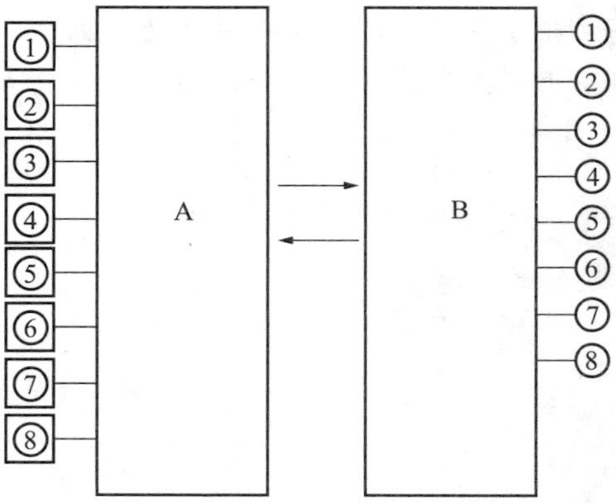

图 5－1　表决器结构图

5.1.1　单片机串行 I/O 接口应用

随着单片机系统的广泛应用和计算机网络技术的普及，单片机的通信功能越来越重要。单片机的通信通常是指单片机与计算机之间，或者单片机与单片机之间的信息交换。

在学习情境 1 中介绍了单片机的主要引脚，除了单片机最小系统的必要引脚外，还介绍了单片机的 4 个 I/O 接口 P0、P1、P2 和 P3。其中 P3 口除了可以做普通 I/O 接口使用外，还具有第二种功能，见表 1－3。P3.0（10 脚）和 P3.1（11 脚）引脚的第二种功能是关于串行端口数据通信的。P3.0 引脚为串行端口数据接收端（Receive Data，RXD），P3.1 引脚为串行端口数据发送端（Transmit Data，TXD）。

1. 基本通信方式

通信有并行通信和串行通信两种通信方式。在单片机系统中，多采用串行通信方式进行数据交换。并行通信通常是将数据字节的各位用多条数据线同时进行传送，每一位数据都需要一条传输线。对于单片机来讲，一次传输一个字节的数据，就需要 8 条数据线，此外还有一条信号线和若干控制信号线。这种数据传送的方式就像“8 车道”一样各条线同时传送，传输速度快，但需要的传输线较多，适合短距离数据传输。并行通信示意图如图 5－2 所示。

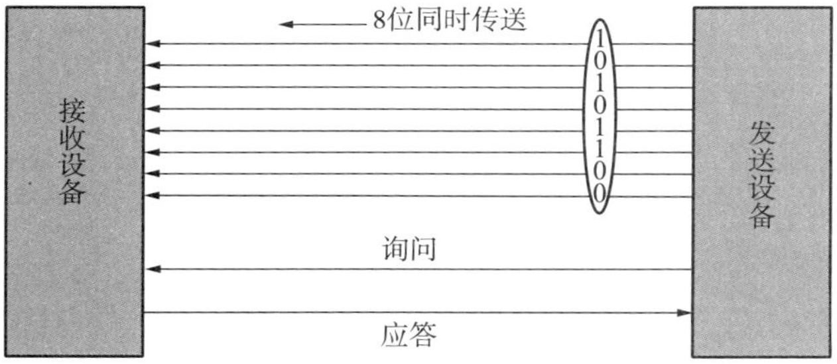

图 5－2　并行通信示意图

串行通信是将数据字节分成一位一位的形式在一条数据线上逐个传送，此时仅需一根数据线，再加上一条公共信号地线和若干控制信号线。这种数据传送方式就像“单车道”一样各位分时传送，传输速度较低，但节省传输线路，适合远距离的数据传输。串行通信示意图如图 5－3 所示。

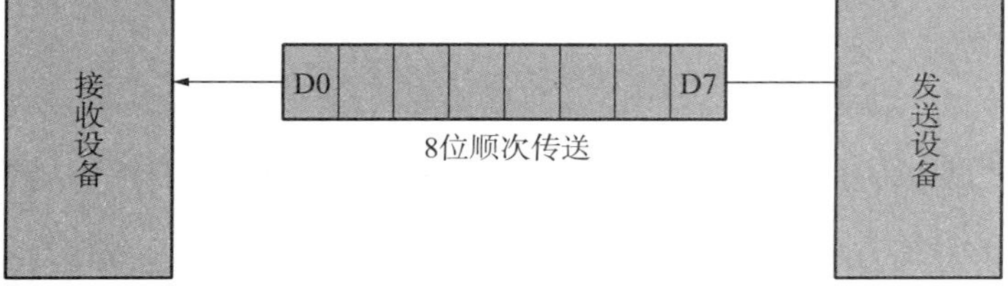

图 5－3　串行通信示意图

（1）串行通信方式。串行通信方式又分异步串行通信方式和同步串行通信方式两种。异步与同步是指单片机发送设备与接收设备的时钟控制差值问题。异步串行通信是指通信的发送和接收设备使用各自的时钟控制数据的发送和接收过程，而同步串行通信是指在通信时建立发送方对接收方的时钟的直接控制，使双方达到完全同步。由于异步串行通信方式不要求收发双方时钟的严格一致，容易实现，设备开销较小，因此在单片机与单片机之间，或者单片机与计算机之间通信时，通常采用异步串行通信方式。

异步串行通信是以字符（构成的帧）为单位进行传输的，异步串行通信的一帧信息由四部分组成：起始位、数据位、奇偶校验位和停止位，其格式如图 5－4 所示。

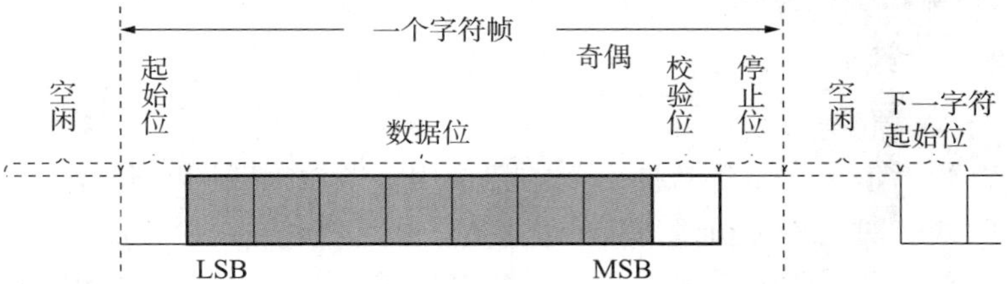

图 5－4　异步串行通信数据格式

（2）串行通信的制式。串行通信依数据传输方向及时间关系可分为单工（Simplex）、半双工（Half Duplex）和全双工（Full Duplex）3 种。其传输方式示意图如图 5－5 所示。

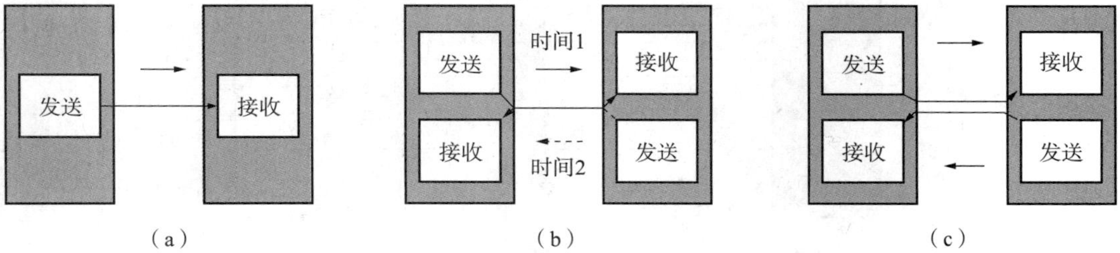

图 5－5　串行通信传输方向示意图

（a）单工；（b）半双工；（c）全双工

单工是指两个通信设备中一个只能做发送、一个只能做接收，数据传送方向是单方向的，如图 5－5（a）所示。

半双工是指两个通信设备中都有一个发送器和一个接收器，相互可以发送和接收数据，但它们不能同时在两个方向上传送，即每次只能有一个发送器和一个接收器工作，如图 5－5（b）所示。

全双工是指两个通信设备可以同时发送和接收数据，数据传送可以同时在两个方向进行。尽管许多串行通信端口电路具有全双工功能，但在实际应用中，大多数情况下这些工作设备只工作于半双工方式，如图 5－5（c）所示。

（3）串行通信的错误校验。无论在哪种通信过程中，对数据传送的正确性校验是必不可少的。常用的校验方法有奇偶校验、代码和校验及循环冗余校验等。

① 奇偶校验。奇偶校验即对传送的数据中“1”的个数加上校验位“1”的个数之和为奇数还是偶数进行校验。当约定为奇校验时，数据中“1”的个数加上校验位“1”的个数之和应为奇数，反之应为偶数。接收方和发送方的校验方式应一致。接收字符时，对“1”的个数进行校验，若发现不一致，则说明传输数据过程中出现了差错。

② 代码和校验。代码和校验是发送方将所发送的数据块求和（或各字节异或），产生一个字节的校验字符（校验和）附加到数据块末尾。接收方接收数据的同时对数据块（除校验字节外）求和（或各字节异或），将所得的结果与发送方的“校验和”进行比较，相符则无差错，否则即认为传送过程中出现了差错。

③ 循环冗余校验。循环冗余校验是通过数学运算实现有效信息与校验位之间的循环校验，常用于对磁盘信息的传输、存储区的完整性校验等。这种校验方法纠错能力强，被广泛应用于同步通信中。

（4）串行端口传输速率。串行通信的数据传输速率是用波特率表示的。波特率是指每秒钟传输二进制代码的位数，单位是位/秒（bps）。若每秒钟传送240个字符，而每个字符格式包含10个位（1个起始位、1个校验位、1个停止位和7个数据位），则波特率为：

$$10\text{位个字符}\times 240\text{个字符/秒}=2\ 400\ \text{bps}$$

波特率越高，数据传输速度越快，一般异步通信的波特率为50～9 600 bps。

（5）串行端口连接。根据通信距离的不同，串行端口的电路连接方式也是不同的。

当传输距离很近时，仅需两根信号线（TXD、RXD）和一根地线（GND）即可实现互连，如图5-6所示。

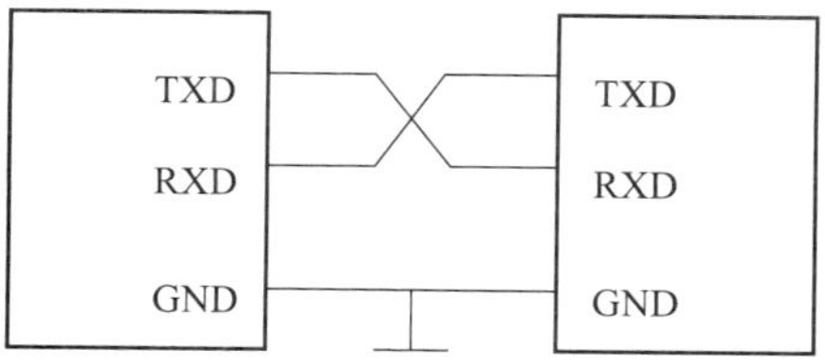

图5-6　三线连接

当距离在15 m以内，可采用RS-232接口实现互连，如图5-7所示。

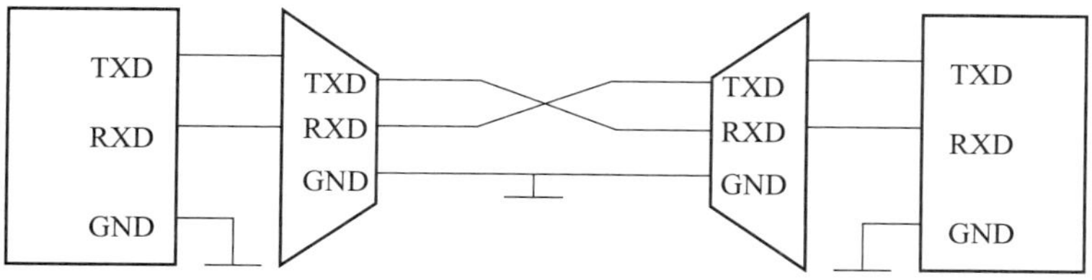

图5-7　RS-232接口连接

当实现远程通信时，则需要借助公共电话网进行数据通信。由于计算机通信要求是数字信号，而公共电话网是为300～3 400 Hz的音频模拟信号设计的，不适合二进制的传输，因此，通常在发送端把数字信号转换为模拟信号，这个过程称为调制，通过调制器完成；在接收端从电话网上接收数据时，需要将模拟信号恢复成数字信号，这个过程称为解调，通过解调器完成。将调制器和解调器合并在一起为调制解调器，也就是人们所说的MODEM（猫），如图5-8所示。

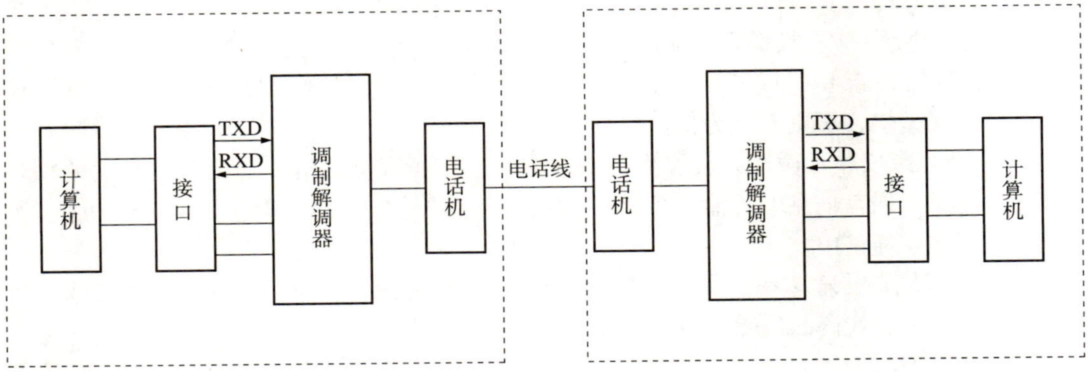

图5-8　Modem远程连接

2. 串行端口的结构及工作方式

（1）串行端口的结构。AT89S51单片机的串行端口是一个可编程的全双工通信接口，可作为通用异步接收和发送器UART使用，也可作为同步移位寄存器使用。其帧格式为8位、10位或11位，并可以设置多种不同的波特率，通过RXD（P3.0）和TXD（P3.1）与外界进行通信。

AT89S51的串行端口主要由两个独立的串行数据缓冲寄存器SUBF（一个发送缓冲寄存器和一个接收缓冲寄存器）、串行端口控制寄存器、输入移位寄存器及若干控制门电路组成，其结构如图5-9所示。

（2）串行端口相关寄存器。

① 串行端口数据缓冲器SUBF。AT89S51单片机通过串行端口接收数据需要有一个类似收发室功能的寄存器暂存接收来的数据，串行端口缓冲器SUBF起到了这个作用。通过对SUBF的读写操作，其可实现对串行接收或串行发送寄存器的访问，串行接收和串行发送寄存器在串行端口内部是两个独立的存储单元，共同使用一个地址99H。发送缓冲器只能写入，不能读出；接收缓冲器只能读出，不能写入。串行发送和接收速率与移位时钟同步，定时器T1作为串行通信的波特率发生器，T1溢出率经2分频（或不分频）后又经16分频作为串行发送或接收的移位时钟。串行端口数据传送使用的是内部数据传送指令“MOV　A，SUBF”或“MOV　SUBF，A”。当执行“写”操作时，访问串行发送寄存器；当执行“读”操作时，访问串行接收寄存器。

AT89S51单片机传送“00101011”的过程如图5-10所示。当向SUBF发“写”指令时（MOV　SUBF，A），即向发送缓冲器SUBF装载并开始由TXD引脚向外发送一帧数据，数据发送完成后发送中断标志TI=1；在串行端口接收中断标志RI=0的条件下，置允许接收位REN=1就会启动接口的接收过程，一帧数据一位一位地进入移位寄存器，然后装载到接收 SUBF 中，同时 RI = 1。执行读 SUBF 的命令（MOV　A，SUBF），则由接收缓冲器 SUBF 取出信息并通过内部总线送入 CPU 中。

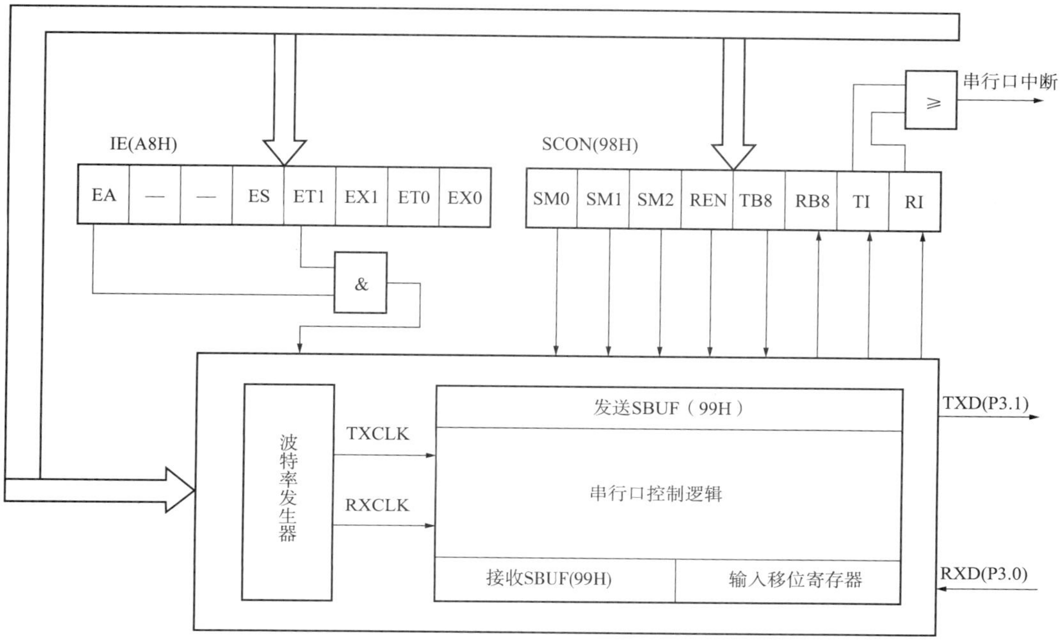

图 5－9　AT89S51 串行端口结构框图

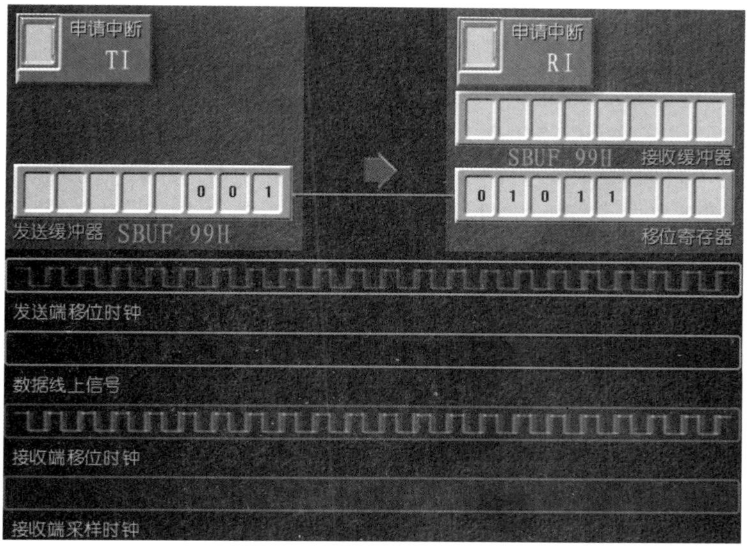

图 5－10　数据传送过程

② 串行端口控制寄存器 SCON。AT89S51 单片机串行端口数据的接收与发送控制的设置及工作方式的设定都是通过对串行端口控制寄存器 SCON 编程确定的。其地址为 98H，

可位寻址，其各位格式及功能如下。

	9FH	9EH	9DH	9CH	9BH	9AH	99H	98H
SCON（98H）	SM0	SM1	SM2	REN	TB8	RB8	TI	RI

SM0、SM1：串行端口工作方式选择位，工作方式选择见表5-1，其中f_{osc}是晶体振荡器频率。

表5-1 串行端口工作方式选择

方式	SM0	SM1	功能	波特率
0	0	0	同步移位寄存器	$f_{osc}/12$
1	0	1	10位UART	可变
2	1	0	11位UART	$f_{osc}/64$或$f_{osc}/32$
3	1	1	11位UART	可变

SM2：多机通信控制位。在方式0下，SM2应为0；在方式1下，如果SM2=0，则只有收到有效的停止位时才会激活RI；在方式2和方式3下，如果将SM2置1，则只有在收到的第9位数据为1时，RI被激活（RI=1，申请中断，要求CPU取走数据）。

REN：允许接收控制位，由软件置位或清0。当REN=1时，允许接收；当REN=0时，禁止接收。

TB8：在方式2和方式3下，存放要发送的第9位数据，常用作奇偶校验位。在多机通信中，可作为区别地址帧或数据帧的标识位，若为地址帧，TB8=1；若为数据帧，TB8=0。

RB8：在方式2和方式3下，存放接收到的第9位数据；在方式1下，如果SM2=0，则该位为接收到的停止位；方式0不用此位。

TI：发送中断标志。在方式0下，发送完第8位数据位时，由硬件置位；在其他方式下，当开始发送停止位时，由硬件将TI置位，即向CPU申请中断，CPU可以发送下一帧数据。在任何方式下，TI必须由软件清0。

RI：接收中断标志。在方式0下，接收完第8位数据位时，由硬件置位；在其他方式下，当接收到停止位时RI置位，申请中断，要求CPU取走数据。RI必须由软件清0。

③ 电源管理寄存器PCON。AT89S51单片机电源管理寄存器PCON用来管理单片机的电源部分，包括上电复位检测、掉电模式、空闲模式等。单片机复位时PCON全部被清0。其字节地址为87H，不能位寻址，但各位有其独特的含义，其各位格式和功能如下。

PCON（87H）	SMOD	SMOD0	LVDF	POF	GF1	GF0	PD	IDL

SMOD：标识串口通信波特率。当SMOD=0，在工作方式1、2、3时，波特率正常；当SMOD=1，在工作方式1、2、3时，波特率加倍。

GF1、GF0：这两个为通用标志位，用户可以自由使用。

PD：工作模式位。当 PD =0 时，为正常工作状态；当 PD =1 时，掉电模式。掉电模式下，外部晶振停振，CPU、定时器、串行端口全部停止工作，只有外部中断继续工作，可由外部中断低电平触发或由下降沿触发或由硬件复位唤醒。

IDL：空闲模式设定位。当 IDL =0 时，单片机处于正常工作状态；当 IDL =1 时，单片机进入空闲模式。空闲模式下，除 CPU 不工作外，其余硬件继续工作，CPU 可由任意一个中断或硬件复位唤醒。

SMOD0、LVDF、POF 是 STC 单片机的特有功能。

3. 串行端口的4种工作方式

在串行端口控制寄存器 SCON 中通过对 SM0、SM1 位的设置来定义串行端口的工作方式。具体设置方法如表5－1所示。

（1）工作方式0。工作方式0下串行端口工作在同步移位寄存器方式。此时串行端口相当于一个并入串出或串入并出的移位寄存器。数据从 RXD 输入或输出（低位在先，高位在后），TXD 输出同步移位时钟，其传输波特率固定为 $fosc/12$。

对发送数据缓冲器 SBUF 写入一个数据，即执行指令“MOV SBUF，A”则启动发送过程，当8位数据传送完毕后，T1 被置1。接收数据时，必须先使 REN =1、RI =0，当8位数据接收完后，RI 会置1，此时可由“MOV A，SBUF”将数据读入累加器。若要再次发送和接收数据，必须用软件将 TI、RI 清0。这种方式常用于扩展单片机并行输入或输出接口。

（2）工作方式1。工作方式1下串行端口工作于10位数据的异步通信方式。TXD 为数据发送引脚，RXD 为数据接收引脚，传送一帧数据的格式如图5－11所示，帧数据格式为10位（8位数据位，起始位、停止位各一位）。其传输波特率是可变的，AT89S51 串行端口的波特率由工作在方式2下的定时器 T1 的溢出率决定。此方式时常设置定时器 T1 工作在方式2下，且禁止中断。

波特率 = $(2^{SMOD}/32) \times$ T1 的溢出率 = $(2^{SMOD}/32) \times f_{OSC}/[12 \times (256 - X)]$

式中，SMOD 为特殊功能寄存器 PCON 中的最高位，当 SMOD =1 时，表示波特率加倍，当 SMOD =0 时，表示波特率不加倍；X 为定时器 T1 的初值。

图5－11 串行端口在工作方式1下传送一帧数据的格式

当串行端口以工作方式1接收时，需控制 SCON 中的 REN 为1，此时对 RXD 引脚进行采样，当采样到起始位有效时，开始接收数据。当一帧数据接收完毕，且 RI =0、SM2

=0 或接收到 RB8 =1 时，接收的数据有效，此时可利用读接收寄存器指令“MOV A, SBUF”将数据送入 CPU，同时将 RI 置 1。若要再次发送和接收数据，必须用软件将 TI、RI 清 0。

（3）工作方式 2 和工作方式 3。工作方式 2 和工作方式 3 下串行端口工作于 11 位数据的异步通信方式，帧数据格式为 11 位（起始位 1 位、8 位数据位、1 位可编程数据位、1 位停止位）。其数据格式如图 5－12 所示。

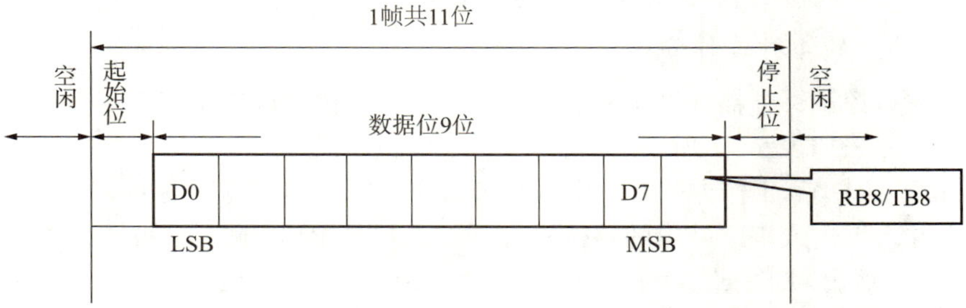

图 5－12　串行端口在工作方式 2 和工作方式 3 下的数据格式

工作方式 2 与工作方式 3 的差别仅在于，工作方式 2 的波特率为 $f_{OSC}/32$（SMOD =1）或 $f_{OSC}/64$（SMOD =0），而工作方式 3 与工作方式 1 一样，波特率是可变的，是由定时器 T1 的溢出率决定的。

发送时，由软件设置 TB8 后构成第 9 位数据进行发送，TB8 可作为多机通信中的地址/数据信息的标志位，也可作为奇偶校验位。工作方式 2、工作方式 3 的发送过程与工作方式 1 的发送过程类似。

工作方式 2、工作方式 3 的接收过程与工作方式 1 类似，但接收到第 9 位数据后，系统会将这一数据送入 RB8 中。

在串行通信中，收发双方对发送或接收数据的速率要有约定。通过软件可对单片机串行端口编程为 4 种工作方式，其中工作方式 0 和工作方式 2 的波特率是固定的，而工作方式 1 和工作方式 3 的波特率是可变的，由定时器 T1 的溢出率决定。

串行端口的 4 种工作方式对应 3 种波特率。由于输入的移位时钟的来源不同，因此各种方式的波特率计算公式也不相同。

工作方式 0 的波特率 $=f_{OSC}/12$

工作方式 1 的波特率 = $(2^{SMOD}/32) \times$（T1 溢出率）

工作方式 2 的波特率 = $(2^{SMOD}/64) \times f_{OSC}$

工作方式 3 的波特率 = $(2^{SMOD}/32) \times$（T1 溢出率）

在单片机应用系统中，常用的晶振频率为 12 MHz、6 MHz 和 11.0592 MHz，所以选用的波特率也相对固定。常用的串行端口波特率及各参数关系见表 5－2。

表 5－2　常用波特率与定时器 1 的参数关系

波特率/bps		f_{osc}/MHz	SMOD	定时器 T1		
				C/$\overline{T}$	方式	定时初值
方式 0	最大 1 M	12	×	×	×	×
方式 2	最大 375 k	12	1	×	×	×
方式 1 和方式 3	62.5 k	12	1	0	2	0FFH
	1.2 k	12	0	0	2	0E6H
	19.2 k	11.0592	0	0	2	0FDH
	9.6 k	11.0592	0	0	2	0FDH
	4.8 k	11.0592	0	0	2	0FAH
	2.4 k	11.0592	0	0	2	0F4H
	1.2 k	11.0592	0	0	2	0E8H
	137.5	11.0592	0	0	2	1DH
	110	6	0	0	2	72H
	55	6	0	0	1	0FEEBH

4. 串行通信的常用标准接口

AT89S51 单片机与其他 51 单片机或 PC 进行串行通信时，AT89S51 单片机串行接口的信号电平为 TTL 类型，抗干扰能力差，传输距离短。为了提高串行通信的可靠性，延长通信距离，工程设计人员一般采用标准串行接口，如 RS－232C、RS－422A、RS－485。这 3 种接口的标准最初都是美国电子工业联盟（EIA）制定并发布的。

（1）RS－232C 接口。RS－232C 接口实际上是一种串行通信标准，它是目前 PC 与通信工业中应用最广泛的一种串行端口。它适合于数据传输速率为 0～20 kbps 的通信，最大传输距离为 15 m 时，只能实现一收一发通信方式。

① 信号接口。目前较为常用的 RS－232C 接口连接器有 9 针串口（DB－9）和 25 针串口（DB－25）两种，其结构如图 5－13 所示。

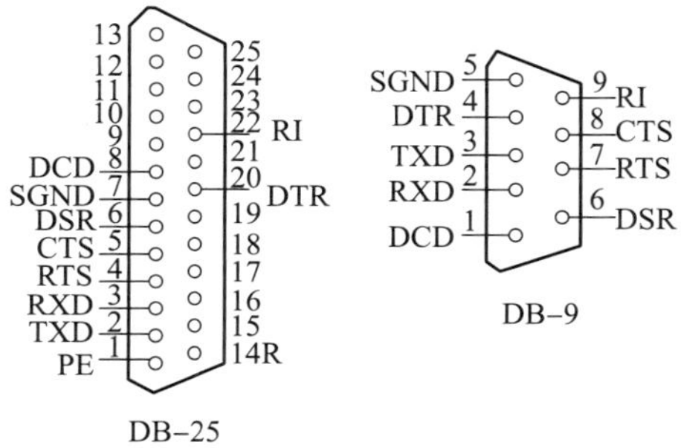

图 5－13　RS－232 连接器结构

在计算机与终端设备通信的过程中，DB－25 一般只是用 3～9 根信号线，最常用的 9 个引脚的信号内容见表 5－3。

表 5－3　DB－9 和 DB－25 常用引脚说明

DB－9 引脚	DB－25 引脚	信号名称	符号	功能
3	2	发送数据	TXD	发送串行数据
2	3	接收数据	RXD	接收串行数据
7	4	发送请求	RTS	请求将线路切换到发送方式
8	5	允许发送	CTS	线路已接通可以发送数据
6	6	数据准备就绪	DSR	准备就绪
5	7	信号地	SGND	信号公共地
1	8	载波检测	DCD	接收到远程载波
4	20	数据准备就绪	DTR	准备就绪
9	22	振铃指示	RI	数据通信接通，终端设备被呼叫

② 逻辑电平。RS－232C 是早期为公用电话网络进行数据通信而制定的标准。它采用负逻辑，有以下几项规定。

a. －15～－3 V 规定为逻辑 1。

b. ＋3～＋15 V 规定为逻辑 0。

c. －3～＋3 V 为过渡区，不做定义。

③ 电平转化电路。RS－232C 信号的电平与单片机串口的电平不一致，二者之间必须进行转换。MAX232 是常用的 RS－232C/TTL 电平转换芯片。它采用 5 V 电源供电，配接 5 个 1 μF 电解电容即可完成 RS－232C 电平与 TTL 电平之间的转换，其电路连接方式如图 5－14 所示。

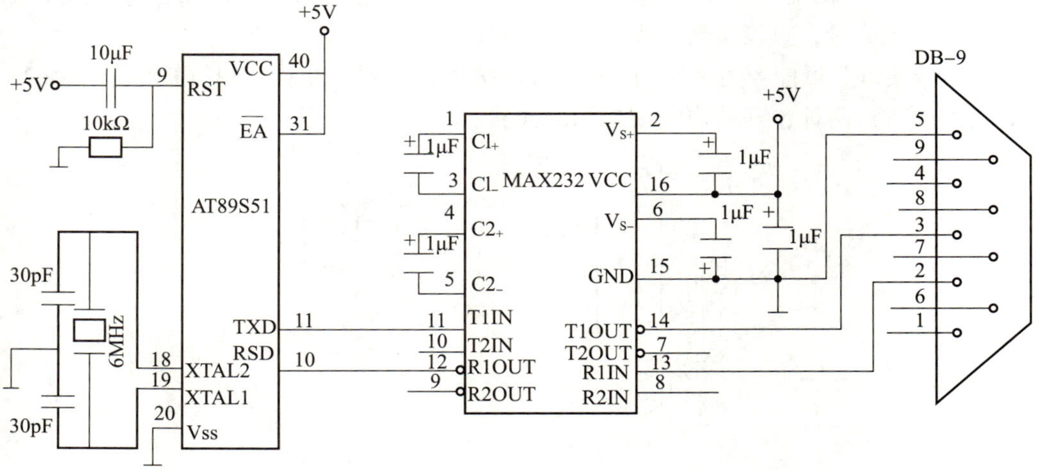

图 5－14　MAX232 电平转换芯片电路

(2) RS－422A 接口。针对 RS－232C 总线标准存在的问题，EIA 协会制定了新的串行通信标准 RS－422A。它是平衡型电压数字接口电路的电气标准。RS－422A 与 RS－232C 相比传输距离远、速度快。传输距离为 120 m 时，传输速率可达 10 Mbps；传输速率为 90 kbps 时，传输距离可达 1 200 m。

RS－422A 与 TTL 电平的常用转换芯片为传输线驱动器 SN75174 或 MC3487，或者为传输线接收器 SN75175 或 MC3486。

(3) RS－485 接口 RS－485 是 RS－422A 的变形。RS－422A 用于全双工，而 RS－485 用于半双工。RS－485 是一点对多点的通信接口，一般采用双绞线的结构。普通计算机一般不带RS－485接口，因此要使用 RS－232C/RS－485 转换器。对于单片机可以通过芯片 MAX485 来完成 TTL/RS－485 的电平转换。其连接电路如图 5－15 所示。

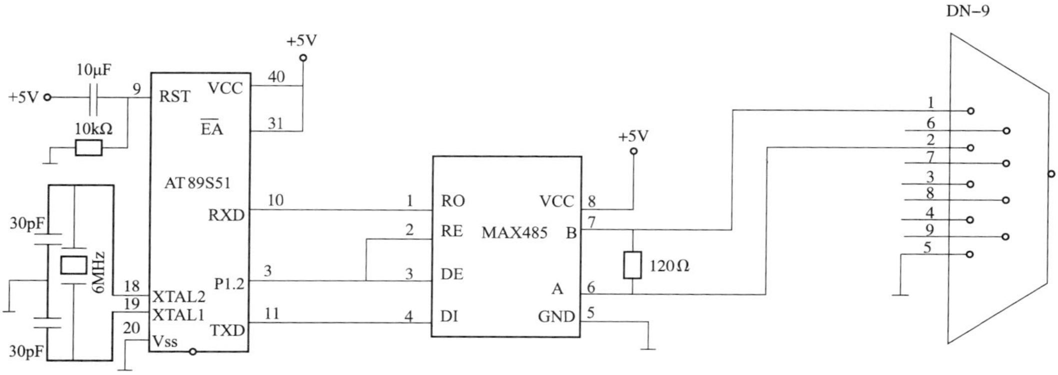

图 5－15　MAX485 电平转换芯片电路接线图

在单片机和计算机组成的 RS－485 通信系统中，下位机由单片机系统组成，主要完成工业现场信号的采集和控制，上位机为普通计算机，负责监视下位机的运行状态，并对其状态信息进行集中处理，以图文方式显示下位机的工作状态，以及工业现场被控设备的工作状况。系统中各节点（包括上位机）的识别是通过设置不同的站地址来实现的。

5.1.2　表决器硬件系统设计方案

本任务中设计一个八人表决器，设计方案如下。

(1) 选取单片机 A 的 P1 口作为评委按键系统数据的输入口。

(2) 选取单片机 B 的 P1 口作为表决结果显示灯的输出口。

(3) 采用单片机串行通信口 P3.0 和 P3.1 作为数据的传输口。

八人表决器接线图如图 5－16 所示，其元件清单见表 5－4。

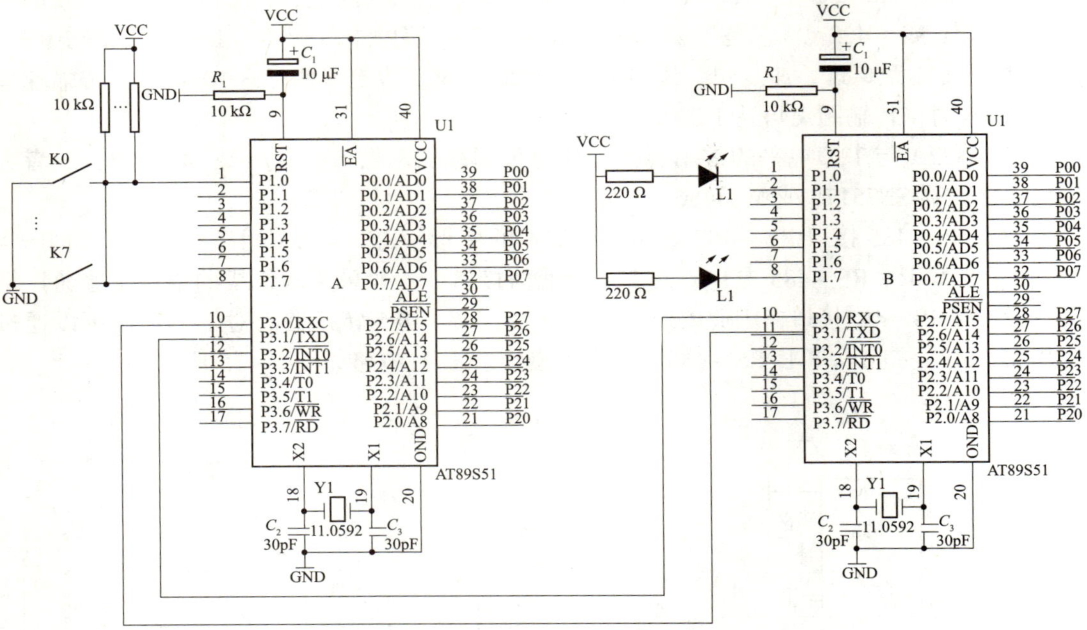

图 5－16　八人表决器接线图

表 5－4　八人表决器元件清单

名称	规格	数量	名称	规格	数量
单片机	AT89S51	2	拨码开关	8 位	1
晶振	12 MHz	2	电池盒	串联	1
瓷片电容	30 pF	4	脚座	40 DIP	1
电解电容	10 μF	2	接线端子		1
电阻	10 kΩ	10	导线		若干
电阻	220 Ω	8	万能板	7 cm × 9 cm	1
LED	绿色	8			

八人表决器实物图如图 5－17 所示。

图 5-17　八人表决器实物图

任务5.2　表决器软件系统设计

5.2.1　初始化编程设计

串行端口的初始化编程主要是对串行端口控制寄存器 SCON、电源控制寄存器 PCON 中的相关控制位设定及对串行端口波特率发生器 T1 的初始化。如果涉及中断系统，则还需对中断允许控制寄存器 IE 及中断优先级控制器 IP 进行设定。具体操作步骤如下。

(1) 确定 T1 工作方式（编程 TMOD 寄存器）。

(2) 计算 T1 的初值，装载 TH1、TL1。

(3) 启动 T1（编程 TCON 中 TR1 位）。

(4) 确定串行端口控制（编程 SCON 寄存器）。

(5) 串行端口在中断方式工作时，要进行中断设置（编程 IE、IP 寄存器）。

常用初始化内容如下，可根据需要增减其中各项：

```
First: MOV   SCON, #工作方式控制字      ; 设定串行端口工作方式
       MOV   PCON, #80H                ; 波特率加倍时设定
       MOV   TMOD, #20H                ;波特率可变时用于设定 T1 工作方式
       MOV   TH1, #定时初值             ; 参照表 5-2
       MOV   TL1, #定时初值
       CLR   ET1                       ; 禁止定时器 T1 中断
       SETB  TR1                       ; 启动 T1 产生波特率
       SETB  EA                        ; 若使用中断方式，开 CPU 中断
       SETB  ES                        ; 开串行端口中断
       SETB  PS                        ; 设定串行端口为高优先级中断
```

5.2.2 发送程序设计

发送程序即单片机 A 中要烧录的程序。在八人表决器中，单片机需要将从 P1 口读取的数据通过串行端口传送给单片机 B。在程序设计时，一般采用两种方法：查询和中断。

1. 查询方式

异步串行通信是以帧为基本单位传送的，并且在发送完一帧数据之后，硬件会将 SCON 中 TI 置 1。所谓查询法，就是根据串行端口控制寄存器 TI 位的状态是否有效，来判断一帧数据是否发送完成。在发送过程中，执行“先发后查”的原则，即先将数据发送出去，然后查询是否发送完毕。查询方式发送程序设计流程如图 5－18 所示。

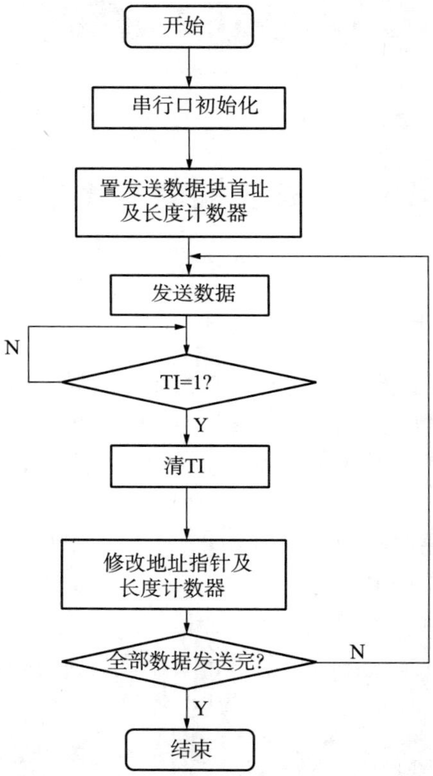

图 5－18　查询方式发送程序设计流程图

2. 中断方式

中断方式设计发送程序同样根据串行端口控制寄存器 SCON 的 TI 位的状态来确定程序走向。与查询方式不同的是，将 TI 位作为中断申请标志，发送数据作为一个中断服务程序，在设置系统允许串行端口中断的情况下，每当 TI＝1 时，就表示一帧数据发送结束，CPU 响应中断，执行中断服务程序。中断方式发送程序设计流程如图 5－19 所示。

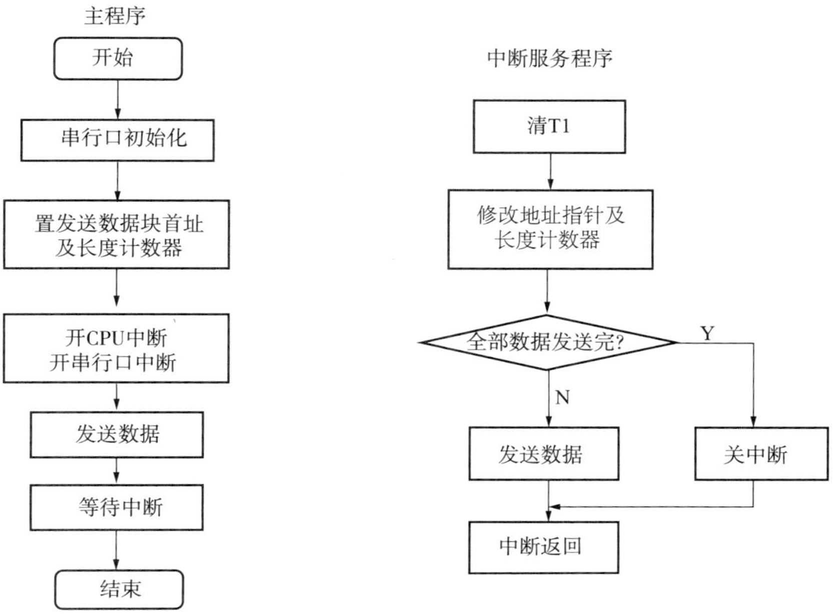

图 5－19　中断方式发送程序设计流程图

3. 参考程序代码

```
ORG   0000H
AJMP   MAIN
ORG   0100H
MAIN: MOV   SP, #60H
      MOV   SCON, #40H
      MOV   TMOD, #20H
      MOV   TH1, #0FDH
      SETB   TR1
      MOV   P1, #0FFH
      MOV   30H, #0FFH
K0: MOV   A, P1
CJNE   A, 30H, K1
SJMP   K0
K1: MOV   30H, A
    MOV SBUF, A
WAIT: JBC   TI, K0
      SJMP   WAIT
      END
```

5.2.3 接收程序设计

1. 查询方式

查询方式设计接收程序与设计发送程序类似，即根据 SCON 中 RI 的状态来判断一帧数据是否接收完成。不同的是在接收程序中，先判断是否接收到一帧数据，然后保存这帧数据，再查询是否接收到下一帧数据，即“先查后收”。查询方式接收程序设计流程如图 5－20 所示。

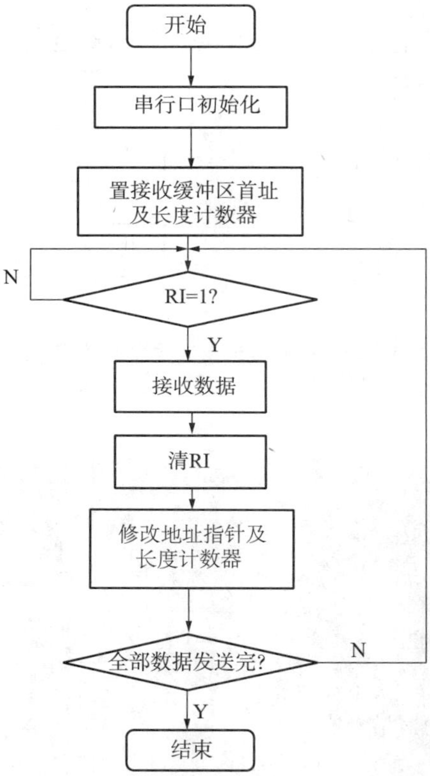

图 5－20　查询方式接收程序设计流程图

2. 中断方式

中断方式设计接收程序同样根据串行端口控制寄存器 SCON 的 RI 位的状态来确定程序走向。与查询方式不同的是，中断方式是将 RI 位作为中断申请标志，发送数据作为一个中断服务程序，在设置系统允许串行端口中断的情况下，每当 RI＝1 时，就表示一帧数据发送结束，CPU 响应中断，执行中断服务程序。中断方式发送程序设计流程如图 5－21 所示。

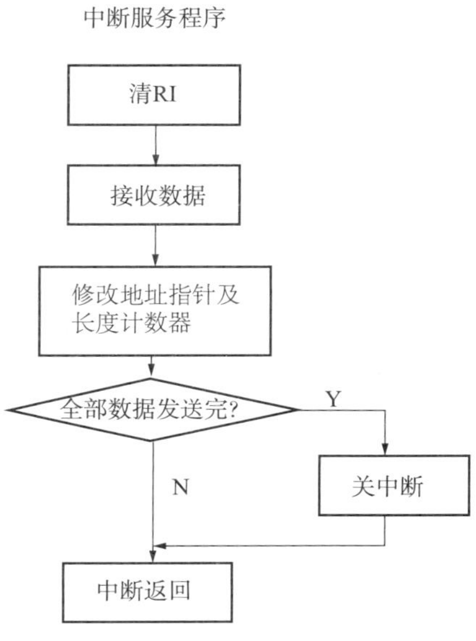

图5-21　中断方式接收程序设计流程图

3. 参考程序代码

```
ORG  0000H
AJMP  MAIN
ORG  0100H
MAIN: MOV  SP, #60H
MOV  SCON, #50H
MOV  TMOD, 20H
MOV  TH1, #0FDH
MOV  TL1, #0FDH
SETB  TR1
MOV  P1, #0FFH
K0: JB  RI, KK
SJMP  K0
KK: MOV  A, SBUF
MOV  P1, A
CLR  RI
SJMP  K0
END
```

《单片机系统设计及应用》学习情境过程考核单

学习情境：八人表决器　　组别：　　指导教师：　　日期：

<table>
<tr><td>姓名</td><td></td><td>学号</td><td colspan="3"></td><td>成绩</td><td>A+B+C</td></tr>
<tr><td rowspan="2">考核项目</td><td rowspan="2">考核点</td><td rowspan="2">考核人</td><td rowspan="2">分值</td><td colspan="4">考核等级</td><td rowspan="2">得分</td></tr>
<tr><td>优秀</td><td>良好</td><td>中等</td><td>稍差</td></tr>
<tr><td rowspan="4">学习过程考核（50分）</td><td>遵守操作规程</td><td>队友</td><td>5</td><td></td><td></td><td></td><td></td><td rowspan="4">A</td></tr>
<tr><td>实际操作技能</td><td>教师</td><td>15</td><td></td><td></td><td></td><td></td></tr>
<tr><td>发现与分析问题</td><td>队友</td><td>15</td><td></td><td></td><td></td><td></td></tr>
<tr><td>积极解决问题</td><td>教师</td><td>15</td><td></td><td></td><td></td><td></td></tr>
<tr><td rowspan="2">学习结果考核（30分）</td><td>完成速度</td><td>队友</td><td>10</td><td></td><td></td><td></td><td></td><td rowspan="2">B</td></tr>
<tr><td>任务完成</td><td>教师</td><td>20</td><td></td><td></td><td></td><td></td></tr>
<tr><td rowspan="3">生活行为考核（20分）</td><td>节约材料</td><td>队友</td><td>5</td><td></td><td></td><td></td><td></td><td rowspan="3">C</td></tr>
<tr><td>爱护设备</td><td>队友</td><td>5</td><td></td><td></td><td></td><td></td></tr>
<tr><td>合作意识</td><td>队友</td><td>10</td><td></td><td></td><td></td><td></td></tr>
</table>

小组讨论及设计题

1. 简述什么是异步串行通信？它有哪些特点？

2. AT89S51 单片机的串行数据缓冲器只有一个地址，如何判断它是在发送信号还是在接收信号？

3. 串行端口接收数据和发送数据分别用什么指令？

4. AT89S51 单片机串行端口有几种工作方式？如何选择和设定？

5. 串行端口初始化一般包含哪些步骤？

学习情境6　C语言程序设计

学习情境导学

在前面学习情境的基础上采用C语言设计单片机典型系统程序；通过用C语言程序点亮一个发光二极管、简单延时程序设计及流水灯C语言程序设计等学习任务的驱动，总结归纳单片机C语言与汇编语言的优缺点，并初步掌握C语言程序设计的方法，通过秒表和交通灯系统的程序设计使编程能力大幅提升。

学习目标

1. 理论目标

(1) 了解C语言的数据类型、函数等。

(2) 了解单片机C语言语言的运算符、表达式。

(3) 掌握单片机C语言的顺序结构、选择结构和循环结构的控制语句。

(4) 了解单片机C语言的特点及优势。

2. 技能目标

(1) 建立C语言程序设计思维。

(2) 具有较强的对新技能、新知识的学习能力。

(3) 具有阅读和查找资料、文献等获取信息的能力。

3. 情感目标

(1) 具有良好的思想政治素质、行为规范和职业道德。

(2) 具有较强的计划、组织、协调和团队合作能力。

(3) 具有较强的口头与书面表达能力、人际沟通能力。

(4) 具有良好的安全意识、环保意识和责任意识。

教学设备

装有KEIL和Proteus软件的计算机一台。

学习任务单

<table>
<tr><th>项目名称</th><th>C 语言程序设计</th><th>项目实施方式</th><th>Proteus 仿真</th></tr>
<tr><td colspan="4">任务 6.1：用 C 语言程序点亮一个发光二极管　　建议学时：1 学时　　难度系数：★</td></tr>
<tr><td colspan="2">学习活动设计：
由教师引导以小组为单位尝试用 C 语言点亮一个发光二极管；总结头文件在 C 语言中的作用</td><td colspan="2">技能点：
（1）单片机 C 语言基本程序结构建立
（2）单片机 C 语言总线操作方式和位操作方式驱动发光二极管</td></tr>
<tr><td colspan="4">任务 6.2：简单延时程序设计　　建议学时：1 学时　　难度系数：★★★</td></tr>
<tr><td colspan="2">学习活动设计：
以小组为单位参照延时程序基本设计思想设计延时程序</td><td colspan="2">技能点：
（1）单片机 C51 循环结构语句的使用
（2）C51 中 3 种基本结构运用
（3）C51 运算符表达式的运用</td></tr>
<tr><td colspan="4">任务 6.3：C 语言指令　　建议学时：1 学时　　难度系数：★★★</td></tr>
<tr><td colspan="2">学习活动设计：
以小组为单位自学 C 语言指令系统数据类型及函数；总结 C51 指令系统优点</td><td colspan="2">技能点：
（1）C51 指令数据类型及函数
（2）C 语言系统优点</td></tr>
<tr><td colspan="4">任务 6.4：流水灯 C 语言程序设计　　建议学时：1 学时　　难度系数：★★★★</td></tr>
<tr><td colspan="2">学习活动设计：
以小组为单位设计流水灯程序流程；参照流程设计流水灯程序；根据仿真结果修正程序</td><td colspan="2">技能点：
（1）C 语言程序思维建立
（2）调试程序能力的锻炼
（3）仿真程序能力的锻炼</td></tr>
<tr><td colspan="4">任务 6.5：秒表 C 语言程序设计　　建议学时：4 学时　　难度系数：★★★★★</td></tr>
<tr><td colspan="2">学习活动设计：
以小组为单位设计秒表程序流程；参照流程设计秒表程序；根据仿真结果修正程序</td><td colspan="2">技能点：
（1）C 语言程序思维建立
（2）调试程序能力的锻炼
（3）仿真程序能力的锻炼</td></tr>
<tr><td colspan="4">任务 6.6：交通灯系统 C 语言程序设计　　建议学时：4 学时　　难度系数：★★★★★</td></tr>
<tr><td colspan="2">学习活动设计：
以小组为单位设计交通灯程序流程；参照流程设计交通灯程序；根据仿真结果修正程序</td><td colspan="2">技能点：
（1）C 语言程序思维建立
（2）调试程序能力的锻炼
（3）仿真程序能力的锻炼</td></tr>
</table>

任务6.1　用C语言程序点亮一个发光二极管

1. 点亮一个发光二极管

单片机系统开发主要依赖两种语言，一种是汇编语言，另一种是 C 语言。汇编语言的优点是比较灵活，程序代码的效率很高，但是汇编语言编写单片机应用程序的周期较长，而且调试和排错也比较困难，程序可读性差，对产品的移植、升级不利。

C 语言程序本身不依赖于机器硬件系统，基本上不做修改或仅做简单修改即可将程序从不同的系统中移植过来使用。另外，C 语言提供了很多数学函数并支持浮点运算，开发效率高，可极大地缩短开发时间，增加程序的可读性和可维护性。

下面尝试采用 C 语言编写点亮一个发光二极管程序。

（1）位操作方式。

```
#include <reg52. h >
sbit D1 = P1^0;
void   main ( )
{
      D1 =0;
}
```

（2）总线操作方式。

```
#include <reg52. h >
void   main ( )
{
      P1 =0xfe;
}
```

在上面这两段程序中，真正的程序语句在“ {} ”中，即“D1 =0;”和“P1 =0xfe;”（P 必须大写，因为在 reg52. h 里定义过）。每条语句后必须加英文格式“;”。

第一种采用位操作方式的程序段将 D1 赋值为 0，即点亮 D1。D1 具体与单片机哪个引脚相连，在程序开始前已经有所定义“Sbit D1 = P1^0;”，P1^0 表示单片机引脚 P1. 0。

第二种采用总线操作方式的程序段语句简单，只将单片机 I/O 接口 P1 赋值 fe（11111110）即可，0x 是 C 语言程序中十六进制数的前缀。

2. C51 中的头文件

单片机 C 语言本身并不依赖于机器的硬件系统，可移植性强。原因主要在于，在程序之初调用了头文件“#include <reg52. h >”。头文件通常有 reg51. h、reg52. h、math. h、ctype. h、stdio. h、absacc. h 等。但常用的只有 reg51. h、reg52. h、math. h。头文件的主要作用在于调用库功能，对各个被调用的函数给出一个描述，就像与新朋友见面时中间人的介绍一样，其本身不包含程序的逻辑实现代码，只起描述性作用，告诉应用程序通过相应途径寻找相应功能函数的真正逻辑实现代码。用户程序只需要按照头文件中的接口声明来调用库功能，编译器就会从库中提取相应的代码。从以上程序可知，头文件是用户应用程序和函数库之间的桥梁和纽带。在整个软件中，头文件不是最重要的部分，但它是 C 语言家族中不可缺少的组成部分。

reg51. h 和 reg52. h 是定义 51 单片机或 52 单片机特殊功能寄存器和位寄存器的，这两个头文件中大部分内容是一样的，52 单片机比 51 单片机多一个定时器 T2，因此 reg52. h 比 reg51. h 多定义了 T2 寄存器的内容。reg52. h 文件一般在 KEIL 软件安装目录下的“C51”文件夹的“INC”中以记事本的形式存在。下面是 reg52. h 头文件内容，供大家参考。

```
/*--------------------------------------------------------------------------
REG52.H

Header file for generic80C52 and 80C32 microcontroller.
Copyright (c) 1988-2002Keil Elektronik GmbH and Keil Software, Inc.
All rights reserved.
--------------------------------------------------------------------------*/


#ifndef __REG52_H__
#define __REG52_H__

/* BYTE Registers */
sfr P0      =0x80;
sfr P1      =0x90;
sfr P2      =0xA0;
sfr P3      =0xB0;
sfr PSW     =0xD0;
sfr ACC     =0xE0;
sfr B       =0xF0;
sfr SP      =0x81;
sfr DPL     =0x82;
sfr DPH     =0x83;
sfr PCON    =0x87;
sfr TCON    =0x88;
sfr TMOD    =0x89;
sfr TL0     =0x8A;
```

```
sfr TL1     =0x8B;
sfr TH0     =0x8C;
sfr TH1     =0x8D;
sfr IE      =0xA8;
sfr IP      =0xB8;
sfr SCON    =0x98;
sfr SBUF    =0x99;

/* 8052 Extensions */
sfr T2CON   =0xC8;
sfr RCAP2L  =0xCA;
sfr RCAP2H  =0xCB;
sfr TL2     =0xCC;
sfr TH2     =0xCD;

/* BIT Registers */
/* PSW */
sbit CY     =PSW^7;
sbit AC     =PSW^6;
sbit F0     =PSW^5;
sbit RS1    =PSW^4;
sbit RS0    =PSW^3;
sbit OV     =PSW^2;
sbit P      =PSW^0; //8052 only

/* TCON */
sbit TF1    =TCON^7;
sbit TR1    =TCON^6;
sbit TF0    =TCON^5;
sbit TR0    =TCON^4;
sbit IE1    =TCON^3;
sbit IT1    =TCON^2;
sbit IE0    =TCON^1;
sbit IT0    =TCON^0;

/* IE */
sbit EA     =IE^7;
```

```
sbit ET2    = IE^5; //8052 only
sbit ES     = IE^4;
sbit ET1    = IE^3;
sbit EX1    = IE^2;
sbit ET0    = IE^1;
sbit EX0    = IE^0;

/* IP */
sbit PT2    = IP^5;
sbit PS     = IP^4;
sbit PT1    = IP^3;
sbit PX1    = IP^2;
sbit PT0    = IP^1;
sbit PX0    = IP^0;

/* P3 */
sbit RD     = P3^7;
sbit WR     = P3^6;
sbit T1     = P3^5;
sbit T0     = P3^4;
sbit INT1   = P3^3;
sbit INT0   = P3^2;
sbit TXD    = P3^1;
sbit RXD    = P3^0;

/* SCON */
sbit SM0    = SCON^7;
sbit SM1    = SCON^6;
sbit SM2    = SCON^5;
sbit REN    = SCON^4;
sbit TB8    = SCON^3;
sbit RB8    = SCON^2;
sbit TI     = SCON^1;
sbit RI     = SCON^0;

/* P1 */
sbit T2EX   = P1^1; // 8052 only
```

```
sbit T2        =P1^0; // 8052 only

/* T2CON */
sbit TF2       =T2CON^7;
sbit EXF2      =T2CON^6;
sbit RCLK      =T2CON^5;
sbit TCLK      =T2CON^4;
sbit EXEN2     =T2CON^3;
sbit TR2       =T2CON^2;
sbit C_ T2     =T2CON^1;
sbit CP_ RL2 =T2CON^0;

#endif
```

math. h 是定义常用数学运算的，如求绝对值、方根、正弦、余弦等，该头文件中包含各种数学运算函数，当需要使用时可以直接调用其内部函数。

读者也可以自己根据具体的单片机应用系统来编写头文件。

任务6.2　简单延时程序设计

任务 6. 1 中实现了使用 C 语言程序点亮一个发光二极管，而设计单片机流水灯程序，需要让发光二极管实现闪烁。通过赋值的方法可以让发光二极管亮或灭，但是单片机执行一条指令仅需一个或两个，最多 4 个机器周期就能完成，而机器周期的时间是以 μs 计算的，这么短时间的现象人眼是分辨不出来的。所以需要加上延时程序，让“灯亮一会”，才能达到预想的效果。

1. 简单延时程序设计与循环语句

编写延时程序的思想其实是“耗时”的思想，利用重复执行几条指令所耗的时间来达到延时的目的。

试分析下面的简单程序段。

```
#include <reg52. h >
sbit p1 -1 = P1^0;
void main ()
{
    P1 -1 =0;
    while (1);
}
```

while(1)其实是C语言中的一个循环语句，在C51中用于实现当型循环结构，它的格式如下：

```
while（表达式）
语句；        /*循环体*/
```

while语句后面括号里的内容是能否执行循环的条件，后面的语句是循环体。当表达式为非0（真）时，重复执行循环体内的语句；当表达式为0（假）时，则终止while循环，程序将执行循环结构之外的下一条语句。它的特点是：先判断条件，后执行循环体。在循环体中对条件进行改变，然后再判断条件，若条件成立，则再执行循环体，若条件不成立，则退出循环。若条件第一次就不成立，则循环体一次也不执行。while(1)表示条件永远为真。

除while语句之外，C51循环语句还有do-while语句、for语句。

（1）do-while语句在C51中用于实现直到型循环结构，它的格式为：

```
do
语句；        /*循环体*/
while（表达式）；
```

它的特点是：先执行循环体中的语句，再判断表达式的值。若表达式为非0（真），则再执行循环体，然后又判断，直到有表达式为0（假）时，退出循环，执行do-while结构的下一条语句。do-while语句在执行时，循环体内的语句至少会被执行一次（这一点是与while有区别的）。

（2）for语句是在C51语言中使用最灵活、用得最普遍的循环控制语句，同时它也最复杂。它既可用于循环次数已经确定的情况下，也可用于循环次数不确定的情况下，还可以代替while语句，它的格式如下：

```
for（表达式1；表达式2；表达式3）
语句；        /*循环体*/
```

程序执行过程如下。

① 先求解表达式1。

② 求解表达式2，若其值为真（值为非0），则执行for语句中指定的内嵌语句，然后执行③；若为假，则结束循环，转移到⑤。

③ 求解表达式3。

④ 转回②继续执行。

⑤ 循环结束，执行for语句下面的一个语句。

在for循环中，一般表达式1为初值表达式，用于给循环变量赋初值；表达式2为条件表达式，对循环变量进行判断；表达式3为循环变量更新表达式，用于对循环变量的值进行更新，使循环变量因不满足条件而退出循环。

以上while、do-while、for语句是实现循环结构的语句。在C51中有3种基本结构：顺序结构、选择结构和循环结构。

顺序结构是最基本、最简单的结构，在此结构中，程序从低地址到高地址一条一条地顺序执行，如图 6－1 所示。

选择结构是根据条件的成立与否选择执行不同的分支。选择结构中先判断条件，当条件为真时，执行一个分支 A；当条件为假时，执行另一个分支 B，如图 6－2 所示。

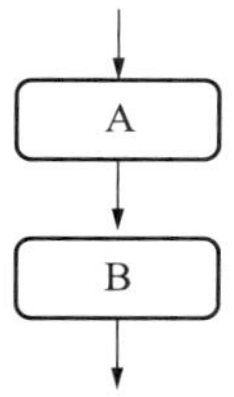

图 6－1　顺序结构

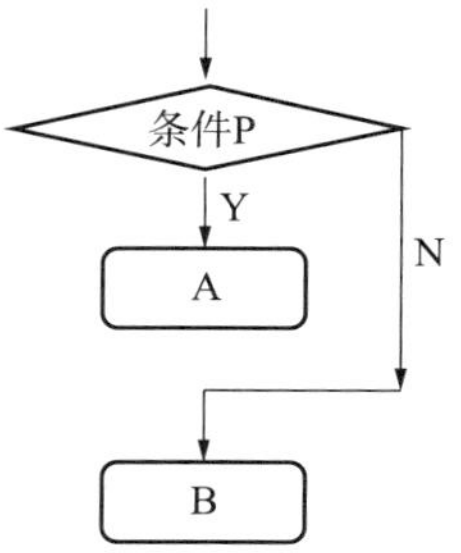

图 6－2　选择结构

选择结构的语句有 if 语句、if-else 语句和 if-else-if 语句。C51 中还支持多分支结构，多分支结构既可通过 if 和 if-else 语句嵌套实现，也可通过 swith 语句实现。

循环结构是能使程序段重复执行的结构，分为当型循环结构和直到型循环结构，如图 6－3 和图 6－4 所示。

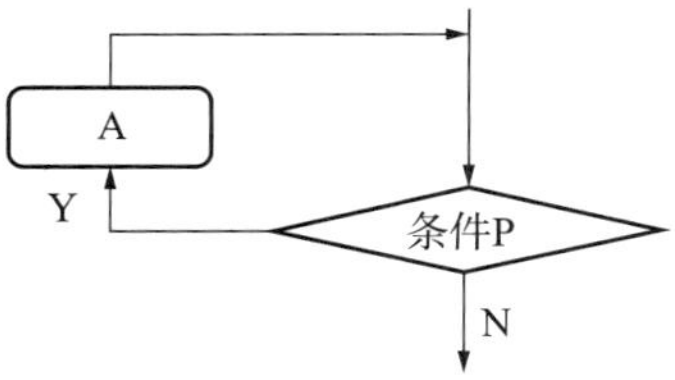

图 6－3　当型循环结构

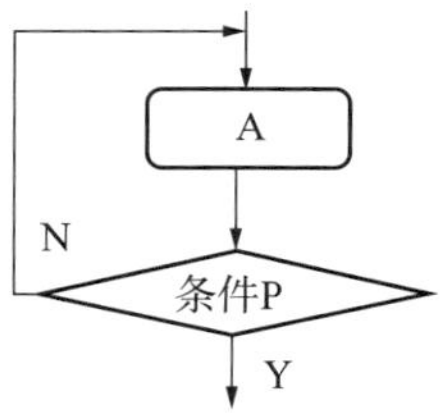

图 6－4　直到型循环结构

当型循环结构是当条件 P 为真时，重复执行语句 A，但当条件 P 为假时停止重复，执行条件 P 后面的程序。

直到型循环结构是先执行语句 A，再判断条件 P，当条件为假时重复语句 A，当条件为真时才停止重复，执行后面的程序。

break 语句和 continue 语句通常是指用来跳出循环结构的语句，但两者又有所区别。

（1）break 语句，其格式如下：

```
break;
```

用于跳出所在的 while、do-while、for 循环语句，以及在多分支的 switch 语句中，提前结束循环。

（2）continue 语句，其格式如下：

```
continue;
```

用于结束本次循环，跳过循环体中 continue 下面尚未执行的语句，直接进行下一次是否执行循环的判断。

break 语句和 continue 语句的区别在于，continue 语句仅结束本次循环而不终止整个循环；break 语句是结束循环。

2. 延时程序与基本运算符

理解以上 3 种循环语句后，试分析下面延时程序段：

```
#include < reg52. h >
sbit p1 - 1 = P1^0;
unsignedint a;
void main ( )
{
    a = 50000;
    p1 - 1 = 0;
    while (a -- );
    a = 50000;
    p1 - 1 = 1;
    while (a -- );
}
```

上面这段程序中 while 语句的表达式为“a --”，它是 C 语言中的一个基本运算符，含义为“自减 1”，即每执行一次 while 循环之后，a 自减 1。

C 语言具有十分丰富的运算符。当用运算符构成表达式计算时需要注意优先级和结合性方面的问题。优先级是指运算符执行的先后顺序，优先级高的先执行。结合性是指运算对象两边出现同优先级运算符时执行的先后顺序，分左结合性和右结合性两种。

(1) 算数运算符和表达式。算数运算符包含 7 种，见表 6 - 1。在使用算术运算符进行书写表达式时，自加、自减运算符的优先级最高，乘除和求余次之，加和减的优先级最低。如果想改变运算顺序，可以使用“( )”调整。自加、自减运算为右结合性，其他为左结合性。

(2) 关系运算符和表达式。关系运算包含 6 种，用于比较运算，见表 6 - 2。6 种关系运算符中大于、大于等于、小于、小于等于的优先级相同，且高于等于和不等于，并且关系运算符的优先级低于算数运算符，其结合性为左结合。

表 6－1　算数运算符

算数运算符	含义	优先级
+	加法	最低
－	减法	
*	乘法	中
/	除法	
%	求余或模运算	
++	自加	最高
--	自减	

表 6－2　关系运算符

关系运算符	含义	优先级
>	大于	高
>=	大于等于	
<	小于	
<=	小于等于	
==	等于	低
!=	不等于	

（3）逻辑运算符和表达式。逻辑运算符包含 3 种，用于逻辑运算，见表 6－3。逻辑与和逻辑或是双目运算符，具有左结合性；逻辑非为单目运算符，具有右结合性。

在逻辑运算符中，逻辑非的优先级最高，逻辑与次之，逻辑或最低。逻辑运算符和其他运算符优先级的关系，从高到低排列为逻辑非、算数运算符、关系运算符、逻辑与、逻辑或。

表 6－3　逻辑运算符

逻辑运算符	含义	优先级
&&	逻辑与	中
||	逻辑或	最低
!	逻辑非	最高

（4）位运算符和表达式。位运算符参与位运算，包含表 6－4 的 6 种。在位运算符中，取反与逻辑非优先级相同，具有右结合性；左移、右移优先级高于关系运算符，低于算数运算符；按位与、按位或和异或优先级高于逻辑与，低于关系运算符。

表 6-4　位运算符

位运算符	含义	优先级
&	按位与	高于逻辑与，低于逻辑运算符
|	按位或	
∧	异或	
~	取反	同逻辑非
>>	右移	高于关系运算符，低于算数运算符
<<	左移	

下面介绍几个位运算符的运算规则。

① 左移运算符 <<：用来将一个数的各二进制全部左移若干位。

例如，a = a <<2，左移 2 位，右补 0。高位左移后溢出，舍弃。

② 右移运算符 >>：右端低位舍弃，无符号数高位补 0。

③ 按位或 |：两位只要有一个 1，则该位结果值为 1。

例如，0 | 0 =0，0 | 1 =1，1 | 0 =1，1 | 1 =1。

（5）赋值运算和表达式。赋值运算符用于赋值运算，分别为简单赋值（=）、复合算数赋值（+=、-=、*=、/=、%=）、复合位运算赋值（&=、|=、∧=、>>=、<<=）三类 11 种。其优先级低于关系运算符、逻辑运算符和位运算符，具有右结合性。

赋值表达式形式为：

<变量><赋值运算符><表达式>

（6）条件运算符和表达式。条件运算符“?:”是一个三目运算符，也是 C 语言中唯一的三目运算符，它要求有 3 个运算对象，可以把 3 个表达式连接成一个条件表达式，用于条件求值。其形式为：

表达式 1？表达式 2：表达式 3

执行过程为：先计算表达式 1 的值，如果表达式 1 的结果为真（非 0），整个表达式的结果等于表达式 2 的值；如果表达式 1 的值为假（0），整个表达式结果等于表达式 3 的值。

条件运算符的优先级高于赋值运算符，低于关系运算符和算数运算符。其结合方向为自右向左。

（7）逗号运算符和表达式。逗号运算符“,”用于把若干表达式组合成一个表达式。其形式为：

表达式 1，表达式 2，表达式 3……

逗号运算符在所有运算符中优先级最低，具有左结合性。

（8）指针和地址运算符。C51 还专门规定了一种指针类型。变量的指针就是该变量的地址，也可以看作是一个指向某个变量的指针变量。C51 中专门提供了用于指针和地址

的运算符 * （取内容）和 & （取地址）。其形式为：

变量 = * 指针变量
指针变量 = & 目标变量

取内容运算是将指针变量所指向的目标的值赋给变量；取地址运算是将目标变量的地址赋值给指针变量。

注意：指针变量中只能存放地址（指针型数据）。

任务6.3　C语言指令

采用 C 语言程序开发单片机程序较汇编语言有很多优点。可以说，汇编语言是单片机的“贴身语言”，它能直接操作硬件，指令的执行速度也快。但同时它的指令系统格式受硬件结构的限制也很大，程序不易理解，也难以编写和调试，且系统硬件与软件一对一较严格，移植性差。在进行单片机应用系统设计时，采用 C 语言就解决了这个问题，读者不必对单片机具体的硬件结构和指令系统有深入的了解，也能编写符合硬件系统的程序。C 语言程序开发的具体优点总结如下。

（1）语言简洁，使用灵活。

（2）进行程序开发时基本不需要了解单片机的指令集和存储器的结构，寄存器分配和寻址方式由编译器进行管理。

（3）可移植性好，C 语言是通过编译来得到可执行代码的，C 语言的编译程序便于移植，在某种单片机上使用的 C 语言程序，稍加修改就可以方便地移植到另一种结构类型的单片机上，使程序开发和调试时间大大缩短。

（4）各种 C 语言编译器会提供一个函数库，其中包含多种标准的函数，如格式输出、数据类型转换等。

（5）可使用与人的思维更相近的关键字和操作函数，提高了程序的可读性。

（6）既可以直接访问单片机的硬件，还可以进行各种位操作。

说明：C 语言虽然具有很多优点，但是作为单片机初学者还是建议以汇编语言为主，本任务选取流水灯这个典型案例编写 C 程序，仅介绍相关知识点，不对 C 语言做过多系统的讲解。

1. C51 的数据与运算

数据是计算机操作的对象，也是计算机程序处理的基本单元。如果将数据以一定的数据类型进行排列、组合及架构就称为数据结构。

C51 除了基本数据类型外还提供了扩展数据类型：位标量和特殊功能寄存器类型，见表 6 - 5。

表 6-5 KEIL C51 所支持的数据类型

数据类型	关键字	长度（位）	值域
无符号字符型	unsigned char	8	0～255
有符号字符型	char	8	-128～+127
无符号整型	unsignedint	16	0～65535
有符号整型	int	16	-32768～+32767
无符号长整型	unsigned long	32	$0-2^{32}\sim1$
有符号长整型	long	32	$-2^{31}\sim2^{31}-1$
单精度实型	float	32	3.4e-38～3.4e38
双精度实型	double	64	1.7e-308～1.7e308
位标量	bit/sbit	1	0～1
特殊功能寄存器型	sfr	1字节	0～255
特殊功能寄存器型	sfr16	2字节	0～65535

位标量是 C51 编译器的一种扩充数据类型，利用它可以定义一个位标量。它的值是一个二进制位，不是 0 就是 1，类似高级语言的 true 和 false。

sfr 也是一种扩充数据类型，占用一个内存单元，利用它可以访问 C51 单片机内部所有的特殊功能寄存器。

sfr16 占用两个内存单元，和 sfr 一样，用于操作特殊功能寄存器，所不同的是，它用于操作占两个字节的寄存器，如定时器 T0 和 T1。

（1）常量与变量。常量是指在程序运行过程中不能改变的量。常用的数据类型分为整型、浮点型、字符串型和位标量。

① 整型常量。整型常量可以用十进制数表示，也可以用十六进制数表示，不过要加 0x 前缀。长整型就在数字后面加字母 L。

② 浮点型常量。浮点型常量可分为十进制数和指数表示形式。十进制数由数字和小数点组成，如 0.788、2012.238、0.0 等，整数或小数部分为 0，可以省略但必须有小数点；指数表示形式为“［±］数字［.数字］e［±］数字”，其中［］为可选项，里面的内容根据具体情况可有可无，其余部分必须有，如 167e2、5e2、-3.0e-2。

③ 字符型常量。字符型常量是单引号内的字符，如'a'。不能显示的控制字符，可以在该字符前加一个反斜杠“\”组成专用转义字符，见表 6-6。

④ 字符串型常量。由双引号内的字符组成，如"good" "OK"等。当引号内没有字符时，为空字符串。在使用特殊字符时，同样要使用转义字符如双引号。

⑤ 位标量。位标量的值是一个二进制数。

表 6－6　常用转义字符表

转义字符	转义字符的意义	ASCII 码（十进制）
\0	空字符	0
\n	回车换行	10
\t	横向跳格（跳到下一个制表位）	9
\b	退格	8
\r	回车	13
\f	走纸换页	12
\\	反斜线字符“\”	92
\′	单引号符	39
\″	双引号符	34
\ddd	1～3 位八进制数所代表的字符	
\xhh	1～2 位十六进制数所代表的字符	

（2）变量。变量就是一种在程序执行过程中其值能不断变化的量。要在程序中使用变量，必须先用标识符作为变量名，并指出所用数据类型和存储模式。

变量格式为：

```
[存储种类]　　数据类型　　[存储器类型]　　变量名表
```

一个变量的数据类型和变量名是必须有的，其余的可有可无。存储模式有 4 种：自动（auto）、外部（extern）、静态（static）、寄存器（register），默认为自动。

存储模式说明的是，指定该变量在 C51 硬件系统中所使用的存储器区域，并在编译时准确定位。

2. 函数

C 语言程序是由函数构成的，函数相当于高级语言中的过程和子程序，函数就是指程序中的一个模块，main( ) 函数为程序的主程序。一个 C51 程序是若干函数的集合，在集合中仅有一个名称为 main 的函数（主函数）。

C51 函数的格式为：

```
类型　函数名（参数表）
参数说明；
{
数据说明部分；
语句；
}
```

一个函数在程序中可以有3种形态：函数定义、函数调用和函数说明。函数定义和函数调用不分先后，但若在定义之前调用，那么在调用前必须先进行函数说明。函数说明是一个没有函数体的函数定义，而函数调用则要求有函数名和实参数表。

C51中函数分为两大类：一类是库函数，另一类是用户定义函数，这与标准C语言是一样的。库函数是C51在库文件中已定义的函数，其函数说明在相关的头文件中。对于这类函数，用户在编程时只要用include预处理指令将头文件包含在用户文件中，直接调用即可。用户函数是用户自己定义和调用的一类函数。

总结C51的结构特点如下：

（1）C51程序是由函数构成的，函数是C51程序的基本单位。

（2）一个函数由函数说明和圆括号两部分组成。函数说明部分包括函数名、函数类型、函数属性、函数参数（形参）名、形式参数类型；一个函数名后面必须跟一个圆括号，函数参数可以没有。例如，main( )函数体，即函数说明下面的大括号之内的部分。

（3）一个C51程序书写是从main函数开始执行的，而无论main函数在整个程序中所处的位置如何。

（4）C51程序书写格式自由，一行内可以写几个语句，一个语句可以分在几行上。

（5）每个语句和数据定义（记住不是函数定义）的最后一个语句也应包含分号“;”。分号是C51语句的必要组成部分，必不可少，即使是程序中的最后一个语句也应包含分号。

（6）C51本身没有输入/输出（通过串行端口）函数，是由scanf和printf等库函数完成的。对于用户定义的输出，如直接以输出端口读取键盘输入和驱动LED，则需要自行编制输出函数。

（7）可以用“/＊……＊/”对C51程序中的任何部分注释。在KEIL μVision 2中，还可以使用“//”进行单行注释。

任务6.4　流水灯C语言程序设计

所谓流水灯，是指一组灯在控制系统的控制下按照预定的顺序和时间点亮或熄灭，形成一定的视觉效果，很多街上的店面和招牌上面安装了流水灯，看上去更美观。在前几个任务的基础之上，可以尝试使用C语言自己设计流水灯程序。

本任务中采用P1口作为驱动8个发光二极管的I/O接口，硬件电路图如图6－5所示。

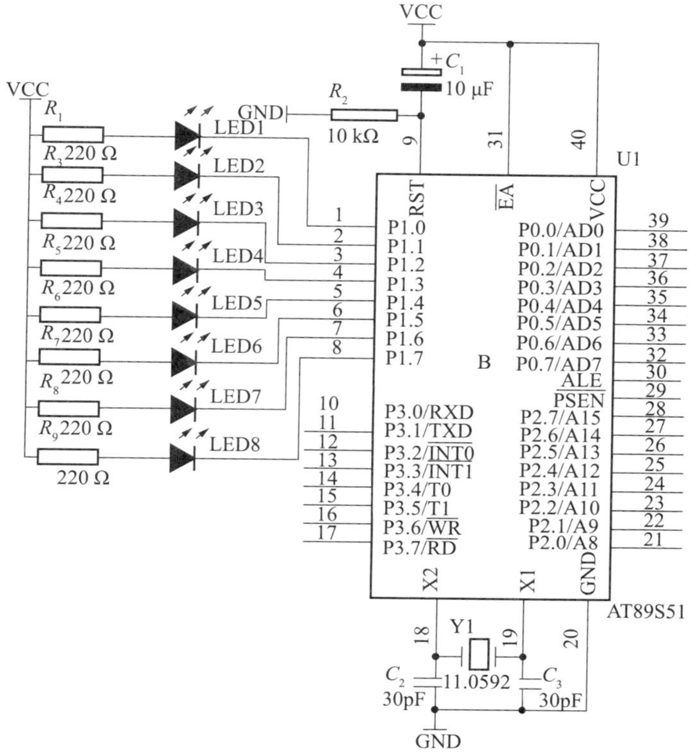

图6-5　流水灯硬件电路图

根据流水灯的硬件电路图，大家可以自行设计具有个性的花样流水灯程序。

其程序参考：

```
#include <reg52. h>
unsigned char i;
unsigned char temp;
unsigned char a, b;
void delay (void)
{
unsigned char m, n, s;
for (m=20; m>0; m--)
for (n=20; n>0; n--)
    for (s=248; s>0; s--);
}
void main (void)
{
while (1)
```

```
{
 temp = 0xfe;
 P1 = temp;
 delay ();
 for (i = 1; i < 8; i + +)
  {
   a = temp < < i;
   b = temp > > (8 - i);
   P1 = a | b;
   delay ();
  }

 for (i = 1; i < 8; i + +)
  {
   a = temp > > i;
   b = temp < < (8 - i);
   P1 = a | b;
   delay ();
   }
  }
}
```

流水灯程序仿真图如图 6－6 所示。

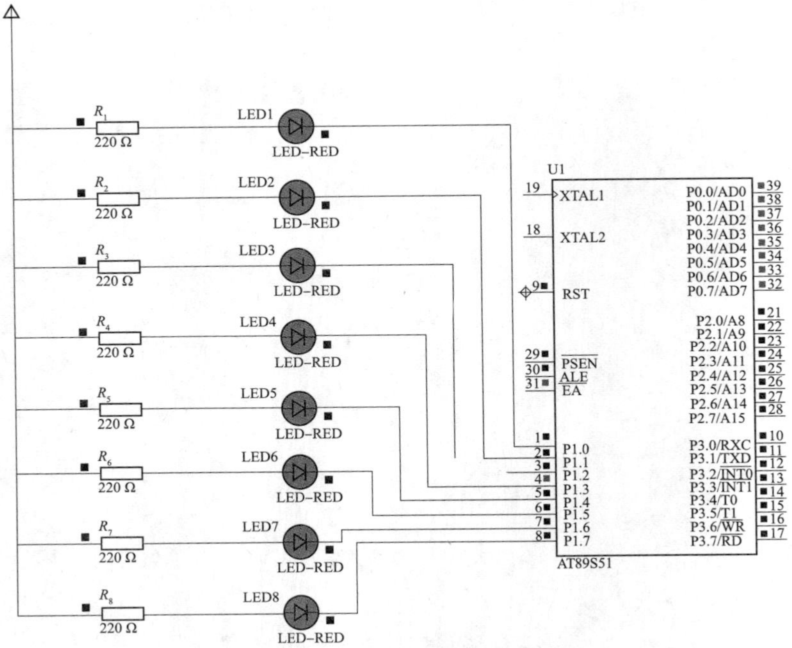

图 6－6　流水灯程序仿真图

任务6.5　秒表C语言程序设计

本任务设计一款秒表，采用两位一体共阴极数码管作为显示器，当按下开始键时开始计时，按下暂停键时停止计时，最大计时为 99 s，达最大值时自动清零。秒表电路原理图如图 6-7 所示。

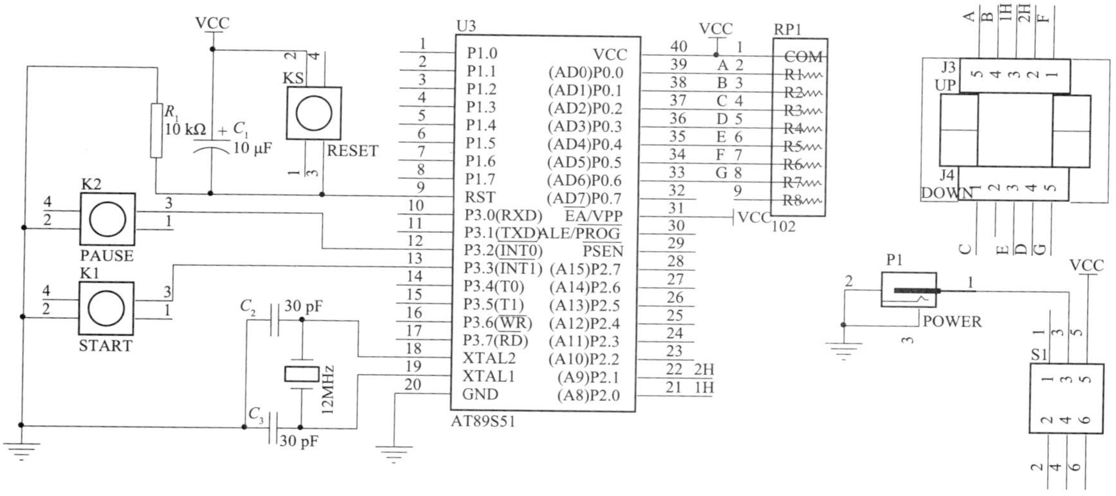

图 6-7　秒表电路原理图

参考 C 语言程序：

```
#include < reg52. h >                    //头文件
#defineuint unsigned int
#defineuchar unsigned char               //宏定义
uchar temp, aa, shi, ge;                 //定义变量
sbit KEY1 = P3^2;
sbit KEY2 = P3^3;
uchar code table [ ] = {0x3f, 0x06, 0x5b, 0x4f, 0x66, 0x6d, 0x7d, 0x07,
0x7f, 0x6f};                             //数码管字符码 0 ~9
void display (uchar shi, uchar ge);      //声明显示函数
void delay (uint z);                     //声明延时函数
voidinit ();                             //声明初始化函数
void main ()                             //主函数
{
init ();                                 //调用初始化函数
```

```
while (1)                                  //进入循环
{
if (KEY1 = =0)
{
TR0 =1;
while (KEY1 = =0) display (shi, ge);       //将数据显示到数码管上
}
if (KEY2 = =0)
{
TR0 =0;
while (KEY2 = =0) display (shi, ge);       //将数据显示到数码管上
}
display (shi, ge);                         //将数据显示到数码管上
}
}
void delay (uint z)                        //延时函数 1ms
{
uint x, y;                                 //定义延时变量
for (x =z; x >0; x - -)
for (y =110; y >0; y - -);
}
void display (uchar shi, uchar ge)         //显示函数
{
P2 =0xfe;                                  //选中 1 位
P0 =table [shi];                           //P0 口输出数字码, 显示十位数
delay (5);                                 //延时 5 ms
P2 =0xfd;                                  //选中两位
P0 =table [ge];                            //P0 口输出数字码, 显示个位数
delay (5);                                 //延时 5 ms
}
voidinit ()                                //初始化函数
{
temp =0;                                   //秒清零
TMOD =0x01;                                //定义工作方式
TH0 =0x3c;                                 //定时器赋初值
TL0 =0xb0;                                 //50 ms
EA =1;                                     //打开中断总开关
```

```
ET0 =1;                        //打开 T0 中断允许开关
TR0 =0;                        //打开定时器定时开关
}
void timer0 ( ) interrupt 1    //定时器工作函数
{
TH0 =0x3c;                     //进入中断后先将定时器重新赋初值
TL0 =0xb0;
aa + +;                        //变量加 1，加一次是 50 ms
if (aa > =20)                  //变量加一次是 50 ms，加 20 次是 1 s
{
aa =0;                         //变量清零
temp + +;                      //秒变量加
if (temp = =100)               //最大计时 99 s
{
temp =0;                       //大于等于 100 s 时清零
}
shi = temp/10;                 //将秒数据分成两个一位数，如 35 s，35/10 =3
ge = temp%10;                  //将秒数据分成两个一位数，如 35 s，35%10 =5
}
}
```

秒表所需元件清单见表6-7，装接好的实物图如图6-8所示。

表6-7　秒表元件清单

名称	规格	数量	名称	规格	数量
单片机	AT89S51	1	自锁开关		1
晶振	12 MHz	1	万能板	7 cm × 9 cm	1
瓷片电容	30 pF	2	两位一体数码管	共阴极	1
电解电容	10 μF	1	电源接口	DC	1
电阻	10 kΩ	1	导线		若干
排阻	102	1	DC 电源插头		1
脚座	40DIP	1	焊锡	0.8 mm	若干
按键		3			

图 6－8　秒表实物图

任务6.6　交通灯系统C语言程序设计

本任务设计一款交通控制信号灯，此信号灯采用两位一体共阳极数码管作为时间倒计时显示器，东西南北 4 个方向各设置 3 盏红黄绿信号灯。当南北方向绿灯时东西方向红灯，倒计时 25 s；南北方向 5 s 黄灯过渡，东西方向仍为红灯；东西方向转换为绿灯，倒计时 25 s，南北方向显示红灯；当引脚 P3. 3 连接的按键被按下时，4 个方向信号灯将被强制变为红灯，再按时恢复正常。交通灯电路原理图如图 6－9 所示。

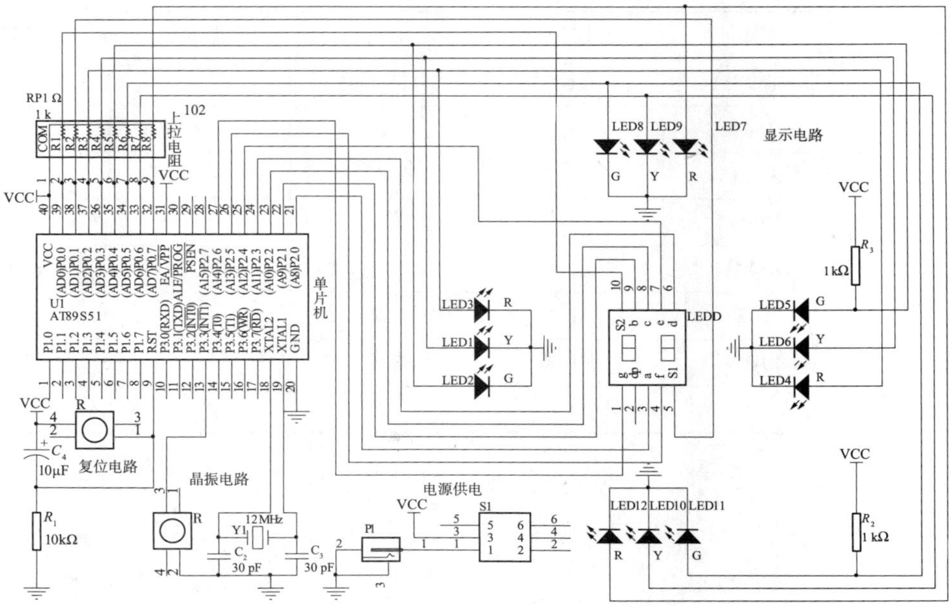

图 6－9　交通灯电路原理图

交通灯参考 C 程序设计:

```
#include <reg51. h >                //对 51 单片机编程，要引用头函数

sbit led_ A = P0^0;                 //数码管位
sbit led_ B = P0^1;                 //数码管位

// **************** led 指示灯引脚定义 ***************** //
sbit dx_ R = P0^2;
sbit dx_ Y = P0^3;
sbit dx_ G = P0^4;

sbit nb_ R = P0^7;
sbit nb_ Y = P0^6;
sbit nb_ G = P0^5;

bit flag = 0;
sbit key_ stop = P3^3;

char N = 25;                        //初始时间是 25
//char
tab_disp[ ] = {0x3F, 0x06, 0x5B, 0x4F, 0x66, 0x6D, 0x7D, 0x07, 0x7F,
0x6F, 0x77, 0x7C, 0x39, 0x5E, 0x79, 0x71, 0x80};
                                    //共阴极码表
char tab_ disp [ ] = {0xC0, 0xF9, 0xA4, 0xB0, 0x99, 0x92, 0x82, 0xF8,
0x80, 0x90};                        //共阳极码表

/* 延时子函数 */
void delay (int t) {while (t--);}
/* 显示子函数 */
void display (chardat)
 {
  led_ A = led_ B = 0;              //先位灭显
  P2 = 0XFF;                        //再段灭显
  P2 = tab_ disp [dat/10];          //赋显示的数
  if (dat/10) led_ A = 1;
  delay (1000);                     //延时
```

```
    P2 =0XFF; led_ A =led_ B =0;         //段灭显位灭显
    P2 =tab_ disp [dat%10];              //赋显示的数
    led_ B =1;
    delay (1000);                        //延时
  }
//这个是循环显示 60 遍显示的函数
void deal (char m)
  {
    int t =60;
    while (t - -) display (m);           //循环显示 60 遍显示的函数
  }

void KEY ()
  {
    unsigned char save;
    if (key_ stop = =0)
      {
        delay (20);
        if (key_ stop = =0)
          {
            flag =1;
            save =P0;
            P0 =0x84;
            while (key_ stop = =0);
            while (flag = =1)
              {
                if (key_ stop = =0)
                  {
                    delay (50);
                    if (key_ stop = =0)
                      {
                        flag =0;
                        P0 =save;
                        while (key_ stop = =0);
                      }
                  }
              }
```

```
        }
    }
}
/*主函数*/
void main (void)
 {
   char i;
   EA=1;                                     //全局中断开关
   IT1=1;                                    //外部中断下降沿有效
   EX1=1;
   while (1)
    {
          N=25;                              //初始时间是25
          dx_ R=1; dx_ Y=0; dx_ G=0;         //指示灯0时亮，1时灭
          nb_ R=0; nb_ Y=0; nb_ G=1;         //指示灯0时亮，1时灭
          for (i=N; i>0; i--)                //一秒一秒地减
           {
              deal (i);
              KEY ();
           }

          dx_ R=1; dx_ Y=0; dx_ G=0;         //指示灯0时亮，1时灭
          nb_ R=0; nb_ Y=1; nb_ G=0;         //指示灯0时亮，1时灭
          N=5;                               //时间变成5
          for (i=N; i>0; i--)                //一秒一秒地减
           {
              deal (i);
              KEY ();
           }

          dx_ R=0; dx_ Y=0; dx_ G=1;         //指示灯0时亮，1时灭
          nb_ R=1; nb_ Y=0; nb_ G=0;         //指示灯0时亮，1时灭
          N=25;                              //时间变成25
          for (i=N; i>0; i--)                //一秒一秒地减
           {
              deal (i);
              KEY ();
```

```
        }
        dx_ R=0; dx_ Y=1; dx_ G=0; //指示灯0时亮，1时灭
        nb_ R=1; nb_ Y=0; nb_ G=0; //指示灯0时亮，1时灭
        N=5;                       //时间变成5
        for (i=N; i>0; i--)        //一秒一秒地减
         {
            deal (i);
            KEY ();
         }
    }
}
```

此交通灯系统所需元件清单见表6-8，装接好的实物图如图6-10所示。

表6-8 交通灯元件清单

名称	规格	数量	名称	规格	数量
单片机	AT89S51	1	LED	5 mm 黄	4
晶振	12 MHz	1	LED	5 mm 绿	4
瓷片电容	30 pF	2	自锁开关		1
电解电容	10 μF	1	万能板	7 cm×9 cm	1
电阻	10 kΩ	1	两位一体数码管	0.36 寸共阳极	1
排阻	102	1	电源接口	DC	1
脚座	40DIP	1	导线		若干
电阻	1 kΩ	2	DC 电源插头		1
按键		2	焊锡	0.8 mm	若干
LED	5 mm 红	4			

图6-10 交通灯实物图

《单片机系统设计及应用》学习情境过程考核单

学习情境：C 语言程序设计　　　组别：　　　　　　　　指导教师：　　　　　日期：

姓名		学号					成绩	A + B + C
考核项目	考核点	考核人	分值	考核等级				得分
				优秀	良好	中等	稍差	
学习过程考核（50 分）	遵守操作规程	队友	5					A
	实际操作技能	教师	15					
	发现与分析问题	队友	15					
	积极解决问题	教师	15					
学习结果考核（30 分）	完成速度	队友	10					B
	任务完成	教师	20					
生活行为考核（20 分）	节约材料	队友	5					C
	爱护设备	队友	5					
	合作意识	队友	10					

小组讨论及设计题

1. C 语言中头文件的作用是什么？
2. C 语言有哪 3 种基本结构，程序是怎样执行的？
3. 当型循环结构和直到型循环结构有什么不同？
4. C 语言较汇编语言有哪些优点？

学习情境7 综合项目设计

学习情境导学

本学习情境为设立交通灯控制系统、温度测控系统、步进电机控制系统、数字电压表、无线遥控开关、红外遥控器6个典型综合项目，以小组自由选题的形式每组完成一题，每组成员间分工合作共同完成系统的任务分析、方案设计、硬件设计、软件设计及系统调试的过程，提高单片机应用系统开发的技能。设置答辩环节对本课程能力水平进行评估。

学习目标

1. 理论目标

(1) 了解单片机应用系统的开发过程。

(2) 掌握单片机系统常用外围电路的设计方法。

(3) 掌握汇编语言程序的编写。

2. 技能目标

(1) 单片机应用系统设计能力。

(2) 具有较强的对新技能、新知识的学习能力。

(3) 具有阅读和查找资料、文献等获取信息的能力。

3. 情感目标

(1) 具有良好的思想政治素质、行为规范和职业道德。

(2) 具有较强的口头与书面表达能力、人际沟通能力。

(3) 具有较强的独立思考和开拓创新能力。

(4) 具有较强的计划、组织、协调和团队合作能力。

(5) 具有安全意识、环保意识及责任意识。

教学设备

(1) 装有 KEIL 和 Proteus 软件的计算机一台。

(2) 焊接工具。

计算机在逻辑处理及工业控制等方面具有非凡的能力，单片机以其具有低成本、小体积运行的可靠性和控制的灵活性被广泛应用在智能仪表、智能家电、智能办公设备、汽车及军事电子设备等领域。

（1）在工业控制中的应用。工业自动化控制是单片机的最早应用领域之一，单片机在过程控制、测控系统及机电一体化设备中主要用于实现逻辑控制、数据采集、运算处理、数据通信等。另外，单独使用单片机还可以实现一些小规模的控制功能，作为下位计算机进行底层检测和控制单元与上位计算机结合组成大规模工业自动化控制系统。

（2）在智能仪器中的应用。采用单片机进行信息处理、控制及通信的智能仪器与非智能化仪器相比，功能得到了强化，增加了数据存储、故障诊断、联网集控等功能。以单片机作为核心组成智能仪器表已经是自动化仪表发展的一种趋势。

（3）在家用电器中的应用。目前，智能家电风靡市场。单片机功能完善、体积小、价格低廉、易于嵌入，非常适合用于家用电器的控制。嵌入单片机的家用电器实现了智能化，使传统型家用电器更新换代。单片机现已被广泛应用于洗衣机、空调、电视机、微波炉、电冰箱、电饭煲及各种试听设备等。

（4）在信息和通信产品中的应用。单片机的参与使信息和通信产品的自动化和智能化程度增高，这里最具代表性的产品就是移动通信设备，如手机内的控制芯片就属于专用型单片机。另外，在计算机外部设备中（如键盘、打印机）也离不开单片机。新型单片机普遍具备通信接口，可以方便地和计算机进行数据通信，为计算机和网络设备之间提供连接服务创造了条件。

（5）在办公自动化设备中的应用。现在办公自动化设备中（如打印机、复印机、传真机、绘图机、考勤机及电话等）大多数嵌入了单片机控制核心。通过单片机控制不仅可以完成设备的基本功能，还可以实现与计算机之间的数据通信。

（6）在商业营销设备中的应用。在商业营销系统中的电子秤、收款机、条形码阅读器、IC卡刷卡机、出租车计价器，以及仓储安全监测系统、商场保安系统、空气调节系统、冷冻保险系统等也有单片机的身影。

（7）在医用设备领域中的应用。单片机在医疗设施及医用设备中的用途也相当广泛，如在医用呼吸机、各种分析仪、医疗监护仪、超声诊断设备及病床呼叫系统中都得到了实际应用。

（8）在汽车电子产品中的应用。现代汽车的集中显示系统、动力监测控制系统、自动驾驶系统、通信系统和运行监视器等装置中都离不开单片机。特别是采用现场总线的汽车控制系统中，以单片机担当核心的节点通过协调、高效的数据传送不仅完成了复杂的控制功能，而且简化了系统结构。

单片机的应用可以说已经覆盖了人们生活的方方面面，因此，单片机应用系统的设计应具备可靠性高、便于使用和维修及性价比高的特点。

在进行单片机应用系统的设计时，一般分为以下四部分。

1. 确定任务

在进行系统设计前期，必须进行市场调查，了解该系统的市场应用概况或应用价值。分析系统当前存在的问题，最终确定本系统的开发设计目的和目标。简单地说即弥补缺点，完善功能。

在确定了大的方向之后，对系统的具体实现进行规划，包括应该采集信号的种类、数量、范围，输出信号的匹配和转换，控制算法的选择，技术指标的确定等。

2. 方案设计

确定任务后，对该系统的总体方案进行设计，包括以下两方面。

（1）单片机机型和器件的选择。

① 确定单片机机型及器件型号，避免过多功能闲置，造成浪费。

② 性价比要高，选择性价比高的元器件。

③ 原理简化，缩短研发周期。

④ 考虑元器件货源，选择利于批量生产和系统维护的元器件。

（2）硬件与软件的功能划分。系统的功能有时既可以由硬件实现，又可以由软件实现，需要根据系统的实时性和系统的性价比综合考量确定。通常情况下，硬件实现速度快，节省 CPU 时间，但系统硬件复杂，成本高。因此在 CPU 时间充足的情况下，尽量采用软件实现。

3. 硬件系统设计

单片机应用系统的硬件设计即在确定机型及元件的基础上设计的电路原理图，并且在进行必要的实验之后完成工艺结构设计、电路板制作和样机组装。

4. 软件系统设计

单片机应用系统的软件设计包括数据采集和处理程序、控制算法实现程序、人机联系程序和数据管理程序，通常采用模块化程序设计、自顶向下的程序设计方法。

任务7.1　交通灯控制系统

7.1.1　确定任务

本任务拟设计一个工作在十字路口的交通灯控制系统。设东西方向为主干道（A），南北方向为辅干道（B），本交通灯控制系统具有如下功能。

（1）灵活控制主辅干道交通指示灯显示时间的功能。

（2）两位数码管倒计时显示功能。

（3）紧急车辆通过时的应急处理功能。

（4）交通阻塞特殊处理功能。

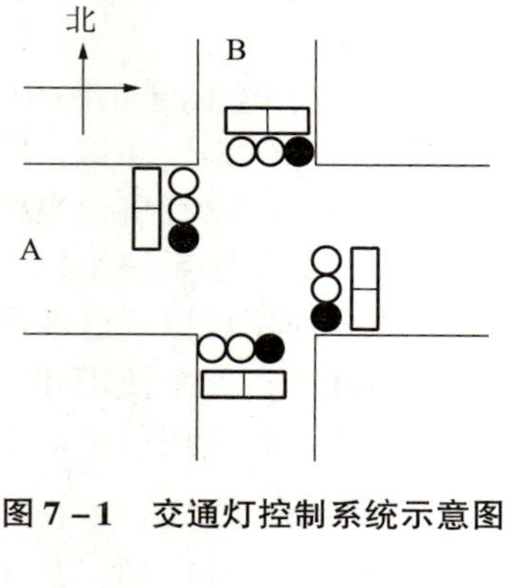

图 7－1　交通灯控制系统示意图

交通灯控制系统示意图如图 7－1 所示。

交通灯控制系统工作状态分为正常状态、紧急状态和交通阻塞状态。

1. 正常状态

A、B 两干道轮流放行，A 道放行 1 min，其中 5 s 用于换灯提示，B 道放行 30 s，其中 5 s 用于换灯提示，每次换灯提示信号为 3 s，3 次绿灯闪烁，2 s 黄灯，共计 6 个显示状态。信号灯的 6 个基本显示状态见表 7－1。

表 7－1 交通灯控制系统状态表

序号	状态描述	东西 A 道	南北 B 道	持续时间	数字显示
1	A 道通行	绿灯	红灯	55 s	55～01
2	A 道通行警告 1	绿灯闪烁	红灯	3 s	03～01
3	A 道通行警告 2	黄灯	红灯	2 s	02～01
4	B 道通行	红灯	绿灯	25 s	25～01
5	B 道通行警告 1	红灯	绿灯闪烁	3 s	03～01
6	B 道通行警告 2	红灯	黄灯	2 s	02～01

配合信号灯转换，本交通灯控制系统还增加了数码管的倒计时功能，用于车辆启停控制提示。

2. 紧急状态

生活中常有各种紧急车辆（如消防车、救护车、执法车等）的强行通过需求，本交通灯控制系统为此类紧急需求增设了紧急车按键。当无紧急车时，交通指示灯按正常时序控制；当有紧急车时，紧急车按键模拟开关接通，产生外部中断请求，系统能响应并处理该请求，使 A、B 干道均为红灯，禁止普通车通过，将紧急车放行。当紧急车通过后，紧急车按键模拟开关断开，信号灯的状态立即恢复为正常状态。

3. 交通缓解状态

当十字路口其中一个方向的车辆过多，而另一个方向车辆稀少时，这种情况下如果仍然保持正常状态下的交通灯控制模式，会导致交通状况恶化，最终造成交通阻塞。本交通灯控制系统增设车辆检测功能，单片机根据车辆检测电路提供的两车道车流量信息，自动地调整交通控制信号灯的显示状态。系统中通过按键开关 K1、K2 模拟 A、B 道的车辆检测信号，设 K1、K2 为高电平时，表示有车；设 K1、K2 为低电平时，表示无车。K1、K2 状态相同时启动正常状态程序，K1、K2 状态不相同时即一车道车多而另一车道车少的特殊情况，此时产生中断请求，中断处理时查询按键情况，从而控制交通指示灯状态，使车辆多的车道放行 5 s，然后恢复到正常状态。

7.1.2 方案设计

实用交通指示灯控制系统主要由 CPU 控制模块、信号灯显示模块、倒计时显示模块、紧急状态模拟模块及交通缓解状态模拟模块五部分组成，如图 7－2 所示。

CPU 控制模块作为本系统的核心部分，控制核心采用 AT89S51 单片机，利用 AT89S51 单片机内部定时器实现交通指示灯控制的计时功能，在正常情况下产生相应的控制信息控制倒计时显示电路、信号灯显示电路的正常运行。当有紧急或特殊情况产生时，AT89S51 单片机内部的中断系统及时响应中断，打断当前的控制状态，对紧急或特殊情况进行处理。

信号灯显示模块采用 12 个发光二极管模拟红、黄、绿交通指示灯，用单片机的 P1 口控制发光二极管的亮灭状态。

倒计时显示模块的接口电路有静态显示和动态显示两种方式，本系统需要 8 个数码

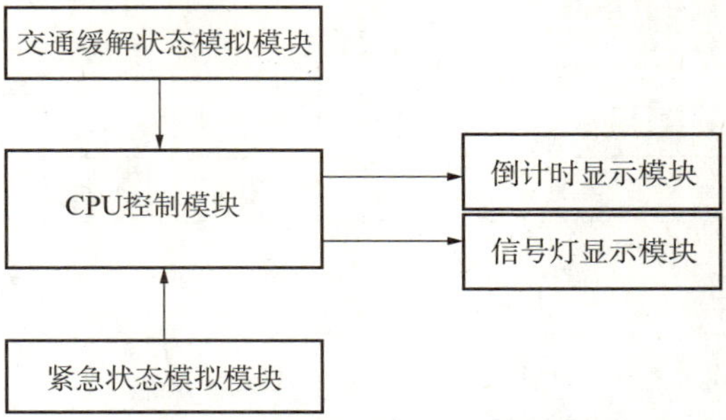

图 7－2 实用交通指示灯控制系统框图

管，静态显示方式无法满足要求，并且系统是非实时测控，因此选用动态显示方式，直接使用单片机并行口作为显示接口，无须外扩接口芯片，这样，在满足系统需求的同时还能够简化电路设计，提高系统可靠性。

紧急状态模拟模块采用按键触发紧急情况的中断处理过程，使 A、B 干道均为红灯，禁止普通车通过，放行紧急车辆。

交通缓解状态模拟模块采用按键电平控制信号替代车辆检测电路的输出脉冲信号，当出现一道有车一道无车的情况时，触发特殊情况的中断处理过程，放行有车车道 5s 后恢复正常情况。

7.1.3 硬件系统设计

系统硬件设计原理图如图 7－3 所示。

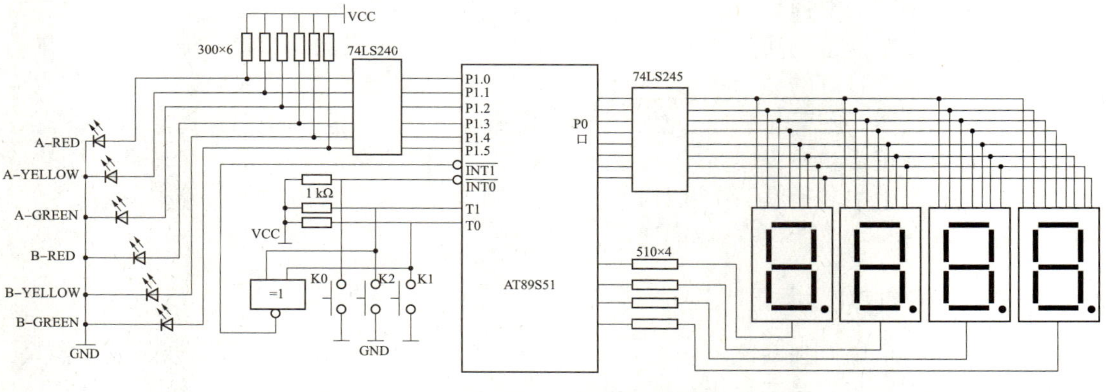

图 7－3 交通灯控制系统电路图

本交通灯控制系统硬件系统共分为五部分模块电路。

1. 最小系统模块

图 7－3 中未画出单片机最小系统电路，请自行连接。由于本交通灯控制系统选用的是 AT89S51 型单片机，内部集成 4 KB 闪存，无须外接存储器，因此单片机 31 引脚接电源 VCC。

2. 信号灯显示模块

选取红、黄、绿三色灯模拟十字路口的南向和东向交通灯，参照图7－3所示的电路连接信号灯。另外一组北向和西向的6个交通指示灯只需参考图7－3所示的连接方法，并连到对应方向的单片机I/O接口。为使P1口输出能力增加，提高P1口电流，在P1接口和发光二极管之间增加反相驱动芯片74LS240。

3. 倒计时显示模块

选取4个共阳极数码管分别模拟显示南向和东向的倒计时，另外一组北向和西向的倒计时显示电路可参考图7－3中的连接方法自行完成。为提高P0口输出电流能力，保证数码管亮度，保护端口引脚在P0口与数码管之间增加了驱动器74LS245。

4. 紧急状态模拟模块

按键K0连接外部中断0信号引脚，模拟进入紧急状态的触发信号。

5. 交通缓解状态模拟模块

按键K1、K2模拟A、B道的车辆检测信号，根据任务分析K1、K2状态相同时执行正常状态程序；当K1、K2状态不相同时属一边车多另一边车少的特殊情况，选取异或非门74LS266满足产生外部中断1中断的条件，即$\overline{INT1} = K1 \oplus + K2$。另外，将K1、K2信号接入单片机，以便单片机查询判断有车车道，可将其分别接至单片机的P3.4引脚和P3.5引脚。

注意：如无异或非门74LS266，可用异或门74LS86与非门74LS04组合来实现。

本交通灯控制系统元器件清单见表7－2。

表7－2　交通灯控制系统元件清单

元器件名称	型号	数量	元器件名称	型号	数量
IC插座	DIP40/DIP20/DIP14	1/1/2	电阻	10 kΩ	2
单片机	AT89S51	1	电解电容	22 μF	1
晶体振荡器	12 MHz	1	按钮开关		4
瓷片电容	22 pF	2	电阻	300 Ω	12
发光二极管		12	电阻	510 Ω/1 kΩ	8/3
数码管	HS－5101BS2	8	驱动器	74LS245	1
8反相器	74LS240	1	异或非门	74LS266	1

7.1.4 软件系统设计

结合本交通灯控制系统的硬件设计，进行软件系统的设计。本系统程序设计采用自顶向下、逐步细化的模块化设计方法。

1. 程序流程图设计

（1）主程序流程。本系统以正常状态下交通信号灯各状态的循环显示为主程序，调用数码管倒计时子程序，并及时响应各中断信号。主程序流程图如图7－4所示。

（2）倒计时程序流程。采用动态显示方式显示交通指示灯的计时时间；查询判断是否计满 50 ms，计满后需重置计数初值，循环显示直至完成定时 1 s；倒计时时间减 1。倒计时程序流程图如图 7－5 所示。

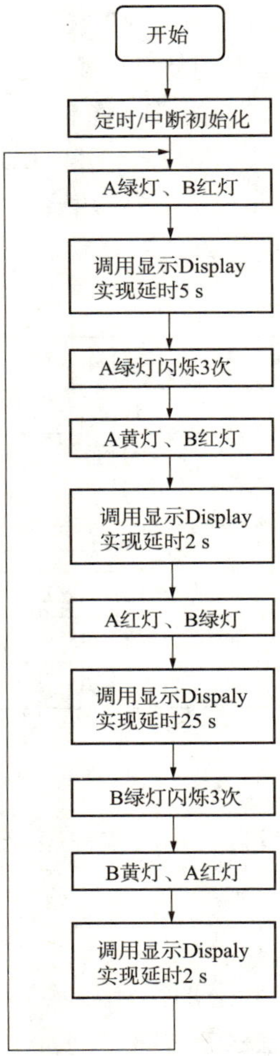

图 7－4　主程序流程图

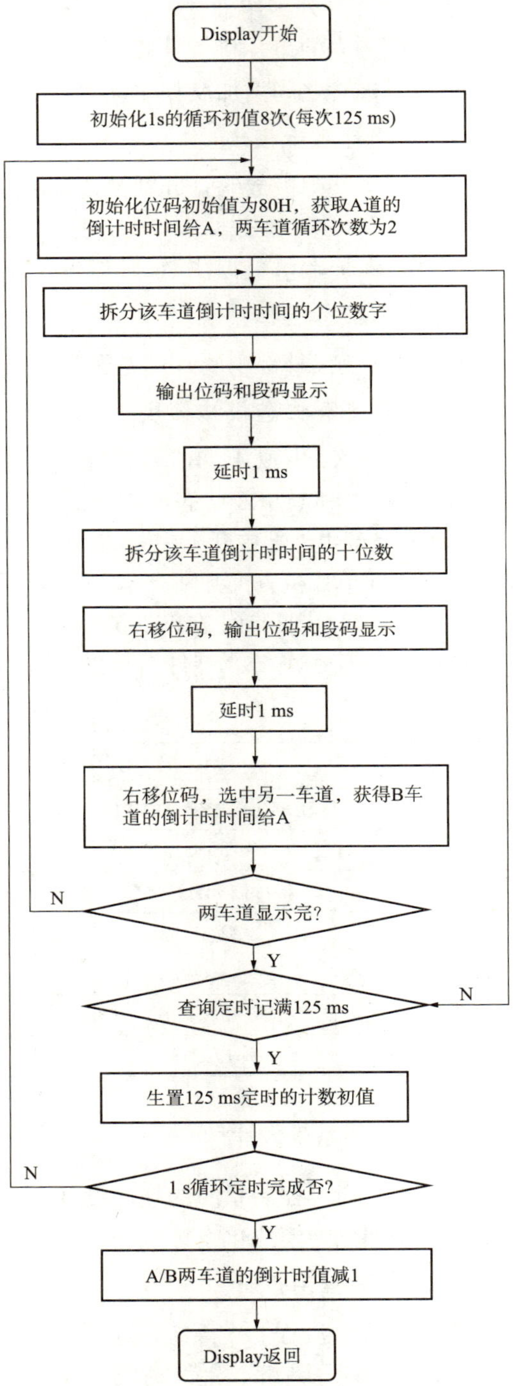

图 7－5　倒计时程序流程图

（3）紧急状态中断服务子程序流程。当按键 K0 按下时，点亮 A、B 两道的红灯 1 s，当释放按键 K0 时将返回主程序继续保持正常运行状态，其流程图如图 7－6 所示。

（4）交通缓解状态中断服务子程序流程。利用软件查询 P3.4 和 P3.5 引脚信号的高低电平，判别交通现状，再根据查询情况执行相应的交通指示灯控制处理程序，保持 5 s 的延时，其流程图如图 7－7 所示。

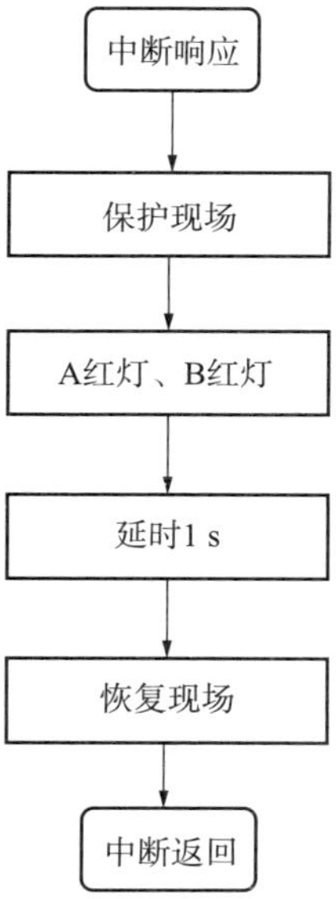

图 7－6　紧急状态中断服务子程序流程图

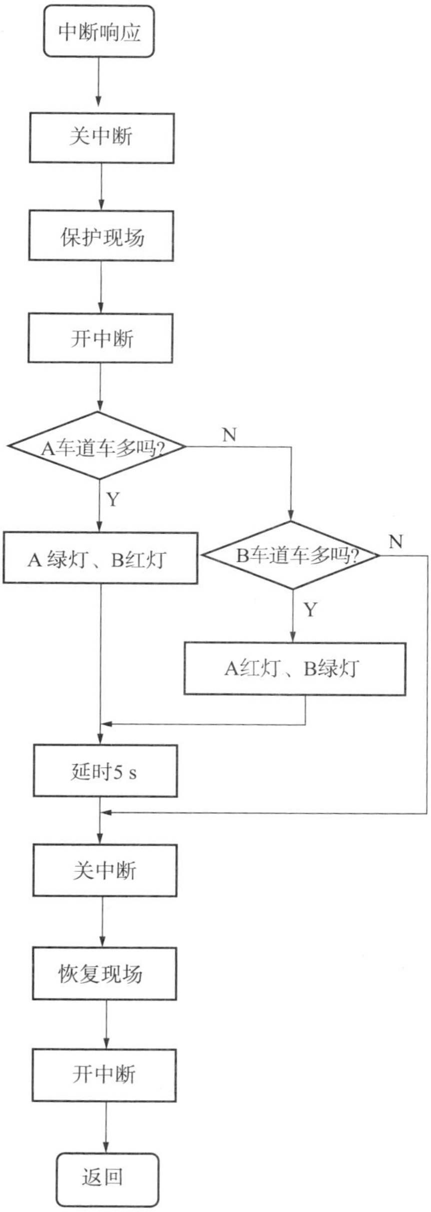

图 7－7　交通缓解状态中断服务子程序流程图

2. 单片机资源分配

（1）T0 作定时/计数器，工作在方式 1。每隔 50 ms 溢出中断，程序采用查询方式判断处理。

（2）外部中断 0 响应紧急状态按键 K0。

（3）外部中断 1 响应交通缓解状态检测信号按键 K0、K1。

（4）内部 RAM 的寄存器及用户变量分配，见表 7－3。

表 7－3　交通灯控制系统寄存器变量分配表

寄存器分配	功能
R1	Display 子程序中延时 1 s 的循环次数（每次定时 50 ms）
R2	Display 子程序中两车道动态显示的循环次数
R3	DELAY_ 1 ms 子程序中软件延时的循环次数
R4	DELAY_ 1 ms 子程序中软件延时的循环次数
R5	Display 子程序中动态显示的位码
R6	A 道计时时间
R7	B 道计时时间

3. 参考程序

```
        ORG     0000H
        AJMP    MAIN
        ORG     0003H
        AJMP    EMER                ；转向紧急状态中断子程序
        ORG     0013H
        AJMP    BUSY                ；转向一道车多另一道车少中断子程序
        ORG     0100H
MAIN：
        SETB    PX0                 ；置外部中断 0 为高优先级中断
        MOV     TCON，#00H          ；置外部中断 0、1 为低电平触发
        MOV     IE，#85H            ；开 CPU 中断，开外部中断 0 和 1
        MOV     TMOD，#01H          ；置定时器 0 采用工作方式 1
        MOV     TL0，#0B0H          ；设计定时 50 ms 的计数初值
        MOV     TH0，#3CH
        SETB    TR0                 ；启动定时
        MOV     DPTR，#TABLE        ；查数码管段码表的表首位置
DISP：  MOV     P1，#0F3H           ；A 车道绿灯放行，B 车道红灯禁止
        MOV     R6，#37H            ；A 车道绿灯 55 s 倒计时初值
```

```
          MOV     R7, #3CH              ; B 车道红灯 60 s 倒计时初值
DISP1:    LCALL   Display               ; 调用 1 s 倒计时显示延时子程序
          CJNE    R6, #00H, DISP1       ; 55 s 不到，继续循环在状态 1
          MOV     R6, #03H              ; 置 A 绿灯闪烁 3 s 倒计时初值
WARN1:    CPL     P1.2                  ; A 绿灯闪烁
          LACLL   Display
          CJNE    R6, #00H, WARN1       ; 闪烁 3 s 未到，继续循环
          MOV     P1, #0F5H             ; A 黄灯警告，B 红灯禁止
          MOV     R6, #02H              ; 置 A 黄灯 2 s 倒计时初值
YEL1:     LCALL   Display
          CJNE    R6, #00H, YEL1        ; 2 s 未到，继续循环
          MOV     P1, #0DEH             ; A 红灯，B 绿灯
          MOV     R6, #1EH              ; A 车道红灯 30 s 倒计时初值
          MOV     R7, #19H              ; B 车道绿灯 25 s 倒计时初值
DISP2:    LACLL   Display
          CJNE    R7, #00H, DISP2       ; 25 s 未到，继续循环
          MOV     R7, #03H              ; 置 B 绿灯闪烁 3 s 倒计时初值
WARN2:    CPL     P1.5                  ; B 绿灯闪烁
          LCALL   Display
          CJNE    R7, #00H, WARN2
          MOV     P1, #0EEH             ; A 红灯，B 黄灯
          MOV     R7, #02H
YEL2:     LCALL   Display
          CJNE    R7, #00H, YEL2
          AJMP    DISP                  ; 循环执行主程序
; **************** 倒计时显示延时 1s 子程序 Display **********************
; 子程序名：倒计时显示延时 1s 子程序 Display
; 子程序功能：定时器 0，工作方式 1，当时钟频率为 12 MHz 时，延时 1 s，同
时显示 R6/R7 存储的 A/B 车道的倒计时时间
Display:  MOV     R1, #20H              ; 置 1 s 循环次数 50 ms×20 次
INIT:     MOV     R2, #02H              ; 置两车道循环次数 R2 为 02H
          MOV     R5, #10H              ; 置位码初值 R5 为 10H，选中 A 道十
                                        位数码管
          MOV     A, R6                 ; A 车道的计时时间显示变量 R6→A
DIV:      MOV     B, #0AH               ; 拆分计时时间的个位数字和十位数字
          DIV     AB                    ; R6 除以 10，十位数字送 A，个位数
                                        字送 B
```

```
        MOVC    A, @A+DPTR          ; 查找十位数字的数码管段码表
        MOV     P2, R5              ; 输出位码，选中十位数码管
        MOV     P0, A               ; 输出计时时间十位数字的段码
        LACALL  DELAY_ 1ms          ; 延时 1 ms，减少动态扫描闪烁
        MOV     A, R5               ; 左移位码，修改为选中个位数码管
                                      的位码
        RL      A
        MOV     R5, A
        MOV     P2, R5              ; 输出位码，选中各位数码管
        MOV     A, B                ; 计时时间的个位数字送 A
        MOVC    A, @A+DPTR          ; 查表取得个位数字的段码
        MOV     P0, A               ; 输出计时时间个位数字的段码
        LCALL   DELAY_ 1ms          ; 延时 1 ms
        MOV     A, R5               ; 循环修改
        RL      A                   ; 修改显示位：左移位码，选中 B 车
                                      道十位数码管
        MOV     R5, A
        MOV     A, R7               ; 修改显示变量：另一车道的计时时
                                      间 R7→A
        DJNZ    R2, DIV             ; 判断是否完成两车道的时间显示
        JBC     TF0, NEXT_ TIMER    ; 判断是否完成 50 ms 定时
        AJMP    INIT                ; 未完成 50 ms 定时，则重新刷新显
                                      示计时时间
NEXT_ TIMER:
        MOV     TL0, #0B0H          ; 计满 50 ms 重新给定时器赋计数初值
        MOV     TH0, #3CH
        DJNZ    R1, INIT            ; 判断是否计满 20 次 50 ms，即 1 s
                                      延时完成
        DEC     R6                  ; 计满 1 s，两车道倒计时时间分别减 1
        DEC     R7
        RET
; ********************** 中断服务子程序 EMER ************************
; 中断服务子程序名：外部中断 0 中断服务子程序 EMER
; 程序功能：紧急状态下，使 A、B 方向交通指示灯均变为红灯
EMER:   CLR     EA                  ; 关中断
```

```
PUSH    PSW          ; 保护现场
PUSH    ACC
PUSH    B
PUSH    P1           ; P1 端口数据压栈保护
PUSH    P0           ; P0 端口数据压栈保护
PUSH    P2           ; P2 端口数据压栈保护
PUSH    01H          ; 寄存器数据压栈保护
PUSH    02H
PUSH    03H
PUSH    04H
PUSH    05H
PUSH    06H
PUSH    07H
PUSH    TH0          ; TH0 压栈保护
PUSH    TL0          ; TL0 压栈保护
SETB    EA
MOV     P1, #0DBH    ; A、B 车道均为红灯 1 s
MOV     R6, #01H
MOV     R7, #01H
LACALL  Display      ; 延时 1 s
CLR     EA
POP     TL0          ; 弹栈恢复现场
POP     TH0
POP     07H          ; 寄存器数据弹栈恢复现场
POP     06H
POP     05H
POP     04H
POP     03H
POP     02H
POP     01H
POP     P2           ; 端口数据压栈保护
POP     P0
POP     P1
POP     B
POP     ACC
POP     PSW
SETB    EA
```

```
        RETI                              ; 返回主程序
; ********************** 中断服务子程序 BUSY **************************
; 中断服务子程序：BUSY
; 程序功能：根据按键判断，让车多车道通行
BUSY:   CLR     EA                        ; 关中断
        PUSH    PSW                       ; 保护现场
        PUSH    ACC
        PUSH    B
        PUSH    P1                        ; P1 端口数据压栈保护
        PUSH    P0                        ; P0 端口数据压栈保护
        PUSH    P2                        ; P2 端口数据压栈保护
        PUSH    01H                       ; 寄存器数据压栈保护
        PUSH    02H
        PUSH    03H
        PUSH    04H
        PUSH    05H
        PUSH    06H
        PUSH    07H
        PUSH    TH0                       ; TH0 压栈保护
        PUSH    TL0                       ; TL0 压栈保护
        SETB    EA                        ; 开中断
        JNB     P3.4, BP                  ; A 车道车少转向
        MOV     P1, #0F3H                 ; A 绿灯，B 红灯
        SJMP    DELAY1                    ; 转向 5 s 延时
BP:     JNB     P3.5, EXIT                B 车道车少，退出中断
        MOV     P1, #0DEH                 ; A 红灯，B 绿灯
DELAY1: MOV     R6, #05H
        MOV     R7, #05H                  ; 置 5 s 循环次数
NEXT:   LCALL   Display                   ; 延时 1 s
        CJNE    R6, #00H, NEXT            ; 5 s 未到，继续循环
EXIT:   CLR     EA
        POP     TL0                       ; 弹栈恢复现场
        POP     TH0
        POP     07H                       ; 寄存器数据弹栈恢复现场
        POP     06H
        POP     05H
        POP     04H
```

```
        POP     03H
        POP     02H
        POP     01H
        POP     P2              ；端口数据压栈保护
        POP     P0
        POP     P1
        POP     B
        POP     ACC
        POP     PSW
        SETB    EA
        RETI
********************* 延时子程序 DELAY_ 1ms *********************
；子程序名延时子程序 DELAY_ 1ms
；子程序功能：循环指令延时
DELAY_ 1ms：
        MOV     R4，#4
LOOP2：MOV     R3，#125
LOOP3：DJNZ    R3，LOOP3
        DJNZ    R4，LOOP2
        RET
；******************** 共阳极数码管段码表 TABLE *********************
TABLE：DB 0C0H，0F9H，0A4H，0B0H，99H
        DB 92H，82H，0F8H，80H，90H
        END
```

任务7.2　温度测控系统

7.2.1　确定任务

人类的生存和社会活动与温湿度有着密切的关系，温湿度监控系统在各个工程领域中充当着非常重要的角色。例如，粮库、气象站、温室大棚、档案馆、通信机站、楼宇自控工程，以及实验室、机房等都是温湿度监控的重点场所。

本任务拟设计制作一个温度测控系统。本温度测控系统以 AT89S51 单片机为测控核心，通过前端传感器检测环境温度，并将采集到的数字温度信号传送给单片机，通过数码管显示出当前温度，从而实现检测功能。另外，单片机还将前端采集到的温度值与预设的温度范围进行比较判断启动响应的控制系统。例如，当当前温度值高出预设温度范围时，启动空调制冷系统，本例采用发光二极管模拟空调制冷的工作状态；当温度值低于当前温度时，启动加热器，本例采用蜂鸣器模拟加热器工作状态。从而实现本温度测控系统的控制功能。

1. 正常模式

本温度测控系统的温度范围设定为18 ℃ ~32 ℃。当温度传感器检测温度为18 ℃ ~32 ℃时，系统工作在正常模式。

(1) 数码管显示当前的温度值。

(2) 发光二极管熄灭模拟空调制冷系统不工作。

(3) 蜂鸣器不响模拟加热器不工作。

2. 制冷模式

当温度传感器检测温度超过预先设定的最高限度 32 ℃时，系统工作于制冷模式。

(1) 数码管显示当前的温度值。

(2) 发光二极管点亮模拟启动空调制冷系统。

(3) 蜂鸣器不响模拟加热器不工作。

3. 加热模式

当温度传感器检测温度低于预先设定的最低限度 18 ℃时，系统工作于加热模式。

(1) 数码管显示当前的温度值。

(2) 发光二极管熄灭模拟空调制冷系统不工作。

(3) 蜂鸣器发声模拟启动加热器。

7.2.2 系统方案设计

本温度控制系统主要由 CPU 控制模块、温度检测模块、温度显示模块、制冷控制模块和加热控制模块五部分组成，如图 7 – 8 所示。

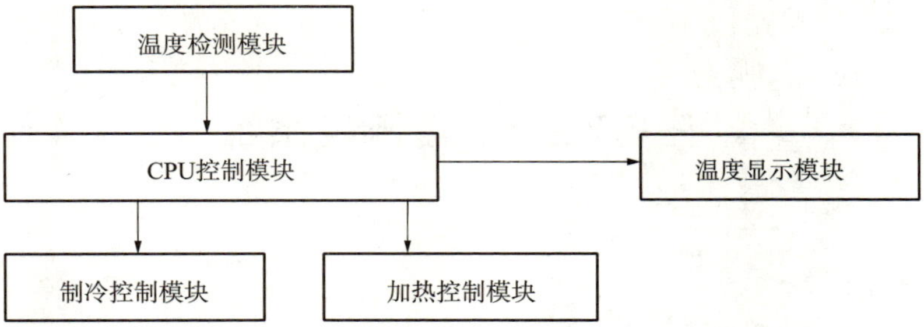

图 7 – 8 温度测控系统框图

7.2.3 硬件系统设计

温度测控系统硬件设计原理图如图 7 – 9 所示。

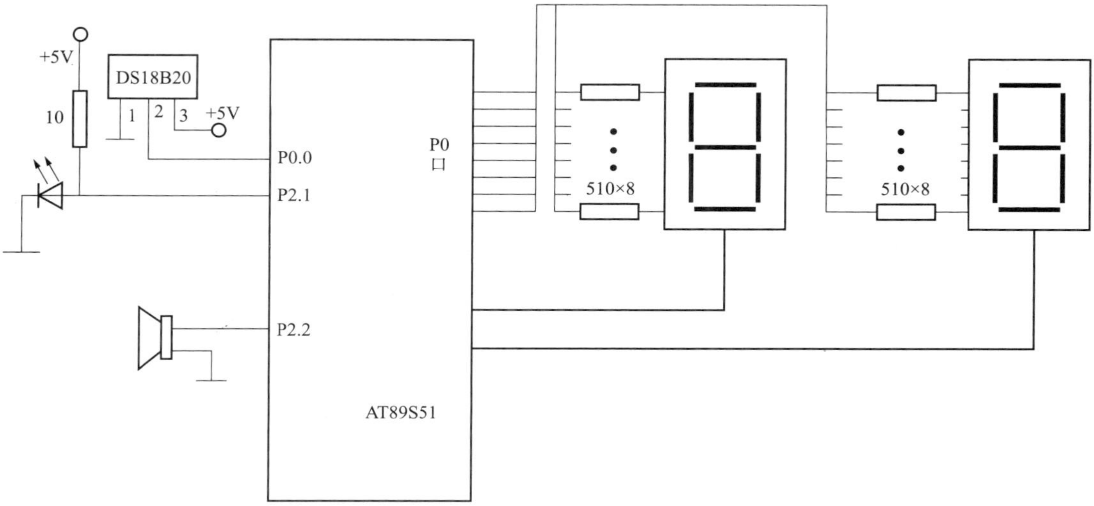

图 7－9　温度测控系统原理图

1. 最小系统模块

图 7－10 中未画出单片机最小系统电路，请自行连接。由于本系统选用的是 AT89S51 型单片机，内部集成 4 KB 闪存，无须外接存储器，因此单片机 31 引脚接电源 VCC。

2. 温度检测模块

本系统选用单总线的温度传感器 DS18B20 作为温度检测的传感器，DS18B20 为数字式温度传感器，为 3 引脚 TO－92 封装，温度可测范围为 －55 ℃ ~125 ℃，单片机一根端口线可与多个 DS18B20 通信。该芯片接口简单，可节省大量的引线和逻辑电路，具有很好的通用性。其外观如图 7－10 所示。

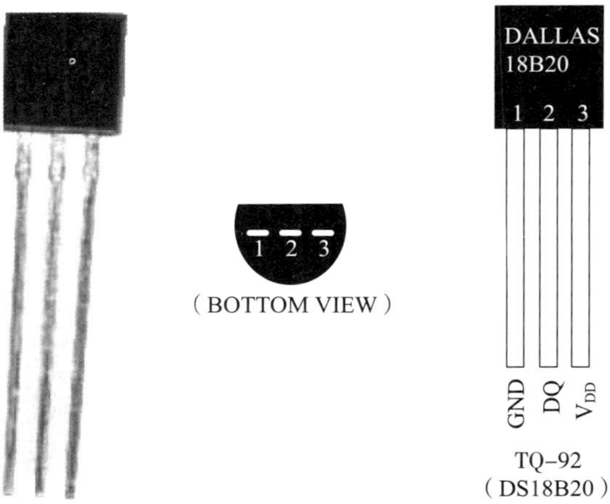

图 7－10　DS18B20 温度传感器

DS18B20 温度传感器引脚功能见表 7－4。

表 7－4　DS18B20 温度传感器引脚功能

引脚序号	名称	功能
1	GND	接电源地
2	DQ	数据输入/输出引脚
3	VDD	接电源 +5 V

3. 温度显示模块

本系统选用共阳极数码管实时显示当前温度，接口电路采用数码管动态显示的设计方法。单片机 P1 口作为两位数码管显示的段选接口，P1 口段选线输出低电平则点亮相应的段。数码管各段连接 510 Ω 的限流电阻，满足数码管导通电流在额定导通电流范围内的要求。单片机 P2 口作为两位数码管动态显示的位选接口，P2. 3 ~ P2. 4 引脚控制两位数码管分别显示温度的十位和个位。

4. 制冷控制模块

当检测温度超过预先设定的最高限度 32 ℃时，启动空调制冷系统，通过单片机的 P2. 1 口控制一个发光二极管来模拟空调，点亮表示空调运转，熄灭则表示空调停止运转。

5. 加热控制模块

当检测温度低于预先设定的最低限度 18 ℃时，启动加热器，通过单片机的 P2. 2 引脚控制一个蜂鸣器来模拟加热器，蜂鸣器报警表示加热器打开运转，不响则表示加热器停止运转。

温度测控系统元器件清单如表 7－5 所示。

表 7－5　温度测控系统元器件清单

元器件名称	型号	数量	元器件名称	型号	数量
IC 插座	DIP 40	1	电阻	510 Ω	16
单片机	AT89S51	1	温度传感器	DS18B20	17
晶体振荡器	12 MHz	1	发光二极管		1
瓷片电容	30 pF	2	蜂鸣器		1
电阻	10 kΩ	2	数码管	HS－5101BS2	2
电解电容	22 μF	1			

7. 2. 4　软件系统设计

结合温度测控系统的硬件设计，进行软件系统的设计。本系统程序设计采用自顶向下、逐步细化的模块化设计方法。

1. 程序流程图设计

(1) 主程序流程图设计。本温度测控系统以实时监测环境温度为主程序，程序开始需要完成对系统变量的设定，堆栈及I/O接口初始化，以及预置温度最高限度和最低限度分别为32 ℃和18 ℃；通过调用DS18B20的初始化子程序INIT_ 1820，使元器件能够按照指定的时序完成初始化设置，以便进入正常工作状态；分别调用温度检测、显示和控制各模块子程序实现智能温度测控功能。主程序的流程图如图7－11所示，DS18B20初始化子程序的流程图如图7－12所示。

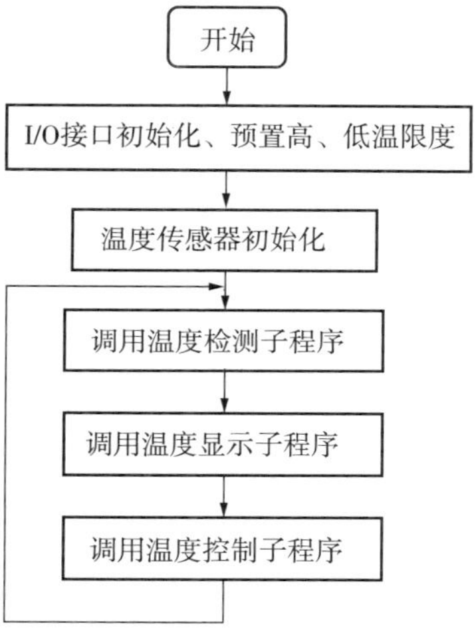

图7－11 温度测控系统主程序的流程图

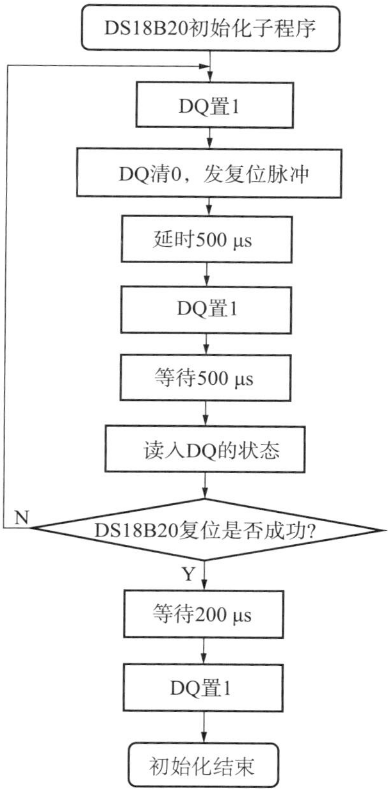

图7－12 DS18B20初始化子程序的流程图

（2）温度检测子程序流程。本温度测控系统的温度检测功能通过温度传感器DS18B20实现。要想实现DS18B20与单片机进行数据交换必须通过3个步骤，即初始化、写字节操作和读字节操作。

由于DS18B20采用一条数据线实现双向传输的1－Wire单总线协议方式，但单片机AT89S51不支持单总线协议，因此需要通过软件方法实现，来完成单片机与DS18B20之间的通信。本系统通过子程序GET_ TEMPER实现与DS18B20的单总线串行接口的数据传送协议，嵌套调用DS18B20的写子程序WRITE_ 1820发送温度转换命令，在指定时间后再调用DS18B20的读子程序READ_ 1820读取温度数据，从而实现温度采集功能。其中，写子程序WRITE_ 1820和读子程序READ_ 1820的流程图分别如图7－13和图7－14所示。温度检测子程序包括温度采集子程序GET_ TEMPER和温度转换子程序TEM_ COV。

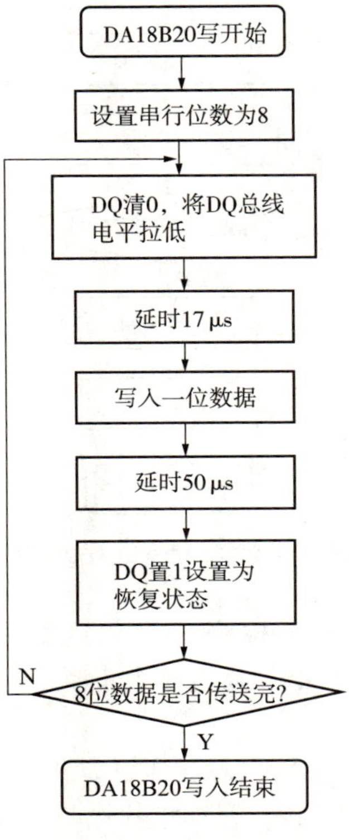

图 7-13　DS18B20 写子程序的流程图

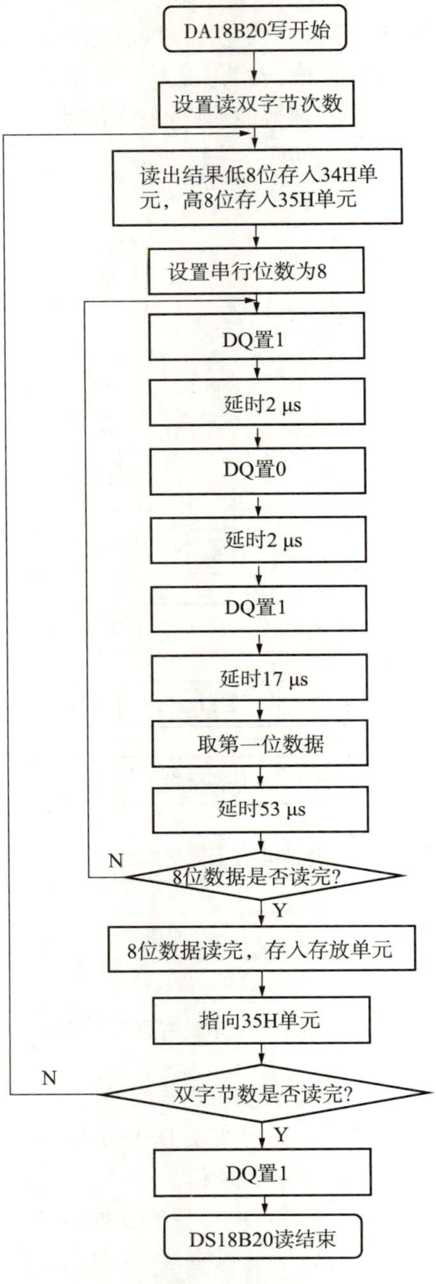

图 7-14　DS18B20 读子程序的流程图

从单总线串行接口元器件 DS18B20 读取的温度数据格式与实际的温度数值有一定偏差，利用子程序 TEM_ COV 实现对从 DS18B20 读取的温度数据进行格式转换的功能。

(3) 温度显示子程序 TEM_ DISP 流程。本温度测控系统的显示子程序采用共阳极数码管动态显示方式实时显示环境温度。

（4）温度控制子程序 TEM_ CONTR 流程。当检测到的温度值高于预先设定的最高限度 32 ℃时，点亮发光二极管；当检测到的温度值低于预先设定的最低限度 18 ℃时，蜂鸣器报警。

（5）延时子程序流程。温度测控系统还包括延时子程序 YS500 和 YS50。

2. 资源分配

温度测控系统 RAM 资源分配见表 7－6。

表 7－6　温度测控系统 RAM 资源分配表

地址分配	用途	名称	初始值
32H	设定最高温度的存储单元	HIG_ MK	32
33H	设定最低温度的存储单元	LOW_ MK	18
34H	存放当前温度的低 8 位单元	TEM_ L	00H
35H	存放当前温度的高 8 位单元	TEM_ H	00H
36H	存放当前温度整数部分的单元	TEM_ NUM	00H
37H	显示温度的个位		
38H	显示温度的十位		
P0.0	单片机与 DS18B20 数据总线端	DQ	0
R0	存放数码管的显示单元		37H
R1	存放 DS18B20 读取一个字节的地址		34H
R2	存放 DS18B20 读一个字节的循环次数		08H
R3	存放数码管的位码		10H
R4	设置读双字节的循环次数		02H
R5	存放数码管显示的位数		02H
R7	延时程序中延时 2μs 的循环次数		

3. 参考程序

```
; ********************** 温度测控系统源程序 ************************
; 程序功能：温度测控系统，两位数码管显示当前温度
;           当温度高于上限时，发光二极管点亮模拟降温控制
;           当温度低于下限时，蜂鸣器鸣叫模拟升温控制
        HIG_ MK      EQU 32H        ; 最高温度阈值变量声明
        LOW_ MK      EQU 33H        ; 最低温度阈值变量声明
        TEM_ L       EQU 34H        ; 当前温度的低字节变量声明
        TEM_ H       EQU 35H        ; 当前温度的高字节变量声明
        TEM_ NUM     EQU 36H        ; 当前温度整数部分变量声明
```

```
        FLAG1      EQU 00H          ; DS18B20 存在标志位声明
        DQ         EQU P0.0         ; 单片机与 DS18B20 连接数据口声明
        ORG        0000H
START:  MOV        SP, #60H         ; 堆栈指针初始化
        SETB       DQ
START1: CLR        P2.1             ; 初始状态：关空调（熄灭发光二极管）
        CLR        P2.2             ; 关加热器（蜂鸣器不响）
        MOV        HIG_MK, #32      ; 设定最高温度阈值为 32 ℃
        MOV        LOW_MK, #18      ; 设定最低温度阈值为 18 ℃
        LCALL      INIT_1820        ; 调用 DS18B20 的初始化子程序
GON:    LCALL      GET_TEMPER       ; 调用温度采集子程序
        LCALL      TEM_COV          ; 调用温度数据格式转换子程序
        ACALL      TEM_DISP         ; 调用子程序动态显示两位温度值
        LCALL      TEM_CONTR        ; 调用温度控制子程序
        AJMP       GON              ; 不间断温度检测与控制过程
; ************************ 温度采集子程序 GET_TEMPER ***************
; 子程序名：温度采集子程序 GET_TEMPER
; 子程序功能：操作 DS18B20，通过调用元器件的读写子程序，实现采集温度数
              据的功能
; 出口参数：存放原始温度数据的 34H 和 35H 单元
GET_TEMPER:
            SETB   DQ
GET_MK1:    LCALL  INIT_1820            ; 调用初始化子程序
            JB  FLAG1, GET_MK2          ; 判断元器件是否初始化成功
            LJMP   GET_MK1              ; 初始化不成功则需继续重新初始化
GET_MK2:    LCALL  YS50                 ; 调用延时 50 μs 子程序
            MOV  A, #0CCH
            LCALL  WRITE_1820
            MOV  A, #44H
            LCALL  WRITE_1820
GET_MK5:    NOP
            CLR  DQ
            NOP
            SETB  DQ                    ; 发复位脉冲
            MOV  R7, #4
            DJNZ  R7, $
            CLR  C
```

```
            MOV   C, DQ
            JNC   GET_ MK5          ; 判断DS18B20复位是否成功
GET_ MK3    LCALL  INIT_ 1820       ; 复位成功则进行初始化配置
            JB  FLAG1, GET_ MK4
            LJMP  GET_ MK3
GET_ MK4    LCALL  YS50
            MOV   A, #0CCH
            LCALL  WRITE_ 1820
            MOV   A, #0BEH
            LCALL  WRITE_ 1820      ; 发送读温度命令
            LCALL  READ_ 1820       ; 调用子程序读取温度数据
            RET
; ********************* DS18B20初始化子程序 **************************
; 子程序名: DS18B20初始化子程序 INIT_ 1820
; 子程序功能: DS18B20初始化
; 出口参数: 无
INIT_ 1820: SETB  DQ
            NOP
            NOP
            CLR   DQ                ; 发复位脉冲
            ACALL  YS500            ; 调用500 μs延时子程序
            SETB  DQ
            ORL   P0, #01H          ; 将P0.0设为输入端口
            ACALL  YS50             ; 等待50 μs
            JNB   DQ, TSR1          ; 判断DS18B20复位是否成功
            AJMP  INIT_ 1820        ; 重发复位脉冲
TSR1:       MOV   R7, #6BH          ; 复位成功等待200 μs后再进行其他操作
TSR2:       DJNZ  R7, TSR2
            SETB  DQ                ; 初始化时序结束, 将DQ设置为高电平
            RET
; ****************************** 延时50 μs子程序 *********************
; 子程序名: 延时50 μs子程序 YS50
; 子程序功能: 50 μs延时子程序
; 出口参数: 无
YS50        MOV   R7, #18H          ; 50 μs延时子程序
            DJNZ  R7, $
            RET
```

```
; ******************************** 延时 500 μs 子程序 *******************
; 子程序名：延时 500 μs 子程序 YS500
; 子程序功能：500 μs 延时子程序
; 出口参数：无
YS500:      MOV   R7, #0F9H        ; 500 μs 延时子程序
            DJNZ  R7, $
            RET
; **************************** DS18B20 写子程序 **********************
; 子程序名：DS18B20 写子程序 WRITE_ 1820
; 子程序功能：按照 DS18B20 的写时序完成写入功能
; 入口参数：累加器 A
WRITE_ 1820:
            MOV   R2, #8           ; 设置串行数据传送位数
            CLR   C
WRITE1:     CLR   DQ               ; 将 DS18B20 的 DQ 数据总线电平拉低
            MOV   R7, #8           ; 延时 >15 μs
            DJNZ  R7, $
            RRC   A                ; 写入一位数据
            MOV   DQ, C
            MOV   R7, #24          ; 延时 50 μs
            DJNZ  R7, $
            SETB  DQ               ; 设置为恢复状态
            NOP                    ; 延时 1 μs
            DJNZ  R2, WRITE1       ; 判断 8 位数据写入是否完成
            RET
; ********************* DS18B20 读子程序 ******************************
; 子程序名：DS18B20 读子程序 READ_ 1820
; 子程序功能：按照 DS18B20 的读时序读取温度数据，并保存到 34H 和 35H 单元
; 出口参数：34H 和 35H 单元
READ_ 1820:
            MOV   R4, #2           ; 设置读双字节数
            MOV   R1, #34H         ; 结果低 8 位存 34H 单元，高 8 位存 35H
                                   单元中
READ0:      MOV   R2, #8           ; 每次读 8 位
            MOV   A, #00H
READ1:      CLR   C
            SETB  DQ
```

```
            NOP
            NOP
            CLR   DQ                ; 保持至少 1 μs 的低电平
            NOP
            SETB   DQ               ; 恢复高电平
            MOV   R7, #8            ; 延时 >15 μs
            DNJZ   R7, $
            MOV   C, DQ             ; 取第一位数据
            RRC   A
            MOV   R7, #26
            DJNZ   R7, $
            DJNZ   R2, READ1        ; 判断 8 位数据是否读完
            MOV   @R1, A            ; 低 8 位数据读完，存入 34H 单元
            INC   R1                ; 指向 35H 单元
            DJNZ   R4, READ0        ; 高 8 位数据读完，存入 35H 单元
            SETB   DQ               ; 读时序结束，将 DQ 设置为高电平
            NOP
            NOP
            RET
; **************** 温度数据格式转换子程序 TEM_ COV *****************
; 子程序名：温度数据格式转换子程序 TEM_ COV
; 子程序功能：屏蔽 TEM_ L（34H）、TEM_ H（35H）单元温度值的最高 4 位
            和最低 4 位，保留温度整数值到 TEM_ NUM（36H）单元
; 入口参数：存放原始温度数据的 TEM_ L 和 TEM_ H 单元
; 出口参数：存放温度整数部分的 TEM_ NUM 单元
TEM_ COV：MOV   A, TEM_ L       ; 取温度值低字节数据到 A
            ANL   A, #0F0H
            SWAP   A                ; 屏蔽低字节的最低 4 位
            MOV   TEM_ NUM, A   ; 暂存结果到 A
TEM_ COV3：MOV   A, TEM_ H      ; 取温度值高字节数据到 A
            ANL   A, #0FH
            SWAP   A                ; 屏蔽高字节的最高 4 位
            ORL   A, TEM_ NUM
            MOV   TEM_ NUM, A   ; 将数据格式转换结果存入 TEM_ NUM 单元
            RET
```

```
; ****************** 温度显示子程序 TEM_ DISP *************************
; 子程序名：温度显示子程序 TEM_ DISP
; 子程序功能：用数码管显示两位的温度值
; 入口参数：存放温度整数部分的 TEM_ NUM 单元
; 出口参数：无
TEM_ DISP：    MOV   A，TEM_ NUM
               MOV   B，#10
               DIV   AB
               MOV   37H，B              ；温度值的个位数字存入 37H 单元
               MOV   38H，A              ；温度值的十位数字存入 38H 单元
               MOV   R5，#02H            ；两位数字循环显示次数设置
               MOV   R0，#37H            ；指针 R0 指向显示缓冲区首地址
               MOV   R3，#10H            ；数码管动态显示位码初值设置
               MOV   DPTR，#TAB          ；共阳极数码管段码表首地址设置
SCAN_ 1：      MOV   A，@R0
               MOVC  A，@A+DPTR          ；查表去除温度值的个位数字段码
               MOV   P1，A               ；输出段码到 P1 端口连接的段选线
               INC   R0                  ；修改显示缓冲区指针 R0
               MOV   A，R3
               MOV   P2，A               ；输出位码选中一位数码管
               MOV   R7，#0
               DJNZ  R7，$               ；动态显示 256μs 的延时
               RR    A                   ；移位修改位码
               MOV   R3，A
               DJNZ  R5，SCAN_ 1         ；判断循环显示两位数码管是否完成
               RET
TAB：          DB 0C0H，0F9H，0A4H，0B0H，99H，92H，82H，0F8H，80H，
               90H
; ****************** 温度比较与控制子程序 TEM_ CONTR ***************
; 子程序名：温度比较与控制子程序 TEM_ CONTR
; 子程序功能：判断当前温度是否超出预置温度范围，如超出则进行降温或升温控制
; 出口参数：无
TEM_ CONTR：
               MOV   A，TEM_ NUM
               CJNE  A，HIG_ MK，MAIN2
```

```
MAIN2:      JC   MAIN3               ; 判断温度是否超过最高限度
            SETB   P2.1              ; 降温控制，启动空调（发光二极管）
            AJMP   MAIN6
MAIN3:      CJNE   A, LOW_ MK, MAIN4
                                     ; 判断温度是否低于最低限度
MAIN4:      JNC   MAIN5
            SETB   P2.2              ; 升温控制，启动加热器（蜂鸣器响）
            AJMP   MAIN6
MAIN5:      CLR   P2.1               ; 正常模式，关空调（发光二极管灭）
            CLR   P2.2               ; 正常模式，关加热器（蜂鸣器不响）
MAIN6:      RET
            END
```

任务7.3　步进电机控制系统

7.3.1　确定任务

步进电机最早在20世纪20年代由英国人开发。20世纪50年代后期晶体管的发明也逐渐应用在步进电机上，对于数字化的控制变得更为容易。步进电机是纯粹的数字控制电动机。它将电脉冲信号转变为电机转子的角位移，即每给一个脉冲信号，步进电机就转动一个角度。步进电机是工业过程控制与仪表中常用的控制元件之一。步进电机可以直接接收数字信号，不必进行数/模转换，使用起来非常方便。步进电机还具有快速启停、精确步进和定位等特点，因而在数控机床、绘图仪、打印机及仪表中得到广泛的应用。

本任务拟设计制作一个单片机步进电机控制系统，具备如下控制功能。

（1）具有一键启停功能。

（2）步进电机步进步数增减可调功能。

（3）电机转速增减功能。

（4）正反转控制功能。

（5）正反转方向标识功能。

7.3.2　系统方案设计

本系统由CPU控制模块、启动控制模块、步数调节模块、转速调节模块、正反转控制模块、电机控制模块及正反转标识模块构成。其控制系统框图如图7－15所示。

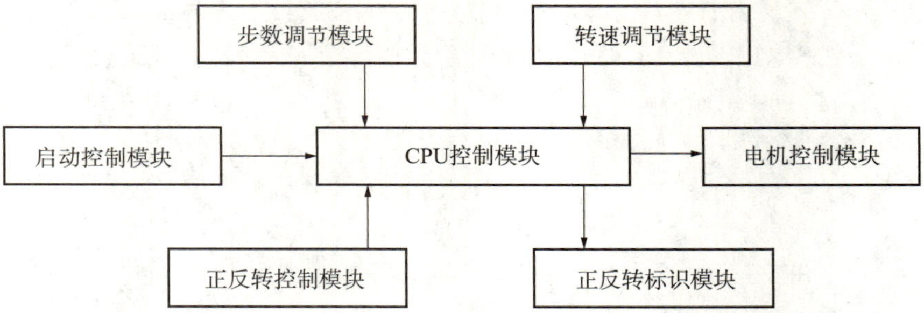

图 7－15　步进电机控制系统框图

1. CPU 控制模块

本步进电机控制系统选用 C8051F 系列单片机作为控制核心。C8051F 系列单片机是美国 Silicon Labs 公司生产的，它不仅完全兼容 AT89S51 单片机指令系统，结构也与传统单片机类似，具有优越的性能和很好的应用前景。图 7－16 所示为 C8051F 系列单片机的几种机型。

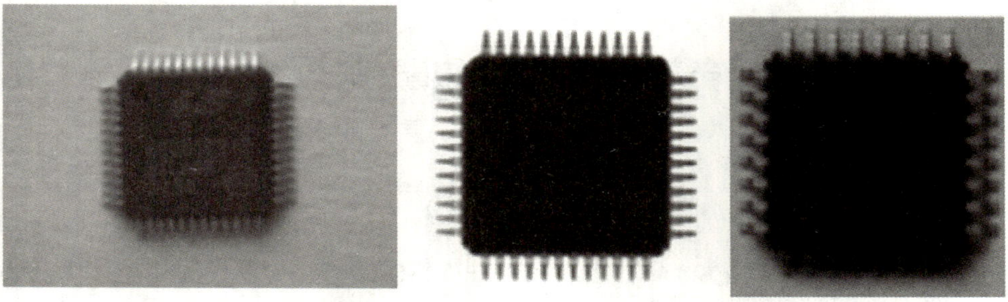

图 7－16　C8051F 系列单片机的几种机型

2. 电机控制模块

本步进电机控制系统选用四相永磁式步进电机。选用单片机 P2.0、P2.1、P2.2 和 P2.3 引脚分别连接步进电机的 U、V、－U 和－V 端。采取单双八拍控制方式控制步进电机工作。

3. 启动控制模块

单片机 P0.5 引脚接启动按键控制步进电机的启动。低电平令步进电机启动，构成步进电机启动模块。

4. 步数调节模块

单片机 P0.0 和 P0.1 引脚接步进电机步数增加、减少的调节按键，构成步数调节模块。

5. 转速调节模块

单片机 P1.4 和 P1.5 引脚接步进电机转速增大、减小的调节按键，构成转速调节模块。

6. 正反转控制模块

单片机 P1.6 引脚接正反转控制按键，构成正反转控制模块。

7. 正反转标识模块

单片机 P0.3 引脚设为转向标志位，低电平为正转，高电平为反转。接一个发光二极管，对步进电机正反转进行标识。

7.3.3 硬件系统设计

步进电机控制系统电路图如图 7－17 所示。

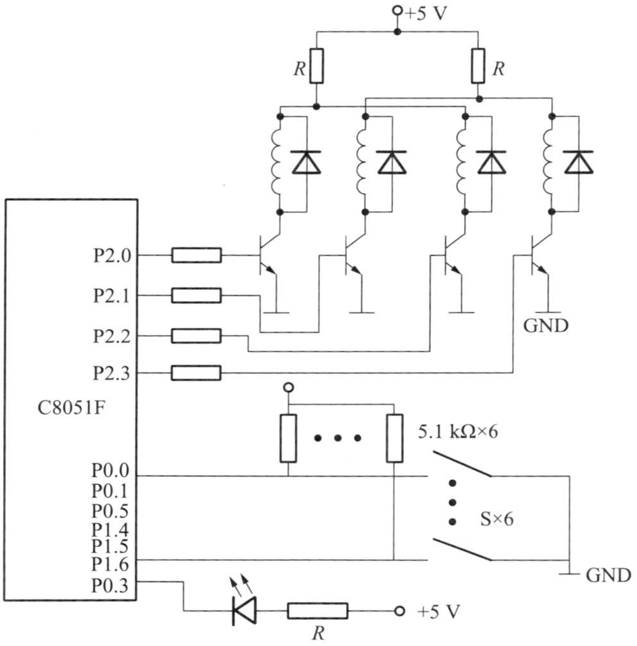

图 7－17　步进电机控制系统电路图

本系统所用步进电机为四相永磁式步进电机。转子或定子任何一方具有永磁材料的步进电机都称永磁式步进电机，不具有永磁材料的一方放有励磁绕组。绕组通以励磁电流后，建立的磁场与永磁材料的恒定磁场相互作用产生电磁转柜。本系统中采用的电路如图 7－18 所示。这里采用了全电压驱动方式，R 为限流电阻。6 个独立按键分别用来控制电机的步数增减、转速增减、转向及启动。图 7－18 所示为几种常见的步进电机。

图 7－18　几种常见的步进电机

按照转子结构及材料的不同，步进电机分为反应式、永磁式和混合式三类。其中，反应式步进电机因其性价比高，应用非常广泛，在单片机系统中应用较多。

步进电机实际上是一个数字/角度转换器。步进电机的励磁绕组可以制成各种相数，常见的有单相、三相、四相和五相等多种。四相步进电机有 4 对磁极、4 个绕组，每个磁极的表面都分布着大小相同、间距相同的多个小齿，转子圆周表面也均匀分布着与定子小齿形状相似、齿间距相同的小齿。若转子齿数 Z 为 40 个，则其齿距角为：

$$\theta_2 = 360°/Z = 360°/40 = 9°$$

为了控制步进电机的转动，使其实现数字到角度的转换，可以由单片机按顺序给电机绕组施加有序的脉冲电流。转过的角度数正比于脉冲数个数，转动的速度正比于脉冲频率，转动的方向则与脉冲顺序有关。

7.3.4 软件系统设计

1. 软件编制要点

令单片机 P2.0 引脚接 U 相驱动端，P2.1 引脚接 V 相驱动端，P2.2 引脚接 –U 相驱动端，P2.3 引脚接 –V 相驱动端。单相四拍、双相四拍和单双相八拍 3 种情况的控制字见表 7–7。

表 7–7 控制字表

控制方式	步序	控制字	P2 口输出状态	驱动绕组
单相四拍	1	01H	00000001	U
	2	02H	00000010	V
	3	04H	00000100	–U
	4	08H	00001000	–V
双相四拍	1	03H	00000011	UV
	2	06H	00000110	V（–U）
	3	0CH	00001100	（–U）（–V）
	4	09H	00001001	（–V）U
单双相八拍	1	01H	00000001	U
	2	03H	00000011	UV
	3	02H	00000010	V（–U）
	4	06H	00000110	V（–U）
	5	04H	00000100	（–U）
	6	0CH	00001100	（–U）（–V）
	7	08H	00001000	（–V）
	8	09H	00001001	（–V）U

P0.5 引脚为启动键，低电平启动。外部中断 0、1（图 7－17 中 P0.0、P0.1 引脚）分别设为步数增、减控制端；外部中断 4、5（图 7－17 中 P1.4、P1.5 引脚）分别设为转速增、减控制端；外部中断 6（图 7－17 中 P1.6 引脚）设为转向控制端；P0.3 引脚设为转向标识位，低电平为正转，高电平为反转。

步进电机转速的调节可通过调节脉冲周期来实现。程序中可设置延时子程序，改变每个脉冲周期调用延时子程序的次数或改变延时时间可实现转速控制。

2. 参考程序

本程序为单双相八拍控制方式。

```
********************** 步进电机控制系统源程序 ************************
$include (c8051f000.inc)
; ****************************** 变量定义区 ***************************
COUNT   DATA 26H             ; 步数存放单元
SPEED   DATA  27H            ; 转速存放单元
ORG  000H
        LJMP MAIN            ; 转主程序
ORG  0003H
        LJMP INT0            ; 转步数增加中断服务程序
ORG  0013H
        LJMP INT1            ; 转步数减少中断服务程序
ORG  0083H
        LJMP INT4            ; 转转速增加中断服务程序
ORG  008BH
        LJMP INT5            ; 转转速减少中断服务程序
ORG  0093H
        LJMP INT6            ; 转转向控制中断服务程序
; ****************************** 变量定义区 **********************
ORG 1000H
MAIN:
        MOV  SP, #5AH        ; 堆栈指针
        MOV  XBR2, #0C0H     ; 禁止弱上拉，交叉开关允许
        MOV  PRT2CF, #0FH    ; P2.0～P2.3 设为推挽方式
        MOV  OSCICN, #04H    ; 选用内部晶振 2 MHz
        MOV  WDTCN, #0DEH    ; 禁止看门狗
        MOV  WDTCN, #0ADH
        MOV  COUNT, #10H     ; 设步数初值
        MOV  SPEED, #04H     ; 设转速初值（延时值）
        SETB  EA             ; 开中断
        MOV  XBR1, #14H      ; /INT0和/INT1连到端口引脚（P0.0、P0.1）
        SETB  EX0            ; 外部中断 0、1 允许
```

```
            SETB  EX1
            MOV   EIE2, #1CH              ; 外部中断4、5和6允许
            CLR   P0.3                    ; P0.3引脚为转向标识位，0为
正转
WAIT:       JB   P0.5, WAIT               ; P0.5引脚为启动按键，低电平
启动
            JNB  P0.5, $                  ; 等待按键
            MOV   A, COUNT                ; 取步数
            JZ   WAIT                     ; 步数为零则等待
            MOV   R0, COUNT               ; 步数不为零则步数送R0
            LCALL  ROUNT                  ; 调转动子程序
            SJMP  WAIT
; *********************** 调整转速延时子程序 ***************************
DELAY:      MOV   R2, SPEED               ; 调整转速延时
LOOP5:      MOV   R3, #04H
LOOP4:      MOV   R4, #0FFH
LOOP3:      DJNZ  R4, LOOP3
            DJNZ  R3, LOOP4
            DJNZ  R2, LOOP5
            RET
; *********************** 防抖动延时子程序 ****************************
DELAY0:     MOV   R2, #0FFH               ; 防抖动延时
LOOP40:     MOV   R3, #0FFH
LOOP30:     DJZN  R3, LOOP30
            DJZN  R2, LOOP40
            RET
; *********************** 正转子程序 ********************************
ROUNT:      JB   P0.3, LOOP2              ; P0.3为高，转反转子程序
LOOP1:      MOV   A, #01H                 ; P0.3为低，转正转子程序
            MOV   P2, A
            LCALL  DELAY
            MOV   A, #03H
            MOV   P2, A
            LCALL  DELAY
            MOV   A, #02H
            MOV   P2, A
            LCALL  DELAY
```

```
            MOV A，#06H          ；P0.3 为低，正转子程序
            MOV   P2，A
            LCALL   DELAY
            MOV   A，#04H
            MOV   P2，A
            LCALL   DELAY
            MOV   A，#0CH
            MOV   P2，A
            LCALL   DELAY
            MOV   A，#08H
            MOV   P2，A
            LCALL   DELAY
            MOV   A，#09H
            MOV   P2，A
            LCALL   DELAY
            DJNZ   R0，LOOP1
            RET
；  **************************** 反转子程序 ******************************
LOOP2：     MOV   A，#09H
            MOV   P2，A
            LCALL   DELAY
            MOV   A，#08H
            MOV   P2，A
            LCALL   DELAY
            MOV   A，#0CH
            MOV   P2，A
            LCALL   DELAY
            MOV   A，#04H
            MOV   P2，A
            LCALL   DELAY
            MOV   A，#06H
            MOV   P2，A
            LCALL   DELAY
            MOV   A，02H
            MOV   P2，A
            LCALL   DELAY
            MOV   A，#03H
```

```
            MOV   P2, A
            LCALL   DELAY
            MOV   A, #01H
            MOV   P2, A
            LCALL   DELAY
            DJNZ  R0, LOOP2
            RET
; *************************** 步数增加子程序 **************************
INT0:       CLR   EX0              ; 关中断
            PUSH  PSW              ; 保护现场
            PUSH  ACC
            SETB  RS0
            LCALL   DELAY0         ; 防抖动延时
            CLR   RS0
            JNB   P0.0, $
            MOV   A, COUNT
            CJNE  A, #0F0H, JIA0   ; 步数不为 F0H 则加
            SJMP  DONE0            ; 步数为 F0H 则不加, 转出
JIA0:       ADD   A, #10H          ; 步数增加 10H, 10H 步对应 16 个齿距角
            MOV   COUNT, A
DONE0:      POP   ACC
            POP   PSW
            SETB  EX0
            RETI
; *************************** 步数减少子程序 **************************
INT1:       CLR   EX1
            PUSH  PSW
            PUSH  ACC
            SETB  RS0
            LCALL   DELAY0         ; 防抖动
            CLR   RS0
            JNB   P0.1, $
            MOV   A, COUNT
            CJNE  A, #00H, JIA1    ; 步数不为 0 则减
            SJMP  DONE1            ; 步数为 0 则不减, 转出
```

```
JIA1:     SUBB A, #10H        ; 步数减少 10H, 10H 步对应 16 个齿距角
          MOV  COUNT, A
DONE1:    POP  ACC
          POP  PSW
          SETB  EX1
          RETI
; ***************************** 转速增加子程序 ***************************
INT5:     ANL  PRT1IF, #0DFH   ; 清外部中断 5 中断标志
          ANL  EIE2, #0F7H     ; 关外部中断 5
          PUSH  PSW
          PUSH  ACC
          SETB  RS0
          LCALL  DELAY0
          CLR  RS0
          MOV  A, SPEED
CJNE  A, #1H, JIA5             ; SPEED 不为 1H 则减, 1H 对应实验所用步进电
                                 机最高速
          SJMP  DONE5          ; SPEED 为 1H 则不减, 转出
JIA5:     SUBB  A, #1H
          MOV  SPEED, A
DONE5:    POP  ACC
          POP  PSW
          ORL  EIE2, #08H  ; 开外部中断 5
          RETI
; ***************************** 转速减少子程序 ***************************
INT4:     ANL  PRT1IF, #0EFH   ; 清外部中断 4 中断标志
          ANL  EIE2, #0FBH     ; 关外部中断 4
          PUSH  PSW
          PUSH  ACC
          SETB  RS0
          LCALL  DELAY0
          CLR  RS0
          MOV  A, SPEED
          CJNE  A, #08H, JIA4  ; SPEED 不为 08H 则加, 08H 对应实验所用
                                 步进电机最低速
          SJMP  DONE4          ; SPEED 为 08H 则不加, 转出
```

```
JIA4:     ADD   A, #1H
          MOV   SPEED, A
DONE4:    POP   ACC
          POP   PSW
          ORL   EIE2, #04H        ; 开外部中断4
          RETI
; *************************** 转向控制子程序 ***************************
INT6:     ANL   PRT1IF, #0BFH
          ANL   EIE2, #EFH
          PUSH  PSW
          PUSH  ACC
          SETB  RS0
          LCALL DELAY0
          CLR   RS0
          CPL   P0.3              ; P0.3 位取反，换转向
          POP   ACC
          POP   PSW
          ORL   EIE2, #10H
          RETI
          END
```

任务7.4 数字电压表

1. 确定任务

本任务选取 AT89S51 单片机作为主控制器，ADC0832 模数转换芯片实现电压的测量。设计一款数字电压表，测量量程为 0 ~ 5 V，测量电压精确到 0.02 V。

2. 硬件设计

本系统电路设计图如图 7 - 19 所示，元件清单如表 7 - 8 所示。

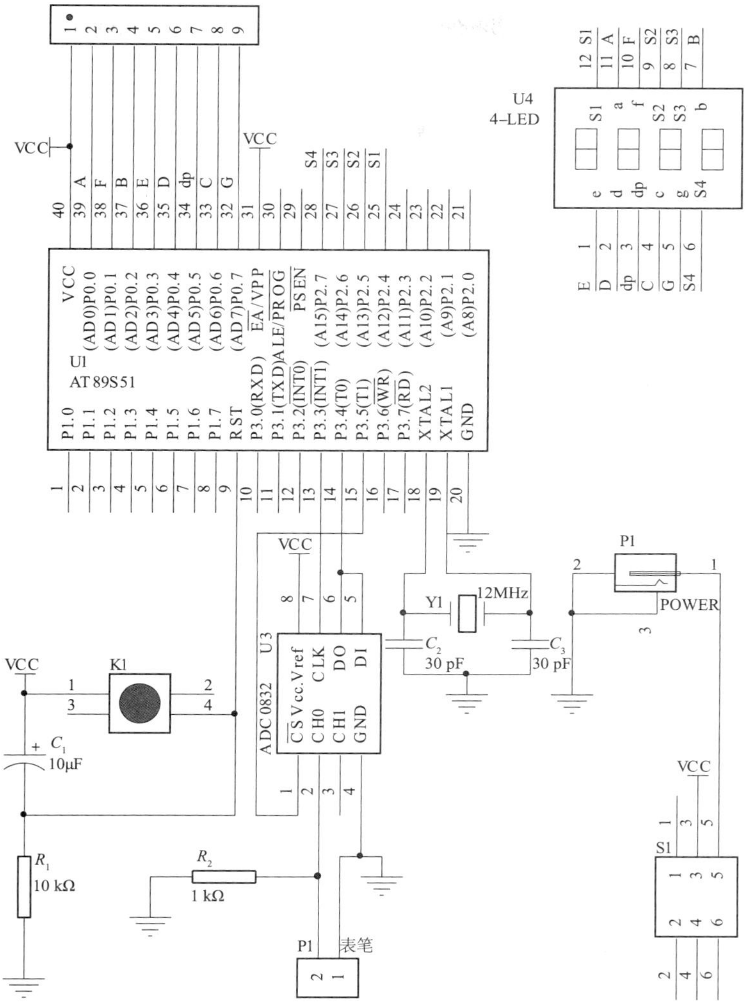

图 7－19　数字电压表电路原理图

表 7－8　数字电压表元件清单

名称	规格	数量	名称	规格	数量
单片机	AT89S51	1	电阻	1 kΩ	1
晶振	12 MHz	1	按键		
瓷片电容	30 pF	2	鳄鱼夹		2
电解电容	10 μF	1	接线端子	2P	1
电阻	10 kΩ	1	自锁开关		
脚座	40 DIP	1	黑红双股线	20 cm	
万能板	7 ×9	1	排阻	102	

续表

名称	规格	数量	名称	规格	数量
ADC0832		1	DC 电源插口		
脚座	8 DIP	1	导线		若干
共阴极数码管	四位一体	1	焊锡		若干
USB 电源线					

3. 参考程序

```
#include  <reg51.h>
#include  <intrins.h>
/ ****************************** 端口定义 ********************************** /
sbit CS = P3^5;
sbit Clk = P3^3;
sbit DATI = P3^4;
sbit DATO = P3^4;

sbit DIAN = P0^5;                //小数点
/ **************************** 定义全局变量 *************************** /
unsigned char dat = 0x00;        //AD 值
unsigned char count = 0x00;      //定时器计数
unsigned char CH;                //通道变量
unsigned char dis [4];           //显示数值
unsigned int sum = 0;
/ ************************** 共阴 LED 段码表 ************************** /
unsigned char code tab [ ]  = {0x5F, 0x44, 0x9D, 0xD5, 0xC6, 0xD3, 0xDB,
0x47, 0xDF, 0xD7};
char code tablewe [ ]  = { 0xfd, 0xfb, 0xf7, 0xef, 0xdf, 0xfe };
/ ***********************************************************************
函数功能：AD 转换子程序
入口参数：CH
出口参数：dat
 ********************************************************************** /
unsigned char adc0832 (unsigned char CH)
{
      unsigned char i, test, adval;
      adval = 0x00;
      test = 0x00;
      Clk = 0;                    //初始化
      DATI = 1;
      _nop_ ();
```

```
    CS = 0;
    _nop_ ();
    Clk = 1;
    _nop_ ();
    if (CH = = 0x00)              //通道选择
     {
        Clk = 0;
        DATI = 1;                 //通道 0 的第一位
        _nop_ ();
      Clk = 1;
    _nop_ ();
    Clk = 0;
      DATI = 0;                   //通道 0 的第二位
      _nop_ ();
      Clk = 1;
      _nop_ ();
    }
    else
     {
      Clk = 0;
    DATI = 1;                     //通道 1 的第一位
      _nop_ ();
      Clk = 1;
      _nop_ ();
      Clk = 0;
      DATI = 1;                   //通道 1 的第二位
    _nop_ ();
    Clk = 1;
    _nop_ ();
}

    Clk = 0;
    DATI = 1;
  for (i = 0; i < 8; i + +)          //读取前 8 位的值
   {
    _nop_ ();
    adval < < = 1;
    Clk = 1;
    _nop_ ();
    Clk = 0;
    if (DATO)
```

```
        adval | =0x01;
      else
        adval | =0x00;
    }
      for (i=0; i < 8; i++)          //读取后 8 位的值
        {
        test >> =1;
        if (DATO)
          test | =0x80;
        else
          test | =0x00;
        _ nop_ ();
        Clk =1;
        _ nop_ ();
        Clk =0;
        }
      if (adval = =test)              //比较前 8 位与后 8 位的值，如果不相同则
                                        舍去。若一直出现显示为零，请将该行
                                        去掉
dat = test;
      nop_ ();
      CS =1; //释放 ADC0832
      DATO =1;
      Clk =1;
      return dat;
}
/ *********************************************************************
函数功能：延时子程序
入口参数：
出口参数：
********************************************************************* /
void delay (void)
{
      int k;
      for (k =10; k <500; k + +);
}
/ *********************************************************************
函数功能：将 0 ~255 级换算成 0.00 ~5.00 的电压数值
入口参数：i
出口参数：
```

```
*************************************************************************/
void convdata (unsigned int i)
{
  i=i*1.96;
     dis [0] =i/100;            //个位
     dis [1] =i%100/10;         //小数点后第一位
     dis [2] =i%100%10;         //小数点后第二位
//dis [3] =i%1000%100%10;
}
/*************************************************************************
函数功能：数码管显示子程序
入口参数：
出口参数：
*************************************************************************/
void display (void)
{
     P0=tab [dis [0]];          //显示个位和小数点 11011111
   DIAN=1;
     P2=0xdf;                   //11011111
     delay ();
     P2=0xff;

     P0=tab [dis [1]];          //显示小数点后第一位
     P2=0xbf;                   //10111111
     delay ();
     P2=0xff;
     P0=tab [dis [2]];          //显示小数点后第二位
     P2=0x7f;                   //01111111
     delay ();
     P2=0xff;
}
/*************************************************************************
```

```
函数功能：主程序
入口参数：
出口参数：
********************************************************************* /
void main (void)
{
  unsigned char m;
  CH =0x00;                //在这里选择通道 0x00 或 0x01
  while (1)                //主循环
   {
    for (m =0; m <50; m + +)
     {
        dat = adc0832 (CH);
        sum = sum + dat;
        display ();     //显示数值
     }
    dat = sum/50;
    sum =0;
    convdata (dat);     //数据转换
    display ();         //显示数值
   }
}
```

4. 参考实物制作

数字电压表实物制作图如图 7 – 20 所示。

图 7 – 20　数字电压表实物制作图

任务7.5　无线遥控开关

1. 确定任务

本任务采用 AT89S51 单片机作为主控制器，采用 315M 超再生无线模块实现无线遥控，按下遥控器 A 键，主控板上第一个灯亮同时对应的继电器吸合，同样 B、C、D 按键对应的继电器也将对应吸合。

2. 无线遥控开关硬件电路设计

无线遥控开关电路原理图如图 7－21 所示，元件清单如表 7－9 所示。

表 7－9　无线遥控开关元件清单

主板元件			主板元件		
名称	规格	数量	名称	规格	数量
单片机	AT89S51	1	电源插口		1
晶振	12 MHz	1	自锁开关		1
瓷片电容	30 pF	2	天线	23 cm	1
电解电容	10 μF	1	USB 电源线		1
电阻	10 kΩ	5	遥控器	315 M	1
脚座	40 DIP	1	遥控板元件		
万能板	9×15	1	名称	规格	数量
无线可再生接收模块	315 M	1	万用板	5×7	1
SC2272－M4		1	SC2262		1
脚座	18	1	脚座	18	1
电阻（贴片）	820 kΩ		电阻	4. 7 MΩ	1
5V 继电器		4	1N4148		4
1N4148		4	电阻	10 kΩ	4
接线端子	2 Pin	4	排针		4
电阻	2. 2 kΩ	8	按键		4
电阻	1 kΩ	4	电池	12 V	
9013		4	无线发射模块	315 M	1
9012		4	天线	30 cm	1
LED	5 mm 红	4			

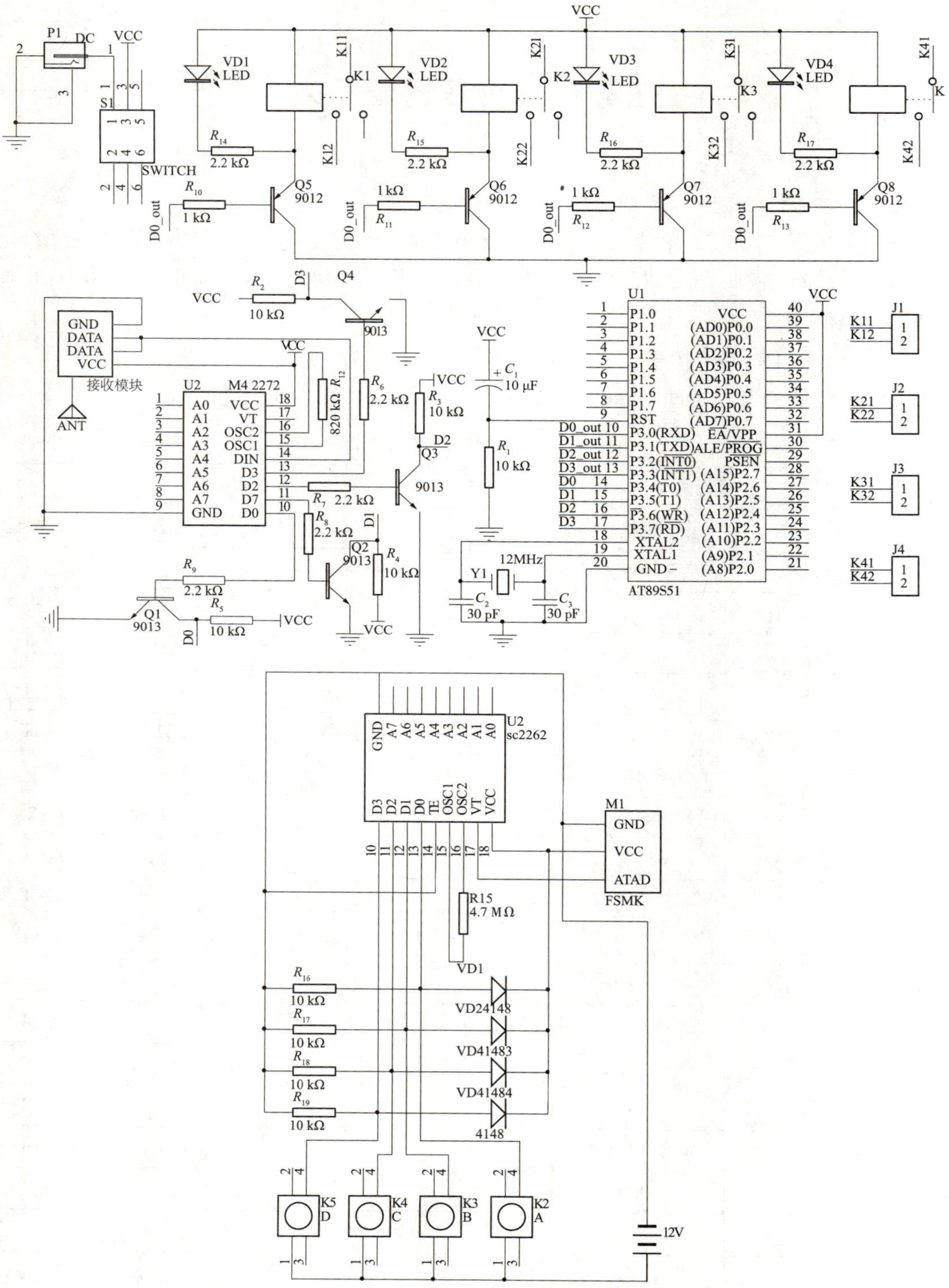

图 7－21　无线遥控开关电路原理图

3. 参考程序

```
//头文件
#include < reg52. h >

//引脚定义
//输入
sbit D0 = P3^4;
sbit D1 = P3^5;
sbit D2 = P3^6;
sbit D3 = P3^7;
//输出
sbit D0_ out = P3^0;
sbit D1_ out = P3^1;
sbit D2_ out = P3^2;
sbit D3_ out = P3^3;
//主函数
void main ()
{
    while (1) //进入循环，括号内为 1 条件永久成立，所以是死循环
    {
        if (D0 = =0) //判断第一路有输入
        {
            D0_ out = ! D0_ out; //取反输出，就是打开变为关闭 关闭变为
                                  打开
            while (! D0); //按键释放，如果按键没有松开函数就停在这里循
                            环空内容，防止一次按下按键多次执行上一行取
                            反操作
        }
        if (D1 = =0) //以下原理同上
        {
            D1_ out = ! D1_ out;
            while (! D1);
        }
        if (D2 = =0)
        {
            D2_ out = ! D2_ out;
```

```
            while (! D2);
          }
        if (D3 = =0)
          {
            D3_ out = ! D3_ out;
            while (! D3);
          }
      }
  }
/ ********************** end ************************* /
```

4. 参考实物制作

无线遥控开关实物制作图如图 7－22 所示。

图 7－22　无线遥控开关实物制作图

任务7.6　红外遥控器

1. 确定任务

本任务采用 AT89S51 作为主控制器，采用红外遥控器和红外接收头实现红外信号的收发，按下遥控器上的数字键，数码管上就会相应地显示相对应的数字。

2. 红外遥控器硬件设计

红外遥控器电路原理图如图 7－23 所示，元件清单如表 7－10 所示。

表7－10 红外遥控器元件清单

名称	规格	数量	名称	规格	数量
单片机	AT89S51	1	电阻	100 Ω	1
晶振	11.0592 MHz	1	电阻	30 kΩ	1
瓷片电容	30 pF	2	独石电容	104	1
电解电容	10 μF	1	小按键		1
电阻	10 kΩ	1	自锁开关		1
脚座	40 DIP	1	电源接口	DC	1
万能板	7×9	1	电源线	USB	1
红外遥控器		1	电解电容	100 μF	1
红外一体接收头		1	共阳极数码管		1

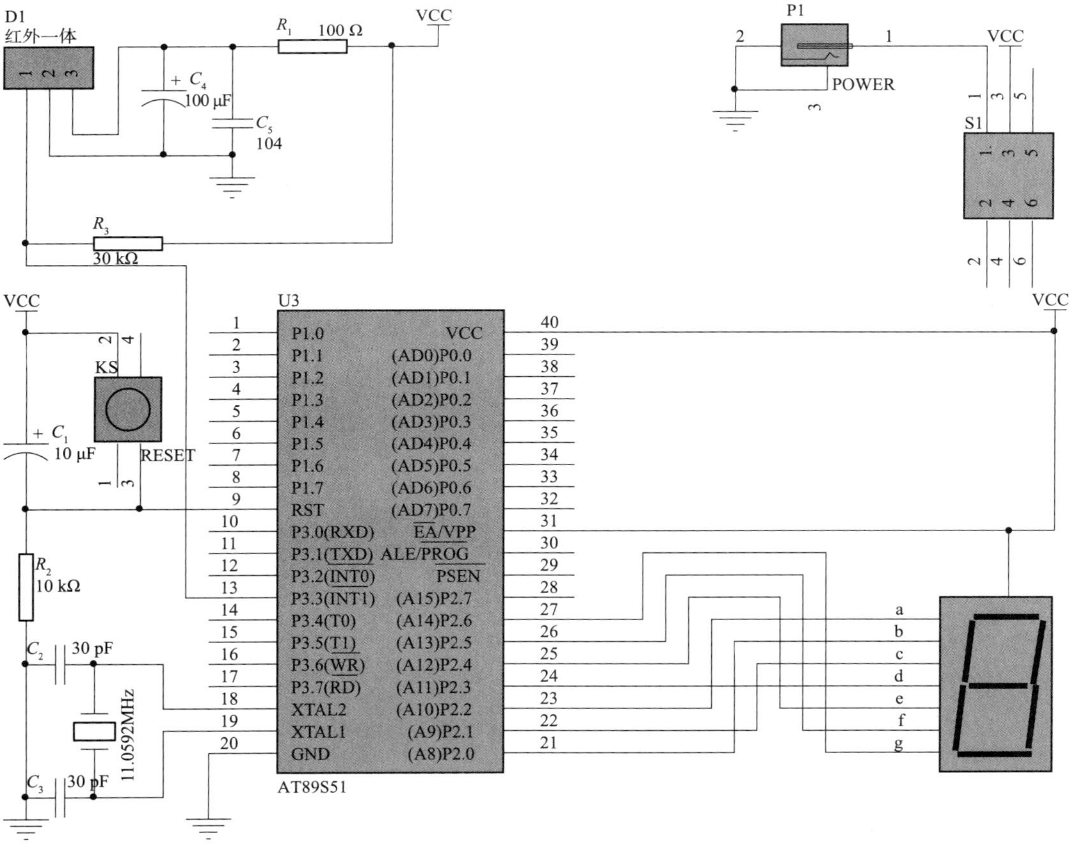

图7－23 红外遥控器电路原理图

3. 参考程序

```
//头函数
#include <reg52.h>
//宏定义
#define uint unsigned int
#define uchar unsigned char

//时间计算
#define Imax 14000 //此处晶振为11.0592 Hz时的取值，如用其他频率的晶振时，
                     要改变相应的取值
#define Imin 8000
#define Inum1 1450
#define Inum2 700
#define Inum3 3000
//解码变量
unsigned char Im [4] = {0x00, 0x00, 0x00, 0x00};
//全局变量
uchar f;
unsigned long m, Tc;
unsigned char IrOK;
//主函数
void main ()
{
    P2 =0xff;
    EA =1; //开启总中断
    IT1 =1; //下降沿有效
    EX1 =1; //外部中断1开
    TMOD =0x11; //定时器初始化
    TH0 =0; //T0赋初值
    TL0 =0;
    TR0 =0; //T0开始计时
    while (1)
     {
        if (IrOK = =1)
         {
            //1键
```

```
if (Im [2] = =0x0c)
 {
     P2 =0xfc;
 }
//2 键
else if (Im [2] = =0x18)
 {
     P2 =0xa2;
 }
//3 键
else if (Im [2] = =0x5e)
 {
     P2 =0xb0;
 }
//4 键
else if (Im [2] = =0x08)
 {
     P2 =0x9c;
 }
//5 键
else if (Im [2] = =0x1c)
 {
     P2 =0x91;
 }
//6 键
else if (Im [2] = =0x5a)
 {
     P2 =0x81;
 }
//7 键
else if (Im [2] = =0x42)
 {
     P2 =0xf8;
 }
//8 键
else if (Im [2] = =0x52)
 {
```

```
                P2 =0x80;
            }
            //9 键
            else if (Im [2] = =0x4a)
             {
                P2 =0x90;
            }
            //0 键
            else if (Im [2] = =0x16)
             {
                P2 =0xc0;
            }
            //关机
            else if (Im [2] = =0x45)
             {
                P2 =0xff;
            }
            IrOK =0;
        }
    }
}

//外部中断解码程序_ 外部中断 1
void intersvr1 (void) interrupt 2 using 1
{
TR0 =1;
Tc =TH0 * 256 +TL0;          //提取中断时间间隔时长
TH0 =0;
TL0 =0;                       //定时中断重新置零
if ( (Tc >Imin) && (Tc <Imax))
{
    m =0;
    f =1;
    return;
}                             //找到起始码
if (f = =1)
{
```

```
        if（Tc > Inum1&&Tc < Inum3）
          {
        Im［m/8］ =Im［m/8］ > >1 | 0x80；m + +；
          }
        if（Tc > Inum2&&Tc < Inum1）
          {
          Im［m/8］ =Im［m/8］ > >1；m + +；//取码
          }
        if（m = =32）
          {
          m =0；
          f =0；
          if（Im［2］ = = ~Im［3］）
            {
              IrOK =1；              TR0 =0；
          }
          else IrOK =0；//取码完成后判断读码是否正确
          }
              //准备读下一码
      }
}
```

4. 参考实物制作

红外遥控器实物制作图如图 7 – 24 所示。

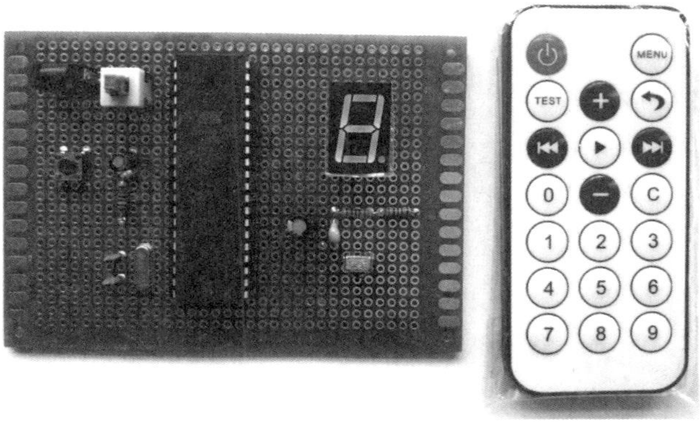

图 7 – 24　红外遥控器实物制作图

《单片机系统设计及应用》学习情境过程考核单

学习情境：综合项目设计　　组别：　　　　　　　　　指导教师：　　　　日期：

<table>
<tr><td>姓名</td><td></td><td>学号</td><td colspan="3"></td><td colspan="2">成绩</td><td>A + B + C</td></tr>
<tr><td rowspan="2">考核项目</td><td rowspan="2">考核点</td><td rowspan="2">考核人</td><td rowspan="2">分值</td><td colspan="4">考核等级</td><td rowspan="2">得分</td></tr>
<tr><td>优秀</td><td>良好</td><td>中等</td><td>稍差</td></tr>
<tr><td rowspan="4">学习过程考核（50 分）</td><td>遵守操作规程</td><td>队友</td><td>5</td><td></td><td></td><td></td><td></td><td rowspan="4">A</td></tr>
<tr><td>实际操作技能</td><td>教师</td><td>15</td><td></td><td></td><td></td><td></td></tr>
<tr><td>发现与分析问题</td><td>队友</td><td>15</td><td></td><td></td><td></td><td></td></tr>
<tr><td>积极解决问题</td><td>教师</td><td>15</td><td></td><td></td><td></td><td></td></tr>
<tr><td rowspan="2">学习结果考核（30 分）</td><td>完成速度</td><td>队友</td><td>10</td><td></td><td></td><td></td><td></td><td rowspan="2">B</td></tr>
<tr><td>任务完成</td><td>教师</td><td>20</td><td></td><td></td><td></td><td></td></tr>
<tr><td rowspan="3">生活行为考核（20 分）</td><td>节约材料</td><td>队友</td><td>5</td><td></td><td></td><td></td><td></td><td rowspan="3">C</td></tr>
<tr><td>爱护设备</td><td>队友</td><td>5</td><td></td><td></td><td></td><td></td></tr>
<tr><td>合作意识</td><td>队友</td><td>10</td><td></td><td></td><td></td><td></td></tr>
</table>